いまどきのJSプログラマーのための
Node.jsと React
アプリケーション

Electron、React Native、Flux、Expressと
組み合わせて簡単にアプリ作成！

開発テクニック

クジラ飛行机

ソシム

●プログラムのダウンロード方法

本書のサンプルプログラムは、GitHub からダウンロードできます。

ZIP ファイルでダウンロードするには、画面右上にある、[Clone or Download] から [Download ZIP] のボタンを
クリックしてください。

[URL] https://github.com/kujirahand/book-node-reactjs

※初版第 4 刷以降でサンプルプログラムの配布を GitHub に変更しました。

本書中に記載されている情報は、2017 年 7 月時点のものであり、ご利用時には変更されている場合もあります。
本書に記載されている内容の運用によって、いかなる損害が生じても、ソシム株式会社、および著者は責任を負いかねま
すので、あらかじめご了承ください。

Apple、Apple のロゴ、Mac OS は、米国および他の国々で登録された Apple Inc. の商標です。
iPhone、iPad、iTunes および Multi-Touch は Apple Inc. の商標です。
「Google」「Google ロゴ」、「Google マップ」、「Google Play」「Google Play ロゴ」「Android」「Android ロゴ」は、Google
Inc. の商標または登録商標です。
「YouTube」「YouTube ロゴ」は、Google Inc. の商標または登録商標です。
「Gmail」は、Google Inc. の商標または登録商標です。
「Twitter」は、Twitter,Inc. の商標または登録商標です。
「Facebook」は、Facebook,inc. の登録商標です。
IBM は米国における IBM Corporation の登録商標であり、それ以外のものは米国における IBM Corporation の商標です。
Oracle と Java は、Oracle Corporation 及びその子会社、関連会社の米国及びその他の国における登録商標です。
「Windows®」「Microsoft®Windows®」「Windows Vista®」「Windows Live®Windows Live」は、Microsoft Corporation の
商標または登録商標です。
「Microsoft® Internet Explorer®」は、米国 Microsoft Corporation の米国およびその他の国における商標または登録商標
です。
「Intel®Pentium®」は Intel Corporation の米国ならびにその他の国における商標または登録商標です。
「Microsoft®Windows®」は、米国 Microsoft Corporation の米国およびその他の国における商標または登録商標です。
「Microsoft®Excel」は、米国 Microsoft Corporation の商品名称です。
UNIX は、The Open Group がライセンスしている米国ならびに他の国における登録商標です。
Linux は、Linus Torvalds 氏の日本およびその他の国における登録商標または商標です。「Flickr」は、Yahoo! Inc, の商標ま
たは登録商標です。

※その他会社名、各製品名は、一般に各社の商標または登録商標です。

本書に記載されているこのほかの社名、商品名、製品名、ブランド名などは、各社の商標、または登録商標です。
本文中に TM、©、® は明記しておりません。

はじめに

　本書は、Node.jsとReactの解説書です。

　Webの世界は誕生以来めまぐるしく変化しています。その中でも特に大きく変化しているのが、古くて新しい言語「JavaScript」です。特に、JavaScriptはここ数年で、大きく変わりました。言語仕様が大幅に追加され、高度な開発が可能になりました。それを踏まえて、さまざまなフレームワークやツールが誕生し、百花繚乱の様相を呈しています。それで、多くの人が次のような質問をするようになりました。

　「今、JavaScriptで効率的に開発するには、どうしたら良いだろうか？」

　本書は、Node.jsとReactを掲げることで、その問いに答えを出そうとしています。

　Node.jsは、ブラウザを飛び出して、サーバの中で実行できるJavaScriptの実行エンジンです。今やNode.jsはスクリプト実行環境として揺るぎない地位を築いているといってもいいと思いいます。

　そして、ReactはFacebookが開発したUIフレームワークです。ReactはUIを個々のコンポーネントに分割することで、効率よく保守性の高いアプリを作ることができます。

　本書の１章では、最初にNode.jsや最新のJavaScript仕様について紹介します。そして、２章と３章でReactについて解説します。４章では、フロントエンド開発にフォーカスします。Electronを用いてPC向けのデスクトップアプリを作ったり、React Nativeを用いて、スマホ向けアプリを作る方法を紹介します。さらに、５章、６章では、実際的なWebアプリを作りながら、Node.jsとReactの深い部分に切り込んでいきます。

　本書では、具体的かつ簡潔なサンプルプログラムを心がけました。本書が、ExmaScript 2015以降で大きな変化を遂げたJavaScript開発のための指南書となることを祈っています。

［対象読者］
● 脱JavaScript初心者を目指している人
●ES2015以降、新しくなったJavaScriptについて理解したい人
●Reactで効率よくJavaScript開発を行いたい人
●SPA・フロントエンド開発を始めたい人

●本書の開発環境について

　本書で主に扱うのは、JavaScriptの実行エンジンであるNode.jsと、Node.js用の高機能なパッケージマネージャー「npm」です。

　最近では、開発環境を構築する場合、仮想環境を用いる場面が増えています。それは、できるだけプロジェクトを本番と同じ環境で開発したいという理由からです（多くの場合、プロダクトは、Linux上で運用することになります。）また、本番環境と同じにすることは、開発者同士のマシンやOSの環境の差異による問題を回避できるというメリットもあります。

　そこで、本書では、仮想マシンを用意し、その上でプログラムを動かす方法を紹介します。仮想環境を使えば、読者がWindows/macOS/LinuxのどのPCを使ったとしても、全く同じように、プログラムを動かすことができます。加えて、仮想環境を構築するツール、その上で動かすOSのUbuntuも無料で入手できることから、お金をかけることなく開発専用の環境を用意することができます。Web開発の現場では、開発マシンとして、どんなPCを選んでも良いという場面が増えていますが、それは、開発環境を仮想環境で統一できるからという理由が大きいからです。

　Node.js自体は、マルチプラットフォームで動くソフトウェアですか、ちょっと試したいだけという方は、仮想環境を用意することなく、Node.jsだけをインストールして、本書のプログラムを動かすこともできます。そのあたりは、ご自分の状況や好みに合わせて選ぶといいかと思います。

　実際のインストール方法については、巻末Appendixをご覧ください。

本書の使い方

本書の紙面では、ソースコードを紹介していますが、紙面の都合上、一部を省略していることがあります。ソースコードは弊社のサイトからダウンロードすることができます。ダウンロードのURLは次ページを参考にして下さい。

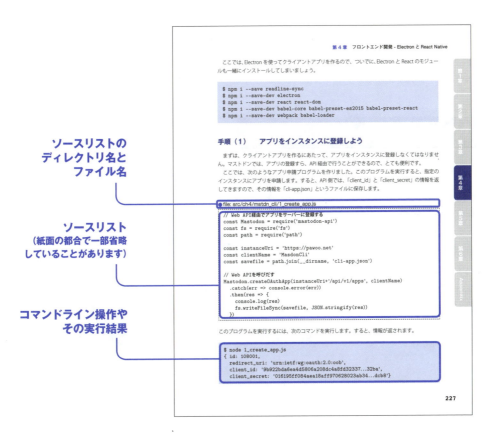

プログラムのダウンロード方法

本書のサンプルプログラムは、GitHub からダウンロードできます。
ZIP ファイルでダウンロードするには、画面右上にある、[Clone or Download] から [Download ZIP] のボタンをクリックしてください。

[URL] https://github.com/kujirahand/book-node-reactjs

※初版第 4 刷以降でサンプルプログラムの配布を GitHub に変更しました。

サンプルプログラムの実行方法

サンプルプログラムを解凍したら、必要なファイルをコピーして使用します。

HTML 形式のサンプル

HTML 形式のサンプルについては、Chrome などのブラウザーに読み込ませることで表示できます。ただし、フロントエンドとして動作するものについては、別途バックグラウンドで動作するプログラムや環境が必要です。

Node.js で動くプログラム

本書で紹介している、Wiki や SNS などのサンプルプログラムをそのまま利用する場合は、ソースコードのディレクトリに移り、以下にあるような一行のコマンドを実行すれば、package.json に基づいて必要なモジュールがインストールされます。

```
$ npm install
```

上記のようにしてインストールが完了した後、以下のコマンドを実行すると、Web サーバーが実行されます。

```
$ npm start
```

Web サーバーが無事に実行されると、URL が表示されるので、Web ブラウザーでその URL にアクセスします。

Contents

本書の使い方 ………………………………………………………………………… 005
サンプルプログラムの実行方法 ……………………………………………………… 006

第1章 Node.js と環境の設定

はじめに、「いま」の JavaScript の状況を確認しましょう。さらに JavaScript の
中心技術となる Node.js についての基本的な事柄やパッケージ管理ツールの npm の
使い方やモジュールシステムなども紹介します。

01 モダンなJavaScriptとは？

古くて新しいJavaScriptの歴史 …………………………………………………… 018
モダンなWeb開発のためのライブラリについて ………………………………… 026

02 サーバーサイド処理の定番Node.js

3分でわかるNode.js ………………………………………………………………… 027
Node.jsは大量のアクセスに強い ………………………………………………… 028

03 パッケージマネージャーnpm

npmでできること …………………………………………………………………… 031
npmでライブラリのインストール方法 …………………………………………… 032
npmを利用したプロジェクトの始め方 …………………………………………… 035
npmを利用したスクリプトの実行 ………………………………………………… 037
npm互換のYarn ……………………………………………………………………… 039

04 開発に使われるエディター

テキストエディター ………………………………………………………………… 040
オンラインのコードエディター …………………………………………………… 042
Webブラウザーの開発者ツール …………………………………………………… 044

05 コーディング規約JS Standard Style

JavaScript Standard Styleについて ……………………………………………… 045
なぜ、コーディング規約が必要なのか？ ……………………………………… 046
JS標準スタイルとは？ …………………………………………………………… 046
規約の目立った点 ………………………………………………………………… 047
自動的にスタイルを確認/整形する ……………………………………………… 049
Atomエディターでリアルタイムに確認する …………………………………… 050

06 Node.jsで簡単なWebアプリを作ってみる

最も簡単なWebアプリ …………………………………………………………… 052
Webアプリの仕組み ……………………………………………………………… 054
アクセスするURLによって表示内容を変える ………………………………… 055
コラム ECMAScript 2016で追加されたGenerator ……………………… 059

07 Node.jsと非同期処理

同期処理と非同期処理 …………………………………………………………… 061
ところで無名関数とは？ ………………………………………………………… 063
コールバック地獄という罠 ……………………………………………………… 064
コールバック地獄のES2015による解決策 …………………………………… 065

08 Babelで最新JSを使ってみよう

Babelについて …………………………………………………………………… 069
Babel用の設定ファイルを作成する方法 ……………………………………… 071
package.jsonに各種コマンドを登録しよう …………………………………… 073
Babel - その他の機能 …………………………………………………………… 075
コラム Babel以外でも使えるソースマップ ……………………………… 077

09 モジュール機構を理解しよう

Node.jsのrequireについて ……………………………………………………… 078
ES2015のimport/exportを使ってみよう ……………………………………… 079
モジュールのデフォルト要素を指定する方法 ………………………………… 083

第2章 React 入門

Reactは UI のライブラリーです。Web ページ内の各パーツをコンポーネントして扱えること、JSX が使えること、Virtual DOM を採用して描画が高速化していることなどを解説していきます。

01 Reactの基本的な使い方

Reactを始めよう ………………………………………………………………… 086
JavaScriptの中にHTMLが書ける、ということ ……………………………… 088

02 ReactとJSXの関係

React/JSXについて ……………………………………………………………… 090
JSXでタグの中に変数を埋め込んでみよう …………………………………… 090
JSXを記述する時の注意点 ……………………………………………………… 093
JSXはどのように変換されるのか？ …………………………………………… 098

03 React人気の秘密はVirtual DOM?

Virtual DOMとは何か？ ………………………………………………………… 100
ReactでDOMを更新してみよう ………………………………………………… 101
バイナリ時計を作ってみよう …………………………………………………… 104

04 Reactでコンポーネントを作成する

コンポーネントとは？ …………………………………………………………… 107
Reactでのコンポーネントの作り方 …………………………………………… 107
もう少し複雑なコンポーネントの場合 ………………………………………… 110
リストコンポーネントを作ってみよう ………………………………………… 113
アロー関数でコンポーネント定義 ……………………………………………… 115

05 本格的なコンポーネントを作る

コンポーネントの状態を管理しよう …………………………………………… 118
時計コンポーネントを作ってみよう …………………………………………… 119

009

06 イベントの仕組みと実装

Reactでクリックイベントを実装する方法 ………………………………… 122
簡単なチェックボックスを実装してみよう ……………………………… 124
Reactでイベントの記述方法 …………………………………………………… 127

07 Reactのツールで自動ビルド

React/JSXのコンパイル環境を作ろう ……………………………………… 129
create-react-appのインストール ………………………………………… 129
ひな形アプリの仕組みを読み解こう ……………………………………… 133

08 Webpackでリソースファイルを変換する

Webpackとは？ ………………………………………………………………… 135
WebpackでReact/JSXをビルドしてみよう …………………………… 138

第3章 Reactコンポーネントの作成

Reactの、より実践的な使用方法を紹介します。コンポーネントのライフサイクルや、コンポーネント同士の連携方法、状態やプロパティ、イベントの使い分けなど、Reactを使う上で欠かせない要素について述べます。

01 コンポーネントの生成から破棄まで

コンポーネントのライフサイクル……………………………………………… 144
ストップウォッチを作ろう………………………………………………………… 147

02 Reactの入力フォーム

簡単な入力フォームを作る……………………………………………………… 152
複数の入力項目を持つフォームを作ろう…………………………………… 156

03 コンポーネント同士の連携について

コンポーネント間の連携方法について……………………………………………… 159
インチとセンチの単位変換コンポーネントを作ろう………………………………… 160

04 コンポーネント三大要素の使い分け

状態とプロパティ……………………………………………………………………… 166
色選択コンポーネントを作ってみよう……………………………………………… 168

05 入力フィルタと値のバリデーション

郵便番号の入力コンポーネントを作ろう…………………………………………… 172
汎用的な入力コンポーネントを作ってみよう……………………………………… 177

06 DOMに直接アクセスする

Reactでは直接DOM操作は行わないのが基本 …………………………………… 185
コンポーネントのrender()メソッドに関する考察 ………………………………… 188

07 ReactコンポーネントでAjax通信を使う

Ajax通信の利用について……………………………………………………………… 191
SuperAgentの基本的な使い方 ……………………………………………………… 192
ReactアプリでJSON を読んで選択ボックスに表示しよう ……………………… 195

08 Reactにおけるフォーム部品の扱い方

テキストボックス(input type="text") ……………………………………………… 198
チェックボックス(input type="checkbox") ……………………………………… 199
テキストエリア(textarea) …………………………………………………………… 200
ラジオボタン(input type="radio") ………………………………………………… 202
セレクトボックス(select) …………………………………………………………… 203
コラム　React開発支援ツール「React Developer Tools」 …………………… 205

011

第4章 フロントエンド開発 - Electron と React Native

フロントエンド開発に欠かせないフレームワークを解説します。デスクトップアプリ用の Electron」と、スマートフォン (iOS/Android) 向けの「React Native」について実践的に紹介します。

01 Reactでフロントエンド開発

フロントエンドとは？ ･･･ 208
PC向けのアプリ開発に「Electron」 ････････････････････････ 208
スマホ向けのReact Native ･･･････････････････････････････ 209

02 Electronを使ってみよう

Electronを始めよう ･･････････････････････････････････････ 211
ElectronにReact開発環境を導入しよう ････････････････････ 212
Electronの仕組みを理解しよう ･･･････････････････････････ 218
クリップボード整形アプリを作ってみよう ･･･････････････････ 219
アプリを配布しよう ･･･････････････････････････････････････ 223

03 マストドンのクライアントを作ってみよう

マストドンとは？ ･･ 225
マストドンのWeb APIを使おう ････････････････････････････ 226
Electronのアプリに仕上げよう ･･････････････････････････ 233

04 React Nativeでスマホアプリを作ってみよう（Android編）

ReactとReact Nativeの違い ･･････････････････････････････ 240
Androidの開発環境のセットアップ ･･････････････････････････ 241
プログラムを書き換えてみよう ･･･････････････････････････ 247
アプリを配布しよう ･･･････････････････････････････････････ 248

05 React Nativeでスマホアプリを作ってみよう(iOS編)

iOS開発のためのReact Nativeのインストール ･･････････････ 252
React Nativeプロジェクトの作成 ･･････････････････････････ 253
サンプルプロジェクトを書き換えよう ･･････････････････････ 254
iOS実機で実行する方法 ･･････････････････････････････････ 256

06 スマホ用マストドンクライアントを作ってみよう

ここで作るプログラム ··· 260
React Nativeのプロジェクトを作成しよう ································· 261
React Native用マストドンのクライアント ······························ 262

第5章 SPA のための フレームワーク

この章では、SPA 開発に欠かせないフレームワークやノウハウを紹介します。React の使い方をさらに広げる、さまざまなライブラリの使い方や考え方を学んでいきましょう。

01 SPA——WebサーバーとReactの役割分担

SPAについて ··· 270
WebサーバーとReactの役割分担 ·· 271
コラム そもそもWebアプリフレームワークとは？ ··············· 273

02 Webアプリ用フレームワークExpress

Expressのインストール ··· 276
Hello Worldを作ろう ··· 276
いろいろなパスに対応しよう ·· 277
POSTメソッドを受け付けるには？ ··· 281
コラム アップロードファイルのセキュリティ ························· 286
自動的にファイルを返すには？ ·· 286

03 Fluxの仕組みを理解しよう

ReactにFluxが必要な理由 ··· 288
Fluxに登場する役者たち ··· 288
役者同士の情報伝達の流れについて ·· 290

04 少し複雑なアプリを作るにはReact Router

React Routerとは？ ··· 296
最も簡単なサンプル ·· 298

013

固定ヘッダーとフッターを利用しよう································300
パラメーターを利用しよう···303
React Routerの詳しいマニュアルについて ·····················306

05 React+Expressで掲示板を作ろう

ここで作る掲示板について··307
プロジェクトを作成しよう···308
Webサーバー側のプログラム ·······································310
クライアント側(React)のプログラム ······························312
コラム JSON形式の簡単データベースNeDB ··················316

06 リアルタイムチャットを作ろう

WebSocketとは？ ···319
ここで作るアプリ - リアルタイムチャット ···························320
プロジェクトを作成しよう···320
WebSocketで通信が始まるまで ·····································323
プログラム - チャット・サーバー側 ································323
プログラム - チャット・クライアント側 ····························325
SPA実装のポイント ···327

第6章 実践アプリ開発！

6章では、実践的なアプリの作り方を紹介します。Wiki システムと、ユーザー認証を持つ SNS、機械学習アプリを作ります。それぞれ、React を主軸においた、SPA となっています。

01 誰でもページを編集できるWikiシステムを作ってみよう

Wikiシステムについて···330
Wikiアプリの構成··331
プロジェクトを作成する··332
Webサーバー側のプログラム - Wikiサーバー ·····················334
Wikiクライアントアプリ··336
Wikiパーサー - PEG.jsでパーサーを作ろう ·······················341

02　じぶんのSNSを作ろう

ここで作るSNSの機能 ………………………………………………………… 346
プロジェクトの作成 ………………………………………………………… 347
サーバー側 - SNSサーバー ………………………………………………… 350
　コラム　SHAハッシュとは？ …………………………………………… 357
クライアント側 - SNSクライアント ……………………………………… 357

03　機械学習で手書き文字を判定しよう

ここで作るアプリ - リアルタイム手書き文字認識ツール ……………… 365
手書き数字のデータベースをダウンロードしよう ……………………… 367
バイナリファイルを解析しよう …………………………………………… 369
機械学習を実践しよう ……………………………………………………… 373
文字認識サーバーのプログラム …………………………………………… 376
文字認識クライアント(React)のプログラム …………………………… 378
本書の終わりに～開発したアプリの公開 ………………………………… 381

さいごに ……………………………………………………………………… 383

Appendix　開発環境を作ろう

開発に当たっては、Reactのほかにさまざまなツールやフレームワークを使用します。ここでは、Node.jsやそれを動かすための開発環境のインストール方法を説明します。

1　Node.jsのインストール

Windowsの場合 ……………………………………………………………… 386
macOSの場合 ………………………………………………………………… 387

2　「VirtualBox」で開発環境を整えよう

インストールの手順 ………………………………………………………… 388
必要なツールのダウンロード ……………………………………………… 388
Windowsに開発環境をセットアップ ……………………………………… 390

macOSに開発環境をセットアップ ……………………………………………………… 394
Vagrantfileの編集 ………………………………………………………………………… 396
Vagrantの設定や操作方法について ……………………………………………………… 397
仮想環境の衝突に注意…………………………………………………………………… 397

3　仮想環境のUbuntuにNode.jsをインストール

まずはAPTから ……………………………………………………………………………… 398

第 1 章

Node.js と環境の設定

本書のはじめに、JavaScriptの最新情報に通じておきましょう。最新の
JavaScriptは、これまでのJavaScriptとどう違うのでしょうか。また、JavaScript
の中心技術となるNode.jsについて基本的な部分を押さえておきましょう。そのほ
かに、パッケージ管理ツールのnpmの使い方やモジュールシステムなども紹介しま
す。

01 モダンなJavaScriptとは?

ここで学ぶこと

- これまでのJavaScript
- これからのJavaScript
- JavaScriptと始める新しい冒険について

使用するライブラリー・ツール

- Webブラウザー(NN/IE/Chrome)
- JScript/Ajax/V8/Node.js/HTML5
- AltJS/React

最初に、JavaScript そのものについて考察します。JavaScript が生まれてから、20 年以上が経ちますが、どのような歴史をたどってきたのか、簡単にまとめてみます。Ajax/HTML5/AltJS/ES2015 と、JavaScript に関連する技術を登場順に紹介します。これから始まる JavaScript の物語に思いを馳せましょう。

古くて新しい JavaScript の歴史

　JavaScript は、古くて新しいプログラミング言語です。Web ブラウザーで動かすことができるので、すべてのパソコンやスマホで動かすことのできる、最も普及しているプログラミング言語のひとつです。シンプルで簡単で、誰にでも使い始めることのできる JavaScript ですが、どのように始まり、どのような歴史を持っているのでしょうか。簡単にその歴史を振り返ってみましょう。

1995 年 - JavaScript の誕生

　JavaScript が生まれたのは 1995 年です。最初から、Web ブラウザーに搭載され、Web ページに動的な要素を組み込むためのスクリプト言語として誕生しました。つまり、JavaScript は Web のために生まれ、Web のために育った言語なのです。

　そもそも、1990 年代初頭に、インターネットや Web の基礎が築かれました。そして、1993 年には、世界初の本格 Web ブラウザー「Mosaic」が開発され話題となり、1994 年には、Netscape Navigator(NN) の 1.0 がリリースされます。NN1.0 は大人気を博します。そして、翌年に発表された、NN2.0 に、初めて JavaScript が搭載されました。

Netscape Navigator1.1 の画面

　JavaScript は最初は「LiveScript」という名前でした。しかし、同年 5 月にプログラミング言語の Java も発表され、大きな注目を集めていました。そこで、Java の人気に便乗して、JavaScript という名前に改名されたのです。まったく違う言語であるのに、今でも「Java」と「JavaScript」を勘違いしている人が多くいますが、こういう経緯でつけられた名前なので似ているのは当然で、紛らわしいのも狙い通りなのかもしれません。

　1995 年には、Windows 95 が発売され、Internet Explorer(以下、IE) 1.0 もリリースされました。

1996 年 - JScript の登場 - 分裂のはじまり

　この年に、IE3.0 がリリースされました。IE は、Windows に標準搭載されていました。Web ブラウザーでは人気の NN と IE の間でシェア争いが始まります。

　IE3.0 には、JavaScript と似た言語の「JScript」が搭載されました。JScript は、JavaScript と似てはいるものの、多くの部分で非互換でした。そのため、これ以後、開発者は、IE と NN の 2 つのブラウザーで動くよう、Web サイトとスクリプトを作らなければなりませんでした。

　Web ページで、アニメーションやインタラクティブなコンテンツを提供するために、Flash の元となるバージョンが公開されたのも、この年でした。

1997 年 - JavaScript 標準化に動き出すものの…

　NN の JavaScript と、IE の JScript で、互換性がない状態が続いていました。JavaScript を標準化するため、Ecma International という標準化団体が組織され、JavaScript 標準化に向けて動き出します。そして、同年 6 月に、標準化されたプログラミング言語の仕様「ECMAScript(ECMA-262)」の初版が公開されます。

　標準化は順調に進み、1998 年には ECMA-262 第 2 版、1999 年には ECMA-262 第 3 版が公開されます。

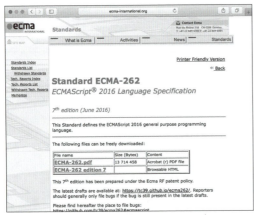

ECMA International の公開する ECMAScript に関するページ

2000 年代前半 - JavaScript 受難の時代

　ECMA での標準化作業は当初は順調でした。しかし、第 4 版を策定する時点で、言語に大きな変更を加えようとする推進派と、それに対抗する保守派で分裂し、標準化作業は暗礁に乗り上げます。

　また、JavaScript の脆弱性を悪用したウィルスや JavaScript を多用した不快な Web サイトなどが増え、JavaScript の機能をオフに設定する人も増えてしまいました。

　同時期に、動作が軽く派手なアニメーションが使える「Flash」が広く普及しました。Flash はプラグインを導入する必要がありましたが、その利便性から、多くの Web サイトが、Flash に対応しました。なお、Flash は、最新の ECMAScript 仕様にいち早く準拠したスクリプト言語「ActionScript」を搭載していた点も人気の理由でした。

　こうして、JavaScript が使われる機会は減っていきました。

2005 年 - 「Ajax」で JavaScript が脚光を浴びる

　しかし、2005 年ごろに転機が訪れます。Google が Ajax の技術を活用した「Google マップ」を発表したのです。それに伴い「Ajax」が話題になり、これが、JavaScript 人気が再燃するきっかけとなります。

　Ajax とは、JavaScript で非同期通信を利用して、サーバーからデータを取得し、動的にページの内容を書き換える技術の総称です。

　これ以降、さまざまな Web サイトで、Ajax が活用されるようになり、その流れは、現在まで受け継がれています。

第 1 章　Node.js と環境の設定

Google マップは「Ajax (Asynchronous JavaScript + XML)」を使用

　2005 年には、JavaScript で最初の人気ライブラリ「prototype.js」が発表されます。このライブラリは、Ajax を手軽に使える機能を持っており、Web ブラウザーごとの差異を吸収するような仕組みもありました。

2008 年 - JavaScript の高速化と「V8」の登場

　Ajax で脚光を浴びて、幅広く利用されることになった JavaScript でしたが、「実行速度が遅い」というのが大きなネックとなっていました。そのため、JavaScript の高速化が必要となり、さまざまな手法が研究されることになりました。

　2008 年に、Google Chrome が公開されます。Chrome は革新的なブラウザーでした。それまでのブラウザーに比べると、ページの表示速度が驚くほど高速だったのです。Chrome に搭載された JavaScript 実行エンジンが「V8」でした。V8 エンジンの動作速度は、それまでの JavaScript よりもはるかに高速でした。

　その高速化の肝は、JIT コンパイラです。JIT(Just In Time) コンパイラとは、
対象となる CPU の機械語にソースコードを変換しますが、プログラム実行時に変換することによって、高速に処理を行うことができる技術です。

Google Chrome で V8 エンジンの Web サイトを閲覧しているところ

021

V8 の登場により JavaScript の高速化に拍車がかかりました。V8 エンジンは、その後も改良が進み、2012 年には、速いと言われていた当初のスペックの 3 倍以上の速度で動作するようになりました。

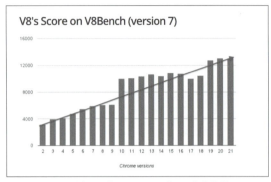

Chrome のバージョンごとの V8 エンジンの速度比較

2009 年 - Node.js の登場

　Chrome に搭載された「V8 エンジン」は、JavaScript の実行エンジンの中でも圧倒的な速度で動作しました。すると、Web ブラウザーの中だけに閉じ込めておくのは勿体ないという話になるのが自然の流れでしょう。しかも、V8 はオープンソースで開発されており、そのソースコードを別のプロジェクトでも活用できました。

　2009 年には、Chrome の V8 エンジンだけを取り出し、ファイルの読み書きや圧縮、HTTP サーバーなどの API を追加した、JavaScript の実行環境「Node.js」が登場します。当初、Node.js は、サーバーサイドで動く JavaScript として、大きな注目を集めました。

Node.js が公開された

　それまでの Web アプリケーションは、Web サーバー側のプログラムは PHP や Java などのプログラミング言語で開発し、Web ブラウザー側 (クライアント側) はこれとは別に JavaScript で開発するのが一般的でした。しかし、Node.js の登場により、サーバーでもクライアントでも、同じ、JavaScript を用いて開発できるようになったのです。

もちろん、Node.jsが登場する以前にも、サーバー側でJavaScriptを利用しようという話はあったのですが、JavaScriptの実行速度が遅く、現実的ではありませんでした。高速なV8エンジンが登場したことで、「サーバーサイドJavaScript」が実用レベルに達したのです。

Node.js 以外の JavaScript 実行エンジンについて

Node.js以外にもJavaScriptの実行エンジンがあります。JScriptからCOM技術を利用するWSH(Windows Script Host)もそのひとつです。Web界隈ではあまり話題になりませんが、Microsoftは、Windows98の頃から、JavaScriptを利用して、さまざまなバッチ処理を記述できるようにしていました。WSHはとにかく便利でした。WSHでは、VBScriptも使えるので、JScriptは選択肢のひとつという感じでしたが、WordやExcelをはじめ、Adobe IllustratorやPhotoshopなど、COM対応しているさまざまなアプリを操作することができました。

2010年代前半 - HTML5で勢いを増す JavaScript

2010年になると、HTML5が話題を集めるようになりました。Webの標準化団体のW3C(World Wide Web Consortium)が、2008年にHTML5の策定を始めたのです。

HTML5とは、HTMLの5回目に当たる大幅な改訂版です。HTML5では、Webアプリケーションを作るのに役立つ機能が取り入れられました。それらの機能は、JavaScriptから使うことを前提にしています。

PCのローカル領域にあるストレージにデータを書き出す『Web Storage』や、ソケット通信を行う『WebSocket』、ユーザーの現在位置を取得する『Geolocation API』など、さまざまな機能が追加されました。これによって、Webブラウザーだけで実現可能なアプリケーションの幅がぐっと広がりました。

また、Canvas要素が追加され、JavaScriptだけで図形や画像の描画が可能になりました。これにより、ゲームの作成やアニメーションなどが表現可能となり、それまで、Flashを使わないとできなかったことが、JavaScriptだけで実現できるようになりました。

HTML5のロゴ

この頃、本格的にスマートフォンが普及しはじめました。スマートフォンには、最新の Web ブラウザーが搭載されていたので、HTML5 を活用することができました。スマートフォンでこそ、HTML5 の真価を発揮することができました。

それに加えて、Cordova(PhoneGap) などのフレームワークが登場し、HTML5/JavaScript/CSS3 といった Web の技術を用いて、スマートフォン向けのネイティブアプリを開発できるようになりました。

2010 年代半ば - AltJS の台頭

2010 年代半ばに、Web 業界に新しい旋風を巻き起こしたのが「AltJS(Alternative JavaScript)」です。AltJS というのは、それ自体、ひとつのプログラミング言語やライブラリではありません。プログラムを書き、コンパイラを通して従来の JavaScript として出力するというものです。

AltJS で有名なのは、CoffeeScript や、TypeScript と言ったプログラミング言語です。これらの新しいプログラミング言語も、Web ブラウザー上でも、サーバー側の Node.js 上でも実行できます。なぜなら、コンパイラのおかげで JavaScript が出力されて、それが実行されるからです。

例えば、CoffeeScript は、Ruby や Python、Haskell などのプログラミング言語の影響を受けた、よりモダンなプログラミング言語です。インデントによるブロック構文があり、JavaScript よりも簡潔で可読性が高く、パターンマッチなどの機能を持っています。JavaScript と比べて 1/3 ほどの行数でプログラムを記述できると言われています。

CoffeeScript の Web サイト

それから、TypeScript も人気です。TypeScript は、Microsoft により開発されました。大規模アプリケーションの開発のために設計されており、静的型付けとクラスベースのオブジェクト指向を持つことが大きな特徴です。

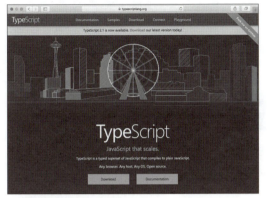

TypeScript の Web サイト

　こうした言語は、誕生してから 20 年に渡って、ほとんど変化のなかった、JavaScript に痺れをきらした多くの開発者の支持を集めました。JavaScript で大規模なアプリケーションを組む機会は増えたのに、JavaScript は大規模開発にはまるで向いていなかったのです。

　AltJS 以前、JavaScript 開発者は、さまざまな手法を開拓し、大規模開発で JavaScript を使ってきました。それは、職人や達人の領域に達しつつありました。しかし、AltJS の登場により、誰もがより自然な形でスマートにプログラムを書く事ができるようになったのです。

2015 年以降 - ES2015 と Babel について

　JavaScript は、いまでは最も多くの端末やプラットフォームで動くプログラミング言語です。AltJS のように、JavaScript に変換する機能があるなら、JavaScript 以外のプログラミング言語を使っても、Web 開発したり、スマホアプリを作るには作れます。

　しかし、これまで慣れ親しんだ JavaScript で、大規模開発ができれば、それが一番ではないでしょうか。JavaScript 自体にモダンな言語仕様が組み込まれるのが自然な流れです。多くの人が、それを望んでいました。

　そうした要望を受けて、標準化団体の ECMA International は、2015 年に大幅に機能の追加された ECMAScript の第 6 版を公開しました。この仕様は、非常に画期的で、クラスやモジュール、イテレータ、ジェネレーター、アロー演算子、テンプレート文字列、型付き配列など、さまざまなモダンな言語のエッセンスが盛り込まれました。

　この JavaScript の仕様「ECMScript 第 6 版」は、「ECMAScript 2015」とも呼ばれており、「ES2015」と略されます。なお、ECMAScript の仕様は、これ以降、バージョン番号ではなく、仕様が策定された年度が冠されるとのことで、このように呼ばれます。

　ただし、ここでひとつ大きな問題があります。ECMAScript は、ただの仕様なのです。いかに、画期的な仕様が盛り込まれたとは言え、実際に使えなければ、まったくの無意味です。しかも、その機能が各 Web ブラウザーに実装され、開発者が利用できるようになるのは、ずいぶん先になってしまうことでしょう。

そこで登場したのが、Babel です。Babel は、ES2015 の仕様を用いて記述したモダンな JavaScript を従来の JavaScript に変換するトランスコンパイラ (英語 : transcompiler) です。そうです、Babel を使えば、一足早く最新の仕様の JavaScript を利用して、プログラムを書く事ができるというわけです。

モダンな Web 開発のためのライブラリについて

ここまで、JavaScript の 20 年以上にわたる歴史を眺めてきました。このように、紆余曲折をたどってきた JavaScript ですが、ES2015 の登場により、言語仕様も非常にモダンになりました。

しかし、モダンになったのは、言語機能だけではありません。JavaScript 開発を強力に支援するライブラリ・フレームワークが日々登場しています。その中でも、特に注目を集めているのが、AngularJS、Vue.js、React.js などのライブラリです。

そして、それらのライブラリを利用して、SPA(Signle Page Application) と呼ばれる、フロントエンド開発を行う機会も増えました。SPA では、単一の Web ページがひとつの Web アプリとなるのです。SPA はブラウザーを使うアプリでありながら、デスクトップアプリと同等の操作性を持っています。

SPA の実現を容易にしているのが、本書で取り上げる、React です。React は、近年登場した JavaScript ライブラリの中でも、頭一つ分突き抜けています。React と React を縁の下から支える Node.js を押さえておけば、ここ数年 JavaScript の世界で起きている、大きな転換点を確実に把握することができるでしょう。

それでは、React を中心にした、Web 開発の世界をマスターしていきましょう。

まとめ

- ☑ JavaScript の歴史をたどることで、モダンな JavaScript について、概要を知ることができました

- ☑ モダンなライブラリやツールを使うことで、モダンで最新の JavaScript 仕様を、開発ですぐに利用できることが分かりました

- ☑ 本書では、モダンな JavaScript を活用しつつ、React など便利で強力なライブラリの使い方を紹介します

02 サーバーサイド処理の定番 Node.js

ここで学ぶこと
- Node.jsについて
- npmについて
- Node.jsでプロジェクトを始める方法

使用するライブラリー・ツール
- Node.js
- npm/Yarn

前節で紹介した通り、Node.js は、Google Chrome の JavaScript エンジン V8 からスクリプト実行環境を取り出したものです。Node.js を利用して、サーバーサイドのプログラムを作ることもできますし、バッチ処理のためのスクリプトとしても利用できます。ここでは、Node.js について知識を深めましょう。

3分でわかる Node.js

　Node.js がこれほど普及したのには、いくつかの理由があります。それは、そのまま Node.js でできることと直結しています。Node.js で何ができるのか、簡単に見てみましょう。

Node.js の仕組み

実行効率の良い Web アプリ実行環境になる

　当初、Node.js が注目されたのは、優れたサーバーサイド JavaScript の実行環境としてでした。V8 エンジンを搭載した高速なスクリプト実行環境に加えて、非同期処理を標準 API として提供することで、実行効率の良い Web アプリの実行環境として利用することができます。
　その人気の秘密は、Node.js の提供する API が基本的にノンブロッキング I/O になっているという点にあります。この仕組みのおかげで、シングル CPU の性能の低いサーバー上でも、高いパフォーマン

スを発揮できます。特にリアルタイム性が高いチャットアプリなど、比較的小さな処理が大量に発生するアプリでは、その真価が発揮できます。

サーバー側もクライアント側も同じ言語で書ける

一般的に Web アプリに必要なのは、Web サーバー上で動くサーバー側のプログラムと、Web ブラウザー上で動くクライアント側のプログラムです。もちろん、Web ブラウザーで動くプログラム自体も Web サーバーから転送されるものなのですが、そのプログラムがどのコンピューター上で動いているのかという点を、意識したプログラムを作る必要があります。

Node.js 登場以前は、サーバー側のプログラムは、Java や PHP/Ruby/Python といったプログラミング言語で記述するのが一般的でした。Web ブラウザー上で動くクライアント側のプログラムは、JavaScript で書くのに、サーバー側では、異なるプログラミング言語を使わなくてはならなかったのです。

モダンなプログラミング言語は、どれも少なからず似ているものの、やはりサーバー側とクライアント側で、異なるプログラミング言語を使わなくてはならないというのは、ストレスになります。学習コストの点においても、JavaScript さえ書ければ、サーバーもクライアントも作れるというのは、大きなメリットでしょう。Node.js を使えば、サーバー側もクライアント側も JavaScript で記述できます。

便利なライブラリを簡単に利用できる

また、Node.js は、高速なスクリプト実行エンジンであることに加えて、無数の便利なライブラリを手軽に利用できるようになっているという点も見逃せません。これを支えるのが、Node.js のためのパッケージマネージャーである npm です。npm を使うと、手軽にライブラリをインストールすることができます。

さまざまなツールが、Node.js を利用して開発されており、それを npm 経由でインストールして利用できます。例えば、CoffeeScript や、JavaScript の圧縮・最適化ツールである uglify-js は、npm でインストールして利用します。他にも、これから本書で扱う多くのツールは、npm を利用してインストールできます。

npm のほかにも、その上位互換となるパッケージマネージャーの「Yarn」の開発が進んでいます。これは、Facebook が発表し、Google も開発に関わっているとのことで、注目を集めています。Yarn は、npm よりもインストールが速く、一貫性があり、安全であることを目標として掲げています。こうした、豊富なライブラリも Node.js の魅力のひとつです。

Node.js は大量のアクセスに強い

Node.js が大量のアクセスに強いのは、API に「ノンブロッキング I/O」を採用しているからです。ノンブロッキング I/O とは、ファイルやネットワークの入出力 (IN/OUT) を行う際、処理をブロックしないことです。時間のかかる入出処理を非同期処理にすることにより、高い性能を発揮します。

ファイルの読み書きや、ネットワークの入出力などは実行に時間がかかります。CPUの動作速度は、それらのハードウェア動作よりも、はるかに高速です。そのため、一般的なプログラミング言語では、同時にたくさんのアクセスがあったとき、Webサーバーは、読み書きが完了するのを待つためにリソースを消費してしまいます。しかし、ノンブロッキングI/Oを採用したAPIを利用していれば、入出力(I/O)処理待ちをしている間に、別の処理を行うことができるため、効率的にたくさんのアクセスを処理できるというわけです。

これを分かりやすく言い換えるなら、お昼休みの時間の使い方にたとえられます。

お昼休みの間に、近くのお弁当屋でお弁当を買って、馴染みの銀行で入金処理をして、トイレ掃除の当番を果たさなければならないとします。

非同期処理を行わないとすれば、お弁当屋でお弁当を注文し、できるまで10分待ち、銀行に行って、窓口で入金処理を行って、処理が完了するまで10分待ち、最後、戻ってきて、10分トイレ掃除をします。すると、合計30分を消費してしまいます。

これを非同期処理で行うとすると、3分でお弁当屋でお弁当を注文し、できあがるのを待つことなくそのまま銀行に行って、3分で入金処理の依頼をします。銀行でも処理が終わるのを待たないで、会社に戻って10分でトイレ掃除をしてから、お弁当と通帳を受け取ることにします。移動時間を4分程度と見積もっても合計時間は、20分ほどになります。つまり、ひとつひとつ待っている場合に比べ、半分の時間で用事を終わらせることができるのです。お弁当屋や銀行での待ち時間をなくせば、効率的にすべての用事を終えることができるわけです。

JSでどのようにI/O処理を記述するのか？

Node.jsでは、待ち時間を有効に使うために、Ajaxと同じように、非同期通信を行います。非同期通信の処理では、処理を依頼するときに、処理完了時に行うイベントを登録するという形で行います。

例えば、Node.jsで、テキストファイルを読み込むプログラムは、以下のようになります。

●file: src/ch1/readfile.js

```javascript
// ファイルを非同期で読み込む
const fs = require('fs') // fsモジュールを使う

// ファイルの読み込み
fs.readFile('kakugen.txt', 'utf-8', kakugenLoaded)

// 読み込みが完了したときのイベント
function kakugenLoaded (err, data) {
  if (err) {
    console.log('読み込みに失敗。')
    return
  }
  console.log(data)
}
```

Node.jsでファイルを読み込むには、fs.readFile()メソッドを使います。このメソッドは、非同期でファイルの内容をすべてを読み込みます。非同期なので、ファイルの読み込みが完了するまで待機することはありません。ファイルの読み込みが完了したタイミングで、第3引数に指定したコールバック関数が実行される仕組みとなっています。

　ここでは、ファイルの読み込みでしたが、ネットワークの読み書きも同じように、非同期で行います。

> **まとめ**
>
> Node.jsを使うと、実行効率の良いWebアプリを作ることができます
>
> サーバー側とクライアント側の両方で、JavaScriptを利用して、Webアプリを作ることができます
>
> さらに、Node.jsはスクリプトの実行環境としても優秀です。すでに多くのツールが、Node.jsで開発されており、パッケージマネージャーのnpmを使って簡単にインストールできます

03 パッケージマネージャーnpm

ここで学ぶこと
- npmの使い方
- モジュールのインストールと削除
- npmを使ったプロジェクトの始め方

使用するライブラリー・ツール
- npm
- Yarn

npm は、Node.js 標準のパッケージ管理ツールです。npm を利用すると、ライブラリ（モジュール）のインストールが簡単に行えます。ライブラリの依存関係を解決しつつ、必要なものをまとめてインストールしてくれます。ここでは、npm の使い方をマスターしましょう。

npm でできること

npm を利用すると、手軽にライブラリのインストールと削除が行えます。npm のリポジトリに追加されているライブラリであれば、コマンド一発でインストールできるのが便利な点です。どんなライブラリがあるのかは、npm の Web サイトで見ることができます。また、npm を利用して、自作のモジュールをリポジトリに追加することも容易です。

npm の Web サイト

```
npmのWebサイト
[URL] https://www.npmjs.com/
```

npm でライブラリのインストール方法

npm でインストールする各ライブラリのひとつひとつは、モジュール (module) と呼ばれます。あるモジュールで、別のモジュールを利用するということはよくあることです。そうなると、別のモジュールに依存したモジュールもインストールしなくてはなりませんが、npm は、こうした関係（依存関係）を整理して、必要なモジュールを一気にインストールしてくれます。これを一般的に「依存関係の解決」といいます。

モジュールをローカルインストールする

npm でライブラリ (モジュール) をインストールする場合に注意したいのが、どこにモジュールをインストールするのかです。npm の標準の状態では、カレントディレクトリにライブラリをインストールします。これを「ローカルインストール」と呼んでいます。

Web サイトから手軽にデータをダウンロードすることができるモジュール「request」をローカルインストールしてみましょう。インストールは、「npm install (モジュール名)」という書式で利用します。

```
$ npm install request
```

コマンドを実行してみると、以下のように、request モジュールを使う上で必要となる各種のモジュールも一緒にダウンロードされることが確認できます。

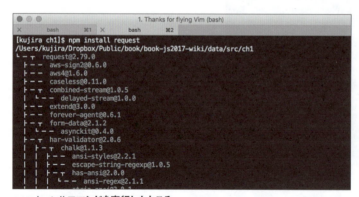

npm install コマンドを実行したところ

エクスプローラー (mac なら Finder) で npm install を実行したフォルダーを開いてみると、「node_modules」という名前のフォルダーが作成され、そのフォルダーの下に、インストールされたモジュールがダウンロードされているのが確認できます。

このようにして、インストールしたモジュールは、require() を利用して使えます。

次に挙げるのは、request モジュールを利用して、ファイルをダウンロードする例です。

第 1 章　Node.js と環境の設定

●file: src/ch1/request-downloadfile.js

```
// モジュールを取り込む
const fs = require('fs')
const request = require('request')

// requestモジュールを使ってファイルをダウンロード
request('http://uta.pw/shodou/img/28/214.png')
    .pipe(fs.createWriteStream('test.png'))
```

コマンドラインから、コマンドを実行してみましょう。PNG ファイルをダウンロードできます。

```
$ node request-downloadfile.js
```

グローバルインストール

　次に、モジュールをグローバルインストールしてみましょう。これは、マシン全体で共有するツールやライブラリをインストールする際に利用します。インストールしたモジュールは、特定のディレクトリにインストールされます。
　npm でグローバルインストールするときにどこに入るのかを調べるには、以下のコマンドを実行します（もちろん、コマンドの結果は、OS や実行環境によって異なります）。

```
$ npm root -g
/root/.nvm/versions/node/v7.5.0/lib/node_modules
```

　例えば、スクリプト言語の CoffeeScript をインストールする場合、次のように、グローバルインストールすると、システム全体で、CoffeeScript が使えて便利です。

```
$ npm install -g coffee-script
```

　CoffeeScript がインストールされたら、コマンドラインから coffee コマンドでスクリプトを実行できます。-e オプションで、任意のコードを実行できます。次の例では 5 から 1 までカウントダウンします。

```
$ coffee -e "console.log num for num in [5..1]"
5
4
3
2
1
```

npm でインストールしたモジュールが参照できない場合

ところで、希に、グローバルインストールしたモジュールが、Node.js で参照できないという問題が生じます。それは、グローバルインストールしたディレクトリに、パスが通っていないために起きる現象です。その場合、環境変数 NODE_PATH に npm のグローバルパスを追加することで解決します。npm のグローバルパスは、以下のコマンドで確認できます。

```
$ npm root -g
```

macOS/Ubuntu であれば、ホームディレクトリにある、~/.bashrc に NODE_PATH の環境変数を追加します。次のようにコマンドを実行すると、自動で追記できます。

```
$ echo export NODE_PATH=$(npm root -g) >> ~/.bashrc
$ source ~/.bashrc
```

Windows であれば、デスクトップ左下の Windows ボタンを右クリックし、「システム」を選択します。そして、画面左側にある、「システムの詳細設定」を選択し、「環境変数」のボタンをクリックします。それから、PATH という項目があれば、それを編集し、なければ、新規のボタンをクリックして、変数名に「PATH」と、変数値に「npm root -g」で得られたパスを指定します。

npm のグローバルパスを PATH に追加したところ

モジュールのアンインストール

次に、モジュールのアンインストールの方法ですが、「npm uninstall (モジュール名)」という書式で指定します。先ほどインストールした「request」モジュールをアンインストールしてみましょう。

```
$ npm uninstall request
```

第 1 章　Node.js と環境の設定

そして、カレントディレクトリにある、「node_modules」以下を開いて見てみましょう。すると、先ほどインストールしたモジュールが全て削除されていることが確認できます。

npm を利用したプロジェクトの始め方

npm が素晴らしいのは、モジュールを追加・削除できるだけでなく、プロジェクトの管理機能があることです。

npm でプロジェクトを開始するには、プロジェクトのディレクトリを作り、npm init コマンドを実行します。

```
# ディレクトリを作成する
$ mkdir project_a
$ cd project_a
# npmでプロジェクトを開始する
$ npm init
```

すると、プロジェクト名 (name) や、バージョン (version)、説明 (description) などの情報をひとつずつ質問されます。適当に答えるか、[Enter] キーを押していくと、最後に「Is this ok?」と聞かれるので [Enter] を押すと、「package.json」というファイルが作成されます。

この「package.json」が、npm でプロジェクトを管理する設定ファイルとなります。テキストファイルで開いて見てみましょう。何も入力せず、[Enter] だけ押して作ったプロジェクトは、次のようなものとなっています。

```
{
  "name": "project_a",
  "version": "1.0.0",
  "main": "index.js",
  "scripts": {
    "test": "echo \"Error: no test specified\" && exit 1"
  },
  "author": "",
  "license": "ISC",
  "description": ""
}
```

この npm init コマンドは、npm のモジュールを作成する時にも利用するので、ライセンスや作者なども聞かれるものとなっています。

package.json にモジュールのインストールを記録する

このプロジェクトで利用するライブラリを npm でインストール時には、「--save」あるいは「-S」というオプションをつけてインストールしましょう。すると、package.json の依存モジュールとして、インストールしたモジュールとそのバージョンを記録してくれます。

ここでは、コンソールに色を付ける「colors」というライブラリをインストールしてみましょう。

```
$ npm install colors --save
```

その上で、package.json を開いて見てみましょう。dependencies という項目が増え、そこに、モジュールとバージョンが記録されました。

```
{
  "name": "project_a",
  ...
  "dependencies": {
    "colors": "^1.1.2"
  }
}
```

まずは、このモジュールを利用して、画面にいろいろな色で格言を表示するプログラムを作ってみましょう。

●file: src/ch1/project_a/index.js

```
const colors = require('colors');

const s1 = "A time to throw stones away";
const s2 = "and a time to gather stones together";
const s3 = "A time to search and a time to give up as lost";
const s4 = "A time to keep and a time to throw away";

console.log(s1.underline.red);
console.log(s2.inverse.blue);
console.log(s3.rainbow);
console.log(s4.inverse.red);
```

コマンドラインでプログラムを実行してみましょう。

```
$node index.js
```

このプログラムを実行すると、コンソール上にいろいろな色やスタイルで格言が表示されます。

036

第 1 章 Node.js と環境の設定

```
[kujira project_a]$ node index.js
A time to throw stones away
and a time to gather stones together
A time to search and a time to give up as lost
A time to keep and a time to throw away
[kujira project_a]$
```

プログラムを実行したところ

　package.json に利用モジュールを記録して、何になるのかと言うと、このプロジェクトをバージョン管理したり、バックアップとして保存する際に、node_modules ディレクトリ以下のライブラリを保存しなくても良いというメリットがあります。ライブラリとそのバージョンが記録されているので、npm を使う限り、そのインストールしたモジュールは、再び、ダウンロード可能というわけです。

　ここでは、node_modules を削除してから、package.json を利用して再びモジュールをインストールする方法を紹介します。

　まずは、Windows のエクスプローラーや macOS の Finder で、node_modules ディレクトリを完全に削除してください。Linux や仮想環境の Ubuntu などでは、次のコマンドで確実にディレクトリを削除できます。

```
$ rm -f -r ./node_modules
```

　その上で、次のコマンドを実行します。

```
$ npm install
```

　すると、package.json の dependencies に基づいて、必要なモジュールが自動的にダウンロードされます。本当にダウンロードされたのか、再度、以下のコマンドを実行してみてください。

```
$ node index.js
```

　正しくモジュールがインストールされていれば、先ほどと同じ実行結果が表示されます。

npm を利用したスクリプトの実行

　また、npm を利用すると、スクリプトの実行やコードの生成をコマンドライン上で一元管理することができます。ここでは、以下のように、package.json の scripts に start というエントリーを追加してみましょう。

```
{
  ...
  "scripts": {
    "start": "node index.js",
```

037

```
    "check": "node -v"
  },
  ...
}
```

　その上で、「npm run start」とコマンドを実行すると、package.json の scripts/start に記述したシェル
コマンドが実行されます。試してみましょう。

```
$ npm run start
> node index.js
A time to throw stones away
...
```

　「npm run start」と打ち込むと、package.json に基づいて「node index.js」が実行され、格言が表示
されたのを確認できたことでしょう。
　次に、npm run check を実行してみましょう。このコマンドを実行すると、package.json の scripts/
check に基づいて「node -v」が実行されます。

```
$ npm run check
> node -v

v7.5.0
```

　つまり、これは、package.json の scripts に書いたコマンドを、「npm run (コマンド名)」で実行する
ことができるようになっているということです。
　また、コマンド名を省略して「npm run」とだけ入力すると、実行できるコマンドの一覧を表示で
きます。

```
$ npm run
Lifecycle scripts included in project_a:
  start
    node index.js

available via `npm run-script`:
  check
    node -v
```

　これは便利です。Node.js を使って、さまざまなプロジェクトが作られていますが、そのプロジェク
トをどのように実行すれば良いのか分からないとき、「npm run」と打ち込んでみると、どんなコマン
ドで、何を実行することができるのかを知ることができるのです。

038

また、「npm run start」は、「npm start」と省略できることになっています。

```
$ npm start
```

npm 互換の Yarn

Yarn は、Facebook が中心となって、開発している npm 互換のパッケージ管理システムです。Yarn の Web サイトを見ると、速くて信頼性が高く安全で依存管理ができるシステムと謳っています。最初に「速い」と言うだけあって、Yarn は npm よりも確かに速く動作するのが特徴です。

Node.js と npm がインストールされていれば、以下のようにして、Yarn をインストールできます。

```
$ npm install yarn -g
```

Yarn でモジュールをインストールするには、「yarn add」コマンドを使って、以下のコマンドを実行します。例えば、CoffeeScript をインストールしてみましょう。

```
$ yarn add coffee-script
```

グローバルインストールする場合には「global」オプションを追加します。

```
$ yarn global add coffee-script
```

npm 互換で早くて便利ということで、急速に広まっている Yarn ですが、本書では、主に本家の npm を利用する方法を紹介していきます。

まとめ

 pm を利用すると、モジュールのインストールやアンインストールを手軽に行うことができます

 npm install には、ローカルインストールと、グローバルインストールの二種類があり、デフォルトは、ローカルインストールとなっています。グローバルインストールを行うと、システム全体でモジュールが利用できます

 npm を使って、プロジェクト管理を行うことができます。プロジェクト内で利用するモジュールを記録したり、実行可能なスクリプトを登録しておくことができます

04 開発に使われるエディター

ここで学ぶこと

● JavaScript開発で便利なエディターのまとめ

使用するライブラリー・ツール

● タグを扱われるツールに変更
● テキストエディター(Atom/
  Visual Studio Code)
● オンラインコードエディター
  (JSFiddle/jsdo.it)
● Webブラウザ

ここでは JavaScript の開発で便利な定番エディターを紹介します。お気に入りのテキストエディターがあればそれで十分ですが、時には、いろいろなエディターを試してみるのも良い刺激になります。また、オンラインのコードエディターという選択肢もあります。

テキストエディター

JavaScript も HTML も、元を正せばテキストです。そのため、特別な専用エディターを用意することなく、自分の好きなエディターを利用して記述することができます。Windows であれば、定番の「秀丸エディター」や「サクラエディター」、「TeraPad」など、macOS であれば、「mi」や「CotEditor」を使い続けている方も多くいます。

```
[Windowsで定番のテキストエディター]
秀丸エディター - http://hide.maruo.co.jp/software/hidemaru.html
サクラエディター - http://sakura-editor.sourceforge.net/
TeraPad - http://www5f.biglobe.ne.jp/~t-susumu/

[macOSで定番のテキストエディター]
mi - http://www.mimikaki.net/
CotEditor - https://coteditor.com/

[Linuxで定番のテキストエディター]
vim - http://www.vim.org/
emacs - https://www.gnu.org/software/emacs/
```

もちろん、使い慣れたテキストエディターが一番手に馴染み、仕事も速く進むことでしょう。とは言え、HTML/JavaScript 開発で役立つ開発用エディターも登場していますので、新しいエディターを検討してみるのも良いでしょう。

040

Atom エディター

　Atom は、主に GitHub によって開発されているテキストエディターです。2015 年に正式版が公開された比較的新しいテキストエディターです。今一番注目を集めているエディターといってもいいでしょう。人気の秘密は、使いやすい UI に加えて、拡張性の高さが挙げられます。配色テーマやキーバインドの変更は当然として、拡張パッケージによって、さまざまな機能を追加することができます。

Atom エディターの Web サイト

Atom エディターを実行しているところ

```
［対応OS］Windows/macOS/Linux
［URL］https://atom.io/
```

Visual Studio Code

　Microsoft によるクロスプラットフォームのテキストエディターが、Visual Studio Code です。Windows だけでなく、macOS/Linux でも利用できます。Git によるソースコード管理、IntelliSense、コードリファレンス、デバッガなどの機能を搭載しています。拡張機能を追加しなくても、最初から JavaScript のコード補完機能などが利用可能で、関数の定義場所を表示したり、シンボルの名前を変更したりと、便利な機能が利用できます。

Visual Studio Code の Web サイト

Visual Studio Code を実行しているところ

```
[対応OS] Windows/macOS/Linux
[URL] https://atom.io/
```

オンラインのコードエディター

　また、自分の PC にエディターをインストールしなくても、Web ブラウザーから直接利用できる、オンラインのコードエディターも十分実用的です。Web ブラウザーから使えるので、スマホやタブレットなど OS の実行環境を選ぶことなく利用できます。
　JavaScript の記述に便利な機能が備わっているだけでなく、そのまま記述したコードを Web で公開できたりと、至れり尽くせりの機能を持っています。

JSFiddle

　JSFiddle は、Web サイト上で、プログラムを書いて、その場で実行し、動作を確認できるエディターです。JavaScript の各種ライブラリも利用可能で、ちょっとコードを試してみるのにぴったりのオンラ

インエディターです。リサイズ可能な 4 つの画面に、HTML/CSS/JavaScript/ 実行画面が割り当てられています。任意のコードを記述し、画面左上の [Run] ボタンを押すことで、動作を確認できます。ユーザー登録しなくても、利用できます。

JSFiddle の画面

```
[URL] https://jsfiddle.net/
```

jsdo.it

　Web サイト上で、HTML/JavaScript/CSS を記述し、その場で実行結果を確認できます。Web 上に保存し、作品として公開できます。ログインが必要となります。jsdo.it は、日本発のサービスなので、UI が日本語で安心して使うことができます。JavaScript/HTML/CSS のタブが用意されていて、それを切り替えてコードを記述します。公開すると、QR コードも生成されるので、スマホでの確認も容易です。

jsdo.it の画面

```
[URL] http://jsdo.it/
```

Webブラウザーの開発者ツール

　JavaScriptの開発で、最も基本的なツールと言えるのは「Webブラウザー」でしょう。最終的には、複数のWebブラウザーで動作確認するとしても、主にどのブラウザーを利用して開発を進めるかは大きな選択となります。対象となるユーザーの動作環境を想定して選ぶのが良いでしょう。

　また、各Webブラウザーには、開発を強力にサポートしてくれる開発者ツールが用意されていますので、開発者ツールの使い勝手も、選択肢のひとつとなるでしょう。そうした開発者のためのツールは、WindowsではF12キーで、macOSでは、Command+Option+Iキーを押すと表示できます。

　例えば、Webブラウザーの「Google Chrome」とデベロッパーツールは、多くの開発者に愛用されています。ブレークポイントを設定し、JavaScriptを一行ずつ実行することもできますし、変数の内容を確認することもできます。また、画面に表示されている要素を調べたり、モバイル端末のブラウザーでどのように表示されるのかを確認するためのツールも用意されています。

Google Chromeでデベロッパーツールを利用しているところ

まとめ
- ☑ JavaScriptは使い慣れたテキストエディターで十分開発できる
- ☑ AtomやVisual Studio Codeなど注目を集める最近のコードエディターもオススメ
- ☑ オンライン上のコードエディターも、気軽に使えるので便利

05 コーディング規約JS Standard Style

ここで学ぶこと

- JavaScript Standard Styleについて
- JS Standard Style支援ツールの使い方

使用するライブラリー・ツール

- Node.js ／ npm
- standard

コーディング規約とは、プログラムを書くときの決まり事をまとめたものです。コーディング規約を決めておくと、プログラムの可読性が高まり、保守が容易になります。しかし、プロジェクトごとに異なるルールを作るのは大変なので、通常は有名なコーディング規約を採用することが多いと思います。ここでは、JavaScript Standard Style について紹介します。

JavaScript Standard Style について

オープンソースのプロジェクトを見ていると、次のようなロゴ画像を目にすることがあります。そこには「JavaScript Standard Code Style」(JavaScript 標準コードスタイル、以下 JS 標準スタイル) と記述されています。これは、いったい何のことでしょうか。

JS Standard Code Style

JS Standard Code Style のロゴ

これは「JavaScript Standard Code Style」と言って、JavaScript のコーディング規約をまとめたものです。名前に「standard(標準)」とありますが、ECMAScript が定めている標準というわけではなく、数多くある JavaScript のコーディング規約のひとつです。しかし、多くのプロジェクトがこれを支持していて注目度も高いので、どんなものか確認してみましょう。

```
JavaScript Standard Style
[URL] https://standardjs.com/
```

045

JavaScript Standard Style の Web サイト

なぜ、コーディング規約が必要なのか？

　本書の冒頭で述べたとおり、JavaScript は歴史の長いプログラミング言語であり、また、とても記述の自由度の高い言語となっています。そのため、プログラマーの好みによって、さまざまなスタイルでプログラムが記述されて来ました。しかし、あまりにも自由な記述スタイルは、時に混乱を招くものです。そこで、良いコーディング規約があると助かります。

　たとえば、インデントにタブを使うべきか、文末のセミコロンは書くべきなのか、などなど、基本的な事柄について、コーディングの規約をまとめておくわけです。さらに、規約を定めただけでなく、プログラムがコーディング規約に沿っているかどうかをチェックする強力な支援ツールも用意してあります。JSLint や JSHint、ESLint などのメジャーなツールでもサポートされています。

JS 標準スタイルとは？

　それでは、簡単に、このコーディング規約を紹介し、支援ツールの使い方を紹介していきます。JS 標準スタイルでは、以下の規則を適用します。代表的なのは次のようなものです。

- インデントは、スペース 2 つ。タブは使わない。
- 文字列表現は、基本的に、シングルクォートで囲む。
- 未使用の変数は記述しないこと。
- セミコロンは記述しないこと。
- 制御構文などキーワードを記述するとき、単語の後ろには、スペースを入れる。
- 関数定義の時、関数名の後ろにスペースを入れる。
- 値の比較は「==」ではなく「===」を利用する。

- 代入や演算のための記号の前後にはスペースを入れる。
- 配列などカンマで値を列挙するとき、カンマの後ろにスペースを入れる。
- if 文で else を書くときは、else の前に改行を入れない。
- 複数行の if 文を記述するときは、{ .. } を省略しない。
- コールバック関数で、エラー処理が必要な時、省略してはいけない。
- ブラウザーのグローバルオブジェクトは、window を省略しないで記述すること（ただし、document と console、navigator は省略可）。
- 二行以上の空行を書かない。
- 変数宣言をするときは、一度に複数の変数を宣言しない。
- 変数はキャメルケース (hogeFuga 形式) で命名する。
- クラス名の一文字目は大文字とする、同様にコンストラクタ関数も名前の一文字目を大文字とする。
- eval() を使わない。

　このように、さまざまな制限事項が列挙されています。いずれも、美しい JavaScript を書くのに役立つもので、さらに、無用なバグを防ぐことができます。次に挙げる URL に、具体的な記述例が載っているので、一通り確認してみると良いでしょう。

```
JavaScript Standard Style > Rules
[URL] https://standardjs.com/rules.html
```

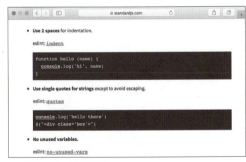

JS 標準スタイルの説明

規約の目立った点

　このコーディング規約の中でも、特に注目したい点をいくつか取り上げましょう。

セミコロンを記述しない

　これまで、Java や C 言語などを書いてきた人にとっては、文末にセミコロンを書かないのは違和感があるかしれません。しかし、JavaScript ではセミコロンを書かなくても問題なく記述できます。有名なコーディング規約の中には、セミコロンを書くことを推奨するものもありますが、極力不要なもの

047

を書かないというという意味で、セミコロン省略は潔く、また、プログラムが明快になるというメリットがあります。

```
// JavaScriptはセミコロンを省略できる
function sayHello(name) {
  console.log(name)
  window.alert('Hello, ' + name + ' ! ')
}
```

インデントはスペース2つ

インデントは、スペース2つで表現します。タブは使いません。インデントをどうするのかは、完全な好みです。これまで、インデントについて無駄な多くの議論がなされて来ましたが、明確な答えは見つかりません。JS標準スタイルでは、スペース2つとされているので、諦めてこれに従いましょう。

関数名の後ろにスペースを入れるか否か

JS標準スタイルでは、関数名の後ろにスペースを入れるときと、入れないときがあります。これは適当というわけではなく、関数定義を行う際は、関数名の後ろにスペースを入れ、関数呼び出しを行うときは、関数名の後ろにスペースを入れません。このように決めておくと、検索などで関数を探すのも容易になります。

```
// 定義するとき関数名の後ろにスペースを入れる
function kakezan (a, b) {
  return a * b
}
// 呼び出し時には関数名の後ろにスペースを入れない
kakezan(2, 3)
```

比較演算は「==」ではなく「===」を使う

JavaScriptの比較演算の「==」と「===」は異なる意味があります。等価演算子「==」は、数値と文字列を比較するとき、文字列が数値に変換されるという仕組みがあります。つまり、("05" == 5) の比較結果は、true です。

これに対して、厳密等価演算子「===」は、型変換を行うことはありません。厳密に型と値を比較します。そのため、("1" === 1) の比較結果は、false となります。

第 1 章　Node.js と環境の設定

　JS 標準スタイルでは、値の自動変換などに頼らない「===」と「!==」を利用するように勧められています。ただし、値が null か undefined かを区別せずに比較したい場合には、(obj == null) のように使っても良いのです。

自動的にスタイルを確認 / 整形する

　ここまで見てきて、これまでのスタイルと違うところも多いと感じたでしょうか。最初は、手動で変換するのも大変なので、適当に書いた後で、ツールを使って、自動的にスタイルを変換してみるというのも良い手です。
　自動でスタイルを変換するツール「standard」があります。npm を使ってインストールできます。JS 標準スタイルを適用するに、次のように記述します。

```
# プロジェクトにスタイルを適用する場合
$ npm install standard --save-dev

# グローバルにツールを導入する場合
$ npm install standard --global
```

　次に、変換したいプロジェクトのディレクトリで、コマンドラインに次のように入力します。すると、JS 標準スタイルに合致していない部分が列挙されます。

```
$ standard
..
  src/App.js:1:41: Extra semicolon.
  src/App.js:4:14: Missing space before function parentheses.
  src/App.js:6:17: Strings must use singlequote.
...
```

　慣れないうちは、たくさんの警告が表示されることでしょう。セミコロンを消すとか、ダブルクォートをシングルクォートにするなど、大抵の問題は、自動で解決できるものです。
　次のように入力すると、自動で問題を解決し、JS 標準スタイルに合わせてくれます。

```
$ standard --fix
```

　例えば、次のようなプログラムは、どのように変換されるでしょうか。

049

```
const mm = m % 60;
const hh = Math.floor(mm / 60);
const z = (num) => {
  const s = "00" + String(num);
  return s.substr(s.length-2, 2);
};
```

このコマンドで自動で変換すると、セミコロンが削除され、ダブルクォートがシングルクォートに
なり、次のようになります。

```
const mm = m % 60
const hh = Math.floor(mm / 60)
const z = (num) => {
  const s = '00' + String(num)
  return s.substr(s.length - 2, 2)
}
```

Atom エディターでリアルタイムに確認する

前節では、Atom エディターを紹介しましたが、モジュールを追加することで、リアルタイムに JS
Standard Style に合致しているかをテストしてくれるようになります。Atom エディターをインストール
した上で次のコマンドを実行します。

```
$ apm install linter
$ apm install linter-js-standard
```

プロジェクトの設定ファイル「package.json」を確認して、モジュールに「standard」が追加されて
いれば、コーディング規約をリアルタイムにチェックするようになります。

第 1 章　Node.js と環境の設定

Atom でリアルタイムにチェックしているところ

まとめ

- 「JS Standard Style」は、モダンな JavaScript に対応したコーディング規約です。コーディング規約があると、コードに統一感が出て、メンテナンス性が高まります

- JS 標準スタイルは、ルールを定めただけでなく、チェックツールや変換ツールなど、強力な支援ツールが用意されています

- 本書でも、これ以降、JS 標準スタイルに沿ってプログラムを紹介していきます

051

06 Node.jsで簡単な Webアプリを作ってみる

ここで学ぶこと

- Node.jsで作るWebアプリ
- URLに応じて異なる機能を提供する方法
- サイコロの制作

使用するライブラリー・ツール

- Node.js
- 標準httpモジュール

Node.jsで一番簡単な Web アプリケーション (Web アプリ) を作ります。それによって、Web アプリの仕組みを理解できます。さらに、URL に応じて異なる機能を提供するアプリを作ります。その例として、ランダムな数字を表示する、サイコロのアプリを作ります。

最も簡単な Web アプリ

Node.js を使って、簡単な Web アプリを作ってみましょう。Node.js では、手軽に Web サーバーを実現できます。まず、Node.js の標準 API だけで作ってみましょう。Web サーバーにアクセスすると「Hello, World!」と返信します。

●file: src/ch1/hello-server.js

```javascript
// httpモジュールを読み込む
const http = require('http')

// Webサーバーを実行 --- (※1)
const svr = http.createServer(handler) // サーバーを生成
svr.listen(8081) // ポート8081番で待ち受け開始

// サーバーにアクセスがあった時の処理 --- (※2)
function handler (req, res) {
  console.log('url:', req.url)
  console.log('method:', req.method)
  // HTTPヘッダーを出力
  res.writeHead(200, {'Content-Type': 'text/html'})
  // レスポンスの本体を出力
  res.end('<h1>Hello, World!</h1>\n')
}
```

052

プログラムを実行するには、コマンドラインからコマンドを入力します。するとポート 8081 番で Web サーバーが起動します。

```
$ node hello-server.js
```

Node.js でプログラムを実行したら、Web ブラウザーを使って、サーバーにアクセスしましょう。以下の URL にアクセスします。

```
[URL] http://localhost:8081
```

すると、次の画面のように、Web ブラウザーに「Hello, World!」と表示されます。そして、アクセスがあるたびに、下記のように、どの URL でどのメソッドにアクセスがあったかをターミナルに表示します。

```
url: /
method: GET
```

Web ブラウザーでアクセスすると、次のように表示されます。

Web サーバーにアクセスしたところ

プログラムを見てみましょう。Node.js で Web サーバーの基本機能を実行するのは簡単です。まずは、プログラムの (※ 1) に注目してみてください。createServer() メソッドで、Web サーバーを作成し、listen() メソッドで、クライアント (Web ブラウザー) からの待ち受けを開始します。

そして、サーバーにアクセスがあると、(※ 2) で定義した、handler() 関数が実行されます。このコールバック関数によって、第 1 引数 req にリクエスト (要求) 情報、第 2 引数 res にレスポンス (返信) 情報を持つオブジェクトが与えられます。そこで、リクエスト情報を元に、レスポンス情報を返すようにプログラムを作ります。ここでは、レスポンスとして、HTTP ヘッダーとレスポンス本体を出力します。

053

エラーが表示される場合は？

　この時、Webブラウザーでアクセスして、「ページを開けません」とか「ページが機能していません」というメッセージが表示された場合には、Node.jsにアクセスできていません。

　仮想環境でNode.jsを実行した場合、ポートフォワードの設定を行っているか確認してください。ポートフォワードの設定を行うには、Vagrantであれば、Vagrantfileにポートフォワードの設定を記述する必要があります。詳しくは、本書のAppendixを参照してください。

　また、他のアプリケーションが、すでにポート8081番を利用していた時には、同じポートでサーバーを開始できないためにエラーが出ます。この場合、別のポート番号を利用するか、8081番を利用しているアプリケーションを終了します。

Webアプリの仕組み

　Webアプリは、どういう仕組みで動いているのでしょうか。まずは、Webの仕組みを簡単に振り返ってみましょう。

　Webサーバーは、インターネットに接続している複数のWebクライアント（Webブラウザー）からの接続を受け付け通信するようになっています。その通信は、HTTP(HyperText Transfer Protocol)という規約に沿って行われます。

　HTTP通信では、Webブラウザーから、Webサーバーにアクセスすると、Webサーバーがそれに応じたレスポンスを返すというシンプルなものです。

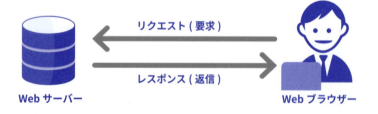

HTTPプロトコルの仕組み

　Webブラウザーは、リクエストを送信する際、何を行うのか（メソッド）、また、何が欲しいのか（パス）などの情報を送信します。メソッドには、パスに対応するデータを要求する「GET」メソッド、ブラウザーからデータを送信する「POST」メソッドなどがあります。

　Webサーバーは、メソッドやパスの情報を元にして、属性情報（ヘッダー）と実際のデータを返します。属性情報には、レスポンスコードや、データの種類(Content-Type)などが含まれます。

リクエストが正しく処理されると、レスポンスコードとして「200 OK」が返され、データが存在しない場合は「404 Not Found」が返されます。他にも、アクセス権がない場合は「403 Forbidden」、サーバー内でエラーが発生すると「500 Internet Server Error」が返されます。

基本的に、HTTP通信はステートレスであり、リクエストに対してレスポンスを返して終わりです。誰がアクセスしてきたとか、それ以前にどのページを見たとか、そうしたユーザー情報を識別することはできません。

しかし、それではネット通販やSNSなど、ユーザーを識別する仕組みを実現できません。そこで登場した拡張仕様がクッキー（Cookie）です。クッキーを使うと、WebサーバーはWebブラウザー内に、クッキーを保存できます。ネット通販やSNSなどのアプリでは、ユーザーを識別するIDをクッキーに保存することで、ログインの仕組みを実現しています。

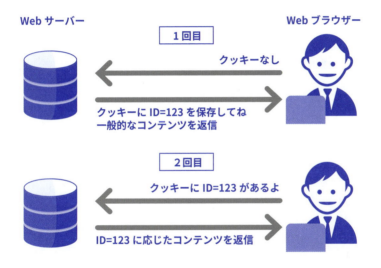

クッキーを使ったユーザー識別の仕組み

つまり、Webアプリを作る場合には、こうしたサーバー側で行う動作を、自分で指定できます。

アクセスするURLによって表示内容を変える

次に、素のNode.jsを利用して、アクセスするURLに応じて表示内容を変えるプログラムを作ってみましょう。アクセスする度に、ランダムな値が表示されるサイコロアプリを作ってみます。ここではアクセスするURLによって、何面体のサイコロを振るのかを変更しようと思います。

例えば、「/dice/6」というURLにアクセスすると、一般的な6面体のサイコロをエミュレートし、「/dice/12」とすると、12面体のサイコロをエミュレートしてみます。また、ルート「/」や「/index.html」にアクセスした場合には、6面体、12面体のサイコロへのリンクを表示するようにします。

URL	意味
/ または /index.html	各サイコロへのリンク
/dice/6	6面体のサイコロ
/dice/12	12面体のサイコロ

このプログラムは、次のようになります。URL に応じて異なるサイコロをエミュレートします。

●file: src/ch1/dice-server.js

```javascript
// httpモジュールを読み込む
const http = require('http')
const ctype = { 'Content-Type': 'text/html;charset=utf-8' }

// Webサーバーを実行 --- (※1)
const svr = http.createServer(handler) // サーバーを生成
svr.listen(8081) // ポート8081番で待ち受け開始

// サーバーにアクセスがあった時の処理 --- (※2)
function handler (req, res) {
  // URLの判断
  const url = req.url
  // トップページか?
  if (url === '/' || url === '/index.html') {
    showIndexPage(req, res)
    return
  }
  // サイコロページか?
  if (url.substr(0, 6) === '/dice/') {
    showDicePage(req, res)
    return
  }
  // その他
  res.writeHead(404, ctype)
  res.end('404 not found')
}

// インデックスページにアクセスがあったとき --- (※3)
function showIndexPage (req, res) {
  // HTTPヘッダーを出力
  res.writeHead(200, ctype)
  // レスポンスの本体を出力
  const html = '<h1>サイコロページの案内</h1>\n' +
    '<p><a href="/dice/6">6面体サイコロ</a></p>' +
    '<p><a href="/dice/12">12面体サイコロ</a></p>'
  res.end(html)
}
```

```
// サイコロページにアクセスがあったとき --- (※4)
function showDicePage (req, res) {
  // HTTPヘッダーを出力
  res.writeHead(200, ctype)
  // 何面体のサイコロが必要？
  const a = req.url.split('/')
  const num = parseInt(a[2])
  // 乱数を生成
  const rnd = Math.floor(Math.random() * num) + 1
  // レスポンスの本体を出力
  res.end('<p style="font-size:72px;">' + rnd + '</p>')
}
```

プログラムを実行するには、ターミナルで次のようなコマンドを入力を入力します。

```
$ node dice-server.js
```

エラーが起きなければ、以下のURLにアクセスします。

```
http://localhost:8081/
```

すると、トップページとして、サイコロへのリンクを表示します。

トップページ

そして、そのリンクをクリックすると、指定の面数を持つサイコロが実行され、ランダムな数字が表示されます。ページをリロードするたびに、数字が変わります。

サイコロの目が表示されたところ

リロードする度に数字が変わります

サイコロがうまく動くのを確認したら、プログラムを見てみましょう。プログラムの基本部分は、前回の「hello-server.js」と同じです。しかし、サーバーにアクセスがあったときに実行される (※ 2) の handler() 関数の処理が異なります。リクエスト情報からアクセスがあった URL(req.url) を得て、その値に応じて処理を変更します。ここでは、if 文を用いて、URL を次々と確認していきます。そして、想定外の URL にアクセスがあれば、404 Not found を返します。

　プログラムの (※ 3) では、インデックスページにアクセスがあったとき、案内ページを表示します。そして、(※ 4) では、サイコロページにアクセスがあったとき、何面体のサイコロが指定されているのか調べ、ランダムな値を得て、数値を出力します。

　しかしながら、このプログラムは、若干、冗長に感じます。Web アプリのためのフレームワークを利用することで、もっと手軽にプログラムを作ることができます。

まとめ

☑ Node.js を利用して Web サーバーのアプリが作れます

☑ Web アプリは、HTTP 通信上に実装されており、リクエスト＆レスポンスが基本となっています

☑ Web サーバー側では、リクエスト URL などの情報を利用することで、異なるコンテンツを提供できます

第 1 章　Node.js と環境の設定

COLUMN

ECMAScript 2016 で追加された Generator

　次の節では、非同期処理について解説しますが、その中には Generator を使ったプログラムがあります。ECMAScript 2015 で追加された Generator に、それほど馴染みのない方も多いと思いますので、Generator の動きがよく分かる簡単なサンプルを見てみましょう。

　次に挙げるプログラムは、Generator の仕組みを理解するのに役立つサンプルです。

file: src/ch1/generator-test.js

```
// Generator関数を定義 --- （※1）
function * counter () {
  yield 1
  yield 2
  yield 3
}
// Generatorオブジェクトを作成 --- （※2）
const g = counter()
// next()メソッドを呼ぶ --- （※3）
console.log(g.next())
console.log(g.next())
console.log(g.next())
console.log(g.next())
```

このプログラムをコマンドラインから実行して結果を確認してみましょう。

```
$ node generator-test.js
{ value: 1, done: false }
{ value: 2, done: false }
{ value: 3, done: false }
{ value: undefined, done: true }
```

　プログラムの（※1）で、Generator 関数を定義するには「function *」を使います。通常の関数定義と違って「*」がついています。

　プログラムの（※2）で、関数呼び出しを行うと、Generator オブジェクトを取得できます。

　そして、プログラムの（※3）で Generator オブジェクトの next() メソッドを呼ぶと、まずは、Generator 関数の先頭から yield までの部分が実行されます。そして、next() を呼び出した側には、yield の値 (value) と、関数に続きがあるかどうかの情報 (done) という 2 つの情報が返されます。

　さらに、next() を呼び出すと、先ほど停止した yield から次の yield までの部分が実行されます。繰り返し、next() を呼び、最終的に、Generator 関数の終端まで来ると、done の値が true となるという仕組みです。

　Generator の利点は、for 文で繰り返し値を取得できるということです。次のプログラム

059

は、フィボナッチ数を計算するものです。フィボナッチ数列とは、1,1,2,3,5,8,13... と隣り合う数字を足した数が次の数となるような数列のことです。

file: src/ch1/fib.js

```javascript
// フィボナッチ数を列挙するGenerator関数を定義
function * genFibonacci () {
  let a = 0
  let b = 1
  while (true) {
    [a, b] = [b, a + b]
    yield a
  }
}

// Generatorオブジェクトを得る
const fib = genFibonacci()
for (const num of fib) {
  // 永遠に計算するので50以上で終了
  if (num > 50) break
  console.log(num)
}
```

コマンドラインから実行してみましょう。

```
$ node fib.js
1
1
2
3
5
8
13
21
34
```

このプログラムでは、フィボナッチ数列を計算する Generator 関数 genFibonacci() を定義し、for 文を使って、順に値を取り出して表示します。ただし、genFibonacci() 関数の実装を見て分かるとおり、この関数は、無限ループになっており、永遠に計算を行います。しかし、yield で関数の実行は一度中断され、再び、フィボナッチ数列の次の値が必要になった時に、初めてその次の値を計算する処理となっています。

060

07 Node.jsと非同期処理

ここで学ぶこと

- 非同期処理の記述方法
- 無名関数、アロー関数
- PromiseとGeneratorについて
- async/awaitを使った非同期処理

使用するライブラリー・ツール

- Node.js
- fsモジュール

モダンな JavaScript のコードを書く場合、最低限押さえておきたいのが、非同期処理の記述方法です。従来の手法では、コールバック関数のネストが深くなり、非常に読みづらいコードとなっていましたが、ES2015/ES2017 で解決策が提示されました。基本的な記述方法から、Promise/async/await を使う方法まで押さえておきましょう。

同期処理と非同期処理

　Node.js では、パフォーマンスを優先するため、ファイルやネットワーク、データベースの入出力など時間のかかる処理には、非同期処理となるように設計されていることは、すでに紹介しました。

　しかし、ちょっとしたバッチ処理のために、非同期処理を書かなくてはならないのは、使いづらい場面もあります。そのため、多くのライブラリでは、非同期処理の関数に加えて、同期処理が行える関数も用意されています。

　例えば、ファイルの読み込みを行う、fs.readFile() 関数には、同期的にファイルを読む、fs.readFileSync() という関数が用意されており、同様に、ファイルの書き込み用に、非同期処理を行う fs.writeFile() 関数に加えて、同期的に処理を行う fs. writeFileSync() 関数があります。他にもありますので、簡単にまとめてみましょう。

非同期処理	同期処理	解説
fs.readFile()	fs.readFileSync()	ファイルを読む
fs.writeFile()	fs.writeFileSync()	ファイルを書く
fs. readdir()	fs. readdirSync()	フォルダーやファイルの一覧を得る
zlib.gzip()	zlib.gzipSync()	圧縮する
crypto.pbkdf2()	crypto.pbkdf2Sync()	パスワードを暗号化する

　このように、同期処理が用意されている関数は、関数名の末尾が「xxxSync」のようになっており、命名規則が統一されています。他のライブラリも、これに倣っており、区別しやすくなっています。

061

同期処理と非同期処理の使い勝手を比較してみよう

それでは、改めて、同期処理と非同期処理で、使い勝手の比較してみましょう。次の (※ 1) と (※ 2) のプログラムは、同じように、テキストファイルを読み込んでコンソールに出力するというものです。

●file: src/ch1/readfile-sync.js

```javascript
const fs = require('fs')

// --- 同期的にファイルを読み込む --- （※1）
const data = fs.readFileSync('kakugen.txt', 'utf-8')
console.log(data)

// --- 非同期でファイルを読み込む --- （※2）
fs.readFile('kakugen.txt', 'utf-8', readHandler)
// 読み込みが完了したときの処理
function readHandler (err, data) {
  console.log(data)
}
```

同期処理で書けば、一行で済むところを、非同期処理で書くためには、読み込みが完了したときに呼び出される関数を用意する必要があります。もちろん、非同期処理で記述することで、実行効率がよくなります。

無名関数を使って非同期処理を簡潔に書く

このプログラムは、無名関数を利用して次のように簡潔に書き換えることができるでしょう。無名関数を使うことで、わざわざ関数を定義するという面倒を省くことができるのです。

●file: src/ch1/readfile-cb.js

```javascript
const fs = require('fs')

// ファイルの読み込み
fs.readFile('kakugen.txt', 'utf-8', function (err, data) {
  // 読み込みが完了したときの処理
  console.log(data)
})
```

無名関数を利用すると、関数の引数に関数オブジェクトを直接指定できるので、同期処理と同じように、簡潔に処理を記述できます。

第 1 章　Node.js と環境の設定

アロー関数を使ってさらに簡潔に書く

また、EcmaScript 2015 では、アロー関数が導入され、さらに処理を簡潔に記述できるようになりました。上記のプログラムをアロー関数を利用して、書き直してみましょう。

● file: src/ch1/readfile-cb2.js

```
const fs = require('fs')

fs.readFile('kakugen.txt', 'utf-8', (err, data) => {
  console.log(data)
})
```

アロー関数は、無名関数をより簡潔に書くための記述法です。このように、アロー関数を、function() {…} を使った無名関数の代わりに使うことができます[1]。

ところで無名関数とは？

無名関数についても補足しておきましょう。変数 f1 と f2 に関数オブジェクトを代入し、その後で、f1 と f2 を使うというプログラムを次に示します。

● file: src/ch1/mumei1.js

```
// 無名関数を利用して関数を定義
const f1 = function (s) { console.log(s) }
const f2 = (s) => { console.log(s) }

// 無名関数は普通の関数と同じように使える
f1('hoge')
f2('fuga')
```

コマンドラインから実行してみます。

```
$ node mumei1.js
hoge
fuga
```

このように、無名関数を使うと、名前のない関数を定義し、変数や定数に関数のオブジェクトを代入することができます。もちろん、代入したオブジェクトは、関数と同じように使うことができます。

---

[1]　細かいところで、アロー関数と function を使った関数では、this が指し示す先が異なるという違いがあります。function では、this が関数自身を指しますが、アロー関数は、this を書き換えません。

063

次に、無名関数を関数の引数に使ってみましょう。JavaScript で文字列置換を行う replace() 関数には、正規表現でマッチした結果を、コールバック関数で処理した結果に置換する機能があります。また、配列を並べ替える sort() 関数もコールバック関数を指定することで、任意の順序に並べ替えることができます。このコールバック関数を、無名関数で記述してみましょう。

●file: src/ch1/mumei2.js

```
// 小文字を大文字に変換する例
const s = 'Keep On Asking, and It Will Be Given You.'
const r = s.replace(/[a-z]+/g, function (m) {
  return m.toUpperCase()
})
console.log(r)

// 配列の数値を降順に並べ替える
const ar = [100, 1, 20, 43, 30, 11, 4]
ar.sort((a, b) => { return b - a })
console.log(ar)
```

コマンドラインから実行してみます。

```
$ node mumei2.js
KEEP ON ASKING, AND IT WILL BE GIVEN YOU.
[ 100, 43, 30, 20, 11, 4, 1 ]
```

このように、無名関数やアロー関数を使うと、手軽に関数を定義し、関数の引数にも、関数オブジェクトとして指定できます。

コールバック地獄という罠

非同期処理を無名関数と共に使うことで、簡潔に処理を記述できる例を見てきました。実際のところ、入出力 (I/O) 処理は連続的に行われる例が多いと思います。そのため、入出力処理が連続で行われる場合、コールバック処理を連続で記述する必要があります。

ここで何も考えずに非同期処理のプログラムを書くと、関数の呼び出しネストが深くなり、俗に言う「コールバック地獄」と呼ばれるプログラムになりがちです。

例えば、3 つのファイル (a.txt/b.txt/c.txt) を連続で読み込みたい場合、次のようなプログラムを書く事になります。

第 1 章　Node.js と環境の設定

●file: src/ch1/readfile-cb3.js

```
const fs = require('fs')
// (1) a.txt の読み込み
fs.readFile('a.txt', 'utf-8', function (err, data) {
  console.log('a.txtを読みました', data)
  // (2) b.txt の読み込み
  fs.readFile('b.txt', 'utf-8', function (err, data) {
    console.log('b.txtを読みました', data)
    // (3) c.txt の読み込み
    fs.readFile('c.txt', 'utf-8', function (err, data) {
      console.log('c.txtを読みました', data)
    })
  })
})
```

　動作がよく分かるように、コマンドラインからプログラムを実行してみます。ファイル名が書かれた三つのテキストファイルを、順に読んでいきます。

```
$ node readfile-cb3.js
a.txtを読みました *** a.txt ***
b.txtを読みました *** b.txt ***
c.txtを読みました *** c.txt ***
```

　ここでは、3 つのファイルを読むだけなので、3 回コールバック関数をネストさせて記述しました。このように 3 回ネストするだけでも、かなり読みづらいプログラムとなりました。もしも、10 個の非同期処理を記述するなら、10 回も無名関数をネストすることになります。そうなると、非常にメンテナンスしづらいプログラムとなってしまうことがわかると思います。

コールバック地獄の ES2015 による解決策

　EcmaScript 2015 では、これを回避するために、Promise や Generator という仕組みが追加されました。これにより、非同期処理を書きやすくなっています。

Promise を使った解決策

　Promise とは、本来、非同期処理によって得られる値の代わりに、Promise オブジェクトを返しておいて、処理が完了した時点で、実際の値が得られるようにするというものです。
　実際のプログラムで、雰囲気を掴みましょう。

065

●file: src/ch1/readfile-promise.js

```js
const fs = require('fs')

// Promiseを返す関数を定義 --- （※1）
function readFile_pr (fname) {
  return new Promise((resolve) => {
    fs.readFile(fname, 'utf-8', (err, s) => {
      resolve(s)
    })
  })
}

// 順にテキストファイルを読む --- （※2）
readFile_pr('a.txt')
.then((text) => {
  console.log('a.txtを読みました', text)
  return readFile_pr('b.txt')
})
.then((text) => {
  console.log('b.txtを読みました', text)
  return readFile_pr('c.txt')
})
.then((text) => {
  console.log('c.txtを読みました', text)
})
```

　Promise を利用する場合には、プログラムの (※1) にあるように、最初に、Promise オブジェクトを返す関数を用意しておきます。

　そして、プログラム (※2) では、実際に順々にファイルを読んでいきます。このとき、非同期処理が完了する度に、then() メソッドの中に書いた関数が実行されます。

Generator を使った解決策

　また、Generator を使う方法もあります。Generator というのは、反復処理のために使うイテレータ (Iterator) を手軽に実装するために用意されているものです。

　Generator を使うと、Generator 関数として定義した関数の中で、yield が出てくるまでの部分が実行されます。そして、再び、Generator 関数を呼び出すと、先ほどの yield から次の yield までの部分を実行します。つまり、関数を途中で中断し、その後で途中から再開できるという面白い機能です。これで、非同期処理をエレガントに逐次処理させることができます。

　基本的な考え方としては、逐次実行させたい非同期処理を、Generator 関数として記述し、yield で非同期処理が終わるのを待って、関数の続きを実行するという流れで記述します。

第 1 章　Node.js と環境の設定

● file: src/ch1/readfile-generator.js

```javascript
const fs = require('fs')

// 非同期処理の完了を待って関数の続きを呼ぶ関数
function read_gfn (g, fname) {
  fs.readFile(fname, 'utf-8', (err, data) => {
    g.next(data)
  })
}

// Generator関数を定義する
const g = (function * () {
  const a = yield read_gfn(g, 'a.txt')
  console.log(a)
  const b = yield read_gfn(g, 'b.txt')
  console.log(b)
  const c = yield read_gfn(g, 'c.txt')
  console.log(c)
})()
g.next()
```

動作を確認するために、コマンドラインから実行してみましょう。

```
$ node readfile-generator.js
*** a.txt ***
*** b.txt ***
*** c.txt ***
```

　書き方がちょっと独特になりますが、Generator を使うと、確かに、a.txt/b.txt/c.txt と順々にテキストを読み込むことができます。非同期関数を同期的に呼ぶことができるので、見通しがよくなります。
　このプログラムでは、無名関数として定義した Generator 関数を実行し、g に Generator オブジェクトを得ます。このオブジェクトは、next() を呼ぶ度に、yield までの部分を実行します。Generator 関数の中では、ファイルの読み込み処理を行う read_gfn() 関数を yield を付けて呼ぶことで、非同期処理が完了してはじめて、yield の次の部分を実行します。read_gfn() 関数では、非同期処理でファイルを読み込み、処理が完了したタイミングで、g.next() を呼び出します。これにより、先ほど、yield で停止していた関数を途中から実行を再開できるという仕組みになります。

067

ES2017 の async/await を使った解決策

さらに、ES2017 では、Primise や Generator を使ったプログラムをより簡潔に記述するために、async/await が追加されました。これを使って、同じプログラムを書き換えてみましょう。この構文は Node v7 以降でサポートされています。

●file: src/ch1/readfile-async.js

```
const fs = require('fs')

// Promiseで非同期でファイルを読み込む関数を定義
function readFileEx (fname) {
  return new Promise((resolve, reject) => {
    fs.readFile(fname, 'utf-8', (err, data) => {
      resolve(data)
    })
  })
}

// 全てのファイルを逐次読むasync関数を定義
async function readAll () {
  const a = await readFileEx('a.txt')
  console.log(a)
  const b = await readFileEx('b.txt')
  console.log(b)
  const c = await readFileEx('c.txt')
  console.log(c)
}

readAll()
```

どうでしょうか。Generator を無理矢理使わなくて良くなった分、だいぶ、プログラムが見やすくなりました。非同期処理の実行を待機したい関数の呼び出しを、「await 関数名 (引数)」のように記述できます。ただし、await を使う関数は、async function として定義する必要があります。

> **まとめ**
>
> ☑ Node.js には、同期的に実行される関数と、非同期で実行される非同期関数の 2 つが用意されているものがあります
>
> ☑ 非同期処理には、無名関数やアロー関数が利用できます。ただし、処理が必要なたびにネストして書くと、処理が見づらくなります
>
> ☑ コールバック地獄を解決するために、ES2015 では、Promise と Generator という仕組みが追加され、ES2017 では、さらに、async/await が追加されました

08 Babelで最新JSを使ってみよう

ここで学ぶこと

● Babelとは?
● Babelの使い方

使用するライブラリー・ツール

● Babel

新しい JavaScript の仕様が次々と提案されていますが、それらが採用されて、実際に Web ブラウザーに反映されるのは、少し先の話になります。しかし、Babel を利用すれば、最新の仕様を現在一般的に利用されている JavaScript に変換することができます。

Babel について

JavaScript の標準規格は、次々と提案されています。それらは、開発効率がぐっとよくなる素晴らしい仕組みを含んでいます。

すぐにでも最新仕様を利用してプログラムを作りたいという気持ちになりますが、提案されている最新仕様が、実際の Web ブラウザーで利用できるようになるのは、少し先のことになるでしょう。その仕様が Web ブラウザーに実装されたとしても、テストを終えリリースされるまでには、それなりに時間がかかります。それに加えて、そのバージョンが、一般ユーザーに普及するまでには、さらに時間がかかるものです。

そこで登場したのが Babel です。Babel は JavaScript のための包括的な多目的コンパイラです。Babel を使うと、次世代 JavaScript 向けのさまざまなコードを、現在一般的に使用されている JavaScript に変換できます。つまり、新仕様のソースコードを、旧仕様のソースコードへと変換するツールです。こうしたツールのことを、「トランスパイラ」とも呼びます。

Babel を使えば、すぐに最新仕様を利用してプログラムが作れます。また、Babel は、汎用的な仕組みを備えており、ES2015 を変換するだけでなく、React の JSX 形式を変換することもあります。それらは、プラグイン形式で提供されていますので、必要なプラグインを自由に組み合わせて、利用したい機能を選んで使うことができます。

BabelのWebサイト

```
Babel
[URL] https://babeljs.io
```

Babelのインストール

まずは、コマンドラインから利用できるBabel CLIをインストールしましょう。Babelのインストールには、npmを利用します。ここでは、Babelの基本セットとES2015のプリセットをグローバルインストールします。

```
$ npm install --global babel-cli babel-preset-es2015
```

コマンドラインからBabelを実行する

それでは、Babelを試してみましょう。ここでは、次のようなアロー演算子を利用したソースコードを用意します。

●file: src/ch1/arrow-test.js
```
// アロー演算子を利用したサンプル
const x3 = (n) => n * 3
```

このプログラムが、どのように変換されるのかコマンドを実行して確認してみましょう。

```
$ babel arrow-test.js --presets=es2015
"use strict";

// アロー演算子を利用したサンプル
var x3 = function x3(n) {
  return n * 3;
};
```

第 1 章　Node.js と環境の設定

　これは、結果を見るだけでも面白いですね。アロー演算子が、function を使った無名関数に置き換えられました。
　変換した結果をファイルに保存するには、「--out-file」または「-o」オプションを指定します。

```
# 変換してファイルへ保存
$ babel arrow-test.js --presets=es2015 -o arrow-test.out.js
```

Babel 用の設定ファイルを作成する方法

　ところで、Babel を実行する時、毎回、--presets=es2015 と書くのは面倒です。そこで、「.babelrc」というファイルを作っておくと、その設定を毎回参照するようになります。
　Babel を使う場合には、npm を利用してプロジェクトを作るのが普通です。そこで、npm の流儀に従って、package.json を作るところから、設定方法を紹介します。
　Babel をセットアップするまでの手順を簡単に整理してみましょう。

(1) npm init でプロジェクトを初期化
(2) 必要なライブラリをインストール
(3) Babel の設定ファイル「.babelrc」を作成
(4) 「babel」コマンドで JS ファイルを変換

　それでは作業を開始しましょう。

(1) プロジェクトを初期化する

　まずは、専用のディレクトリを作り、そこで、プロジェクトを初期化します。

```
$ mkdir babeltest
$ cd babeltest
$ npm init -y
```

　このように、npm init に -y オプションをつけると、対話環境で対話することなく、プロジェクト名など適当につけて、ファイル「package.json」を作成してくれます。

(2) 必要なライブラリをインストール

　続いて、Babel CLI と ES2015 のプリセットの 2 つをプロジェクトにインストールしましょう。その際、package.json に設定を保存するように、「--save-dev」オプションを付けておきましょう。

071

```
$ npm install --save-dev babel-cli
$ npm install --save-dev babel-preset-es2015
```

(3) Babel の設定ファイル「.babelrc」を作成

Babel の設定ファイル「.babelrc」を記述します。プロジェクトフォルダーに、「.babelrc」という
ファイルを作成し、そこに下記の内容を書き込みます。

●file: src/ch1/babeltest/.babelrc

```
{ "presets": ["es2015"] }
```

(4)「babel」コマンドで JS ファイルを変換

次に、簡単なプログラムを作ってみます。ここでは、ES2015 で追加されたクラスを利用するプログ
ラムを作ってみましょう。内容的には、肥満判定を行う BMI を計算するプログラムです。

●file: src/ch1/babeltest/bmi.js

```javascript
// BMIの計算クラスを定義
class BMI {
  constructor (height, weight) {
    this.height = height
    this.weight = weight
    this.bmi = this.calc()
  }
  calc () {
    const heightM = this.height / 100
    return this.weight / (heightM ** 2)
  }
  print () {
    let res = '普通'
    if (this.bmi >= 25) res = '肥満'
    else if (this.bmi >= 18.5) res = '普通'
    else res = '痩せ'
    console.log('BMI=', this.bmi, res)
  }
}
// テスト
const bmi = new BMI(160, 60)
bmi.print()
```

実は、このプログラムは、最新の Node.js と Chrome では、問題なく実行できてしまうのですが、
Babel の挙動を確認するために、変換してみましょう。変換するには、以下のコマンドを実行します。

```
$ babel bmi.js -o bmi.out.js
```

変換結果のプログラムを実行してみましょう。

```
$ node bmi.out.js
BMI= 23.437499999999996 普通
```

　このようにして、Babelによって、ES2015の新機能を利用したJavaScriptのプログラムを、従来のJavaScriptに変換し、変換したプログラムを正しく実行することができました。

　Babelの挙動を掴むために、「bmi.out.js」をテキストエディターで開いてみます。JavaScriptがどのように変換されたのか簡単に確認しておきましょう。

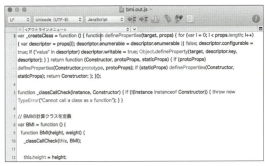

Babelによって変換されたソースコード

package.jsonに各種コマンドを登録しよう

　正しく変換できることが確認できたら、package.jsonのscriptsにコマンドを登録してみましょう。具体的には、scripts要素以下に、buildとstartの要素を追加します。それによって、コマンドを手軽に実行できます。

```
{
  "name": "babeltest",
  ...(省略)...
  "scripts": {
    "build": "babel bmi.js -o bmi.out.js",
    "start": "node bmi.out.js"
  },
  ...(省略)...
}
```

それでは、ビルドして実行してみましょう。

```
# Babelで変換
$ npm run build
# プログラムを開始
$ npm run start
```

このように、npm run コマンドで実行できるようにしておくと、細かいファイル名やオプションの指定などを忘れてしまっても大丈夫なのが良い点です。ちなみに、「npm run start」に関しては「npm start」と書いても同様に実行できます。

変更を監視して自動変換を実行しよう

また、Babel には、監視モードがあり、プログラムを書き換えるたびに、すぐに変換を行うように指定するオプションがあります。監視モードで変換するには、オプションに「-w」または「--watch」を付けるだけです。

```
$ babel bmi.js -w -o bmi.out.js
```

こちらも、package.json に追記しておきましょう。最終的な、package.json は、以下のようになりました。

●file: src/ch1/babeltest/package.json

```
{
  "name": "babeltest",
  "version": "1.0.0",
  "description": "",
  "scripts": {
    "build": "babel bmi.js -o bmi.out.js",
    "watch": "babel bmi.js -w -o bmi.out.js",
    "start": "node bmi.out.js"
  },
  "devDependencies": {
    "babel-cli": "^6.23.0",
    "babel-preset-es2015": "^6.22.0"
  }
}
```

次のように使うことができます。

第 1 章　Node.js と環境の設定

```
# プログラムの開発を始めるとき
$ npm run watch
```

Babel - その他の機能

ここまで、基本的な Babel の機能について紹介しました。しかし、他にも、色々な機能があります。ひとつずつ見ていきましょう。

ディレクトリ内のファイルを一気に変換

まず、ディレクトリ内のファイルを一度に変換する機能があります。例えば、src ディレクトリに、ES2015 で書いたプログラム a.js と b.js を作っておきます。そして、変換結果を dest ディレクトリに保存するようにしましょう。

この場合、次のようなコマンドを実行します。コマンドを実行すると、どのファイルを変換したのか説明が出力されます。

```
$ babel src -d dest
src/a.js -> dest/a.js
src/b.js -> dest/b.js
```

また、ディレクトリを一気に変換する場合でも、「-w」オプションを付けることで、ディレクトリを監視することができます。

```
$ babel src -w -d dest
src/a.js -> dest/a.js
src/b.js -> dest/b.js
# ここで src/b.js を編集した場合
src/b.js -> dest/b.js        ← ファイルの変更を検知して自動的に変換
```

プログラムのコードをコンパクトにする方法

プログラムを変換する際に、コメントや余分なスペースや改行を削除して、プログラムをコンパクトできます。この場合、「--compact=true」というオプションを追加します。

```
$ babel src --compact=true -d dest
```

075

例えば、次のようなプログラムを変換した上でコンパクトにしてみましょう。

●file: src/ch1/babeltest/src/b.js

```javascript
// クラスHogeを定義
class Hoge {
  constructor () {
    this.value = 100
  }
  fuga () {
    console.log('Hoge.fuga')
    console.log(this.value)
  }
}
// Hogeを使う
const h = new Hoge()
h.fuga()
```

どのような動作をするのか、変換結果を見てみましょう。余分な改行やコメントが削除されているのを確認できます。

コンパクトオプションありで変換したところ

デバッグに便利なソースマップの出力機能

ところで、非常に便利な Babel のようなトランスパイラにも、欠点があります。ソースコードを変換してしまうために、デバッグがしづらくなるのです。例えば、プログラムを実行した時、5 行目でエラーが出たとします。しかし、トランスパイラによって変換された後のプログラムは、元のプログラムの 5 行目とは、まったく対応していません。これでは、問題を特定するのに時間がかかってしまいます。

そこで、最近の Web ブラウザーでは、ソースマップという機能に対応しています。ソースマップは、変換後のプログラムと、変換前のプログラムの橋渡しをしてくれる機能です。

ソースマップを使えば、エラーが出たときなど、Babel で変換前のソースコードの位置をいち早く知ることができます。

ソースマップを出力するには、以下のように「--source-maps」オプションを付けます。

076

```
$ babel bmi.js -o bmi.out.js --source-maps
```

プログラムを実行すると、ソースマップのためのデータファイル「bmi.out.js.map」というファイルが生成されるのを確認できるでしょう。

これをテストするために、出力したファイル「bmi.out.js」をHTMLで読み込んでみました。するとChromeが自動的にmapファイルを認識します。試しに、開発者ツールの[Console]タブを開き、出力されたログの右端に出ているソースコードの行番号をクリックします。すると、変換前のソースを表示してくれます。

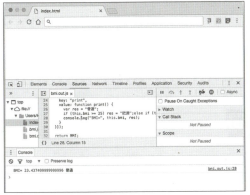

ソースマップを作ってあれば、コンパクトにしたJSもデバッグできます

COLUMN

Babel以外でも使えるソースマップ

Babelでできたソースマップは、Babelだけではなく、コンパクト化したJavaScriptのコードや、CoffeeScript/TypeScriptなどのJavaScriptに変換するAltJSなどでも利用できる機能です。

まとめ

- ☑ Babelを使うと、最新のJS仕様を利用したプログラムを作ることができます
- ☑ Babelはコマンドラインから使うこともできますし、ソースファイルの変更を監視して、自動変換するように指定することもできます
- ☑ Babelには豊富なオプションが用意されており、コンパクト化したり、ソースマップに変換したりできます

09 モジュール機構を理解しよう

ここで学ぶこと

- モジュール機構について
- Webブラウザーでモジュール機構を使う方法
- ES2015で採用されたimport/exportを使う

使用するライブラリー・ツール

- Node.js
- Babel

長らく、JavaScriptには、外部のモジュールを利用する機能がありませんでした。ブラウザーで複数のJavaScriptをインポートした際には、ライブラリごとに名前の衝突などもあり不自由でした。これを解決したのが、Node.jsのモジュール機構です。さらに、ES2015では、import/exportを利用してモジュールを扱う仕組みが追加されました。

Node.js の require について

もともと、JavaScriptは、Webブラウザーの中だけで動くため、言語仕様には、外部のモジュールを取り込む機能は存在しませんでした。そこで、Node.jsでは、CommonJSの仕様をベースとして、モジュール機構を取り入れました。CommonJSとは、JavaScriptでサーバーサイドやコマンドラインツールなどのプログラムを開発するためのJavaScriptの標準的なAPIの仕様を定義したものです。

Node.jsのモジュール機構は、非常にシンプルなものです。ライブラリとして定義するモジュール側で、module.exportsという変数を定義し、そこに公開したいオブジェクトを指定します。そして、ライブラリを使う側では、require()を利用してモジュールで定義したオブジェクトを取り込みます。

実際に足し算や掛け算を行う関数を定義した、簡単なモジュールを作って試してみましょう。module.exportsに指定したオブジェクトが公開される点に注目してください。

●file: src/ch1/keisan_module.js

```javascript
// 足し算と掛け算の関数
function add (a, b) {
  return a + b
}
function mul (a, b) {
  return a * b
}

// 外部に公開する
module.exports = {
  'add': add,
  'mul': mul
}
```

次に、このモジュールを使うプログラムを見てみましょう。require() でモジュールを取り込むと、モジュールで定義した関数を使うことができます。

● file: src/ch1/keisan_main.js

```
// モジュールを取り込む
const keisan = require('./keisan_module.js')

// モジュールの関数を使う
console.log('3+5=', keisan.add(3, 5))
console.log('4*8=', keisan.mul(4, 8))
```

動作を確認するために、コマンドラインから実行してみましょう。

```
$ node keisan_main.js
3+5= 8
4*8= 32
```

ES2015 の import/export を使ってみよう

次に、ES2015 で利用できるようになった、import/export を紹介します。とは言え、原稿執筆時点で Node.js では、この構文の記述方法に対応していません。そこで、前項で紹介した「Babel」を利用してみましょう。

まずは、プロジェクト用のディレクトリを作って、プロジェクトを初期化し、必要なライブラリをインストールしましょう。

コマンドラインから、次のコマンドを実行します。

```
# ディレクトリを作成する
$ mkdir es2015io
$ cd es2015io
$ npm init -y
$ npm install --save-dev babel-cli babel-preset-es2015
```

コマンドを実行して、プロジェクトを初期化したところ

　Babel の設定ファイルを作成します。プロジェクトディレクトリに、「.babelrc」というファイルを作成し、以下の内容を書き込みます。

●file: src/ch1/es2015io/.babelrc

```
{ "presets": ["es2015"] }
```

　さらに、ES2015 で作った JS ファイルを保存する「src」ディレクトリと、Babel で変換した変換済み JS ファイルを保存する「dest」ディレクトリを作成しましょう。

```
$ mkdir src
$ mkdir dest
```

　そして、「src」ディレクトリ以下に、モジュールと、モジュールを利用するメインプログラムの二つのファイルを作成します。

●file: src/ch1/es2015io/src/calctest.js

```
// 外部に公開する関数を定義
export function add (a, b) {
  return a + b
}
export function mul (a, b) {
  return a * b
}
```

●file: src/ch1/es2015io/src/main.js

```
// 自作の計算モジュール「calctest.js」を取り込む
import {add, mul} from './calctest.js'

// 取り込んだ関数を利用する
console.log(add(2, 3))
console.log(mul(6, 8))
```

第 1 章　Node.js と環境の設定

それでは、Babel で ES2015 から ES5 に変換しましょう。

```
$ babel src -d dest
src/calctest.js -> dest/calctest.js
src/main.js -> dest/main.js
```

　2つのファイルが変換され、dest ディレクトリに保存されます。続いて、プログラムを実行して動作を確認してみましょう。

```
$ node dest/main.js
5
48
```

　このように、モジュールファイル「calctest.js」で定義した関数、add() と mul() を利用可能なことを確認できました。

　それでは、プログラムを確認してみましょう。関数を定義したモジュール側「calctest.js」では、関数の宣言 function の前に、export を記述します。これによって、その関数を外部に公開することを宣言します。

　そして、モジュールを取り込む側「main.js」では、import 文を記述して、モジュールの取り込みを宣言します。このとき、以下に説明するような import 文を記述することで、モジュール calctest より、add と mul という関数を取り込むということを明示します。

import 文のバリエーション

　import 文は、さまざまなバリエーションで記述できるように配慮されています。いくつかのバリエーションを確認してみましょう。

　先ほど見たように、モジュール内の特定の要素だけを取り込むには、次のように記述します。この場合、add() や mul() には、直接アクセスできます。

```
import {add, mul} from './calctest.js';
```

　そして、モジュールのすべての要素を取り込むには、以下のようにワイルドカード「*」を記述します。このように書くと、モジュールファイル「calctest.js」にて、export されている全ての要素を取り込むことができます。この場合、ct という名前で、ct.add() のようにして、モジュール内の関数にアクセスできます。

```
import * as ct from './calctest.js';
```

081

さらに、モジュール内の特定の要素の名前に別名をつけて利用したい場合には「as」を利用して「{ モジュール内の名前 as 利用したい名前 }」の書式で記述します。以下のように記述した場合、モジュール内の add() メソッドを addF() という名前で利用できます。

```
import { add as addF } from './calctest.js';
```

また、複数の要素に別名を付けて利用する場合、以下のように、カンマで区切って複数の要素を取り込むことができます。以下の例は、add() メソッドを addF() という名前で、mul() メソッドを mulF() という名前で利用することができます。

```
import {add as addF, mul as mulF} from './calctest.js';
```

import の動作を確認してみよう

それでは、実際のプログラムで確かめてみましょう。以下は、モジュール内の全ての要素を利用できるように取り込む例です。

●file: src/ch1/es2015io/src/main2.js

```
// モジュールを取り込む
import * as ct from './calctest.js'

// モジュールの関数を使う
console.log(ct.add(2, 3))
console.log(ct.mul(6, 8))
```

そして、モジュールを取り込むときに、別名を付けて取り込む例は次のようになります。

●file: src/ch1/es2015io/src/main3.js

```
// モジュールを取り込む
import {add as addF, mul as mulF} from './calctest.js'

// モジュールの関数を使う
console.log(addF(2, 3))
console.log(mulF(6, 8))
```

これらのプログラムを、Babel で変換しましょう。

```
$ babel src -d dest
```

082

第1章 Node.js と環境の設定

そして、実行してみましょう。

```
$ node dest/main2.js
5
48
$ node dest/main3.js
5
48
```

同様の方法で以下のプログラムを実行できます。いろいろな方法で、モジュールの、add() メソッド
と、mul() メソッドを利用する方法を見てみましょう。

モジュールのデフォルト要素を指定する方法

ところで、モジュールを作ったときに、デフォルトで外部公開する要素を指定する機能が備わって
います。それが、default の指定です。例えば、かけ算を行うモジュール kakezan.js の中で、kakezan()
という関数を定義してみます。

先ほどと同じ手順で、Babel の実行環境を整えておきましょう。ここでは、es2015io2 というディレク
トリにします。準備が整ったら、kakezan.js を記述しましょう。

●file: src/ch1/es2015io2/src/kakezan.js

```
// 関数を定義
function kakezan(a, b) {
  return a * b;
}
// kakezanをデフォルトで公開
export default kakezan;
```

このモジュールを使うメインファイルを作成します。モジュールの中で、export default を指定した
要素に関しては、『import 名前 from ' ファイル名 '』の書式で要素の取り込みを記述できます。

●file: src/ch1/es2015io2/src/main.js

```
// kakezanモジュールを取り込む
import kakezan from './kakezan';
// kakezan関数を利用
const v = kakezan(2, 3);
console.log(v);
```

それでは、Babel で変換してみましょう。

083

```
$ babel src -d dest
src/kakezan.js -> dest/kakezan.js
src/main.js -> dest/main.js
```

変換が完了したらプログラムが正しく動くかテストしてみましょう。

```
$ node dest/main.js
6
```

　正しくモジュールの関数 kakezan() を、main.js の中で使うことができました。このように、モジュールの中で出力する要素が 1 つの場合、default を指定しておくことで、使い勝手が良くなります。

> **まとめ**
> - ☑ Node.js には require() を使ったモジュール機構があります
> - ☑ ES2015 には import/export を使ったモジュール機構があります
> - ☑ Node.js で import/export を使うには、Babel を使って変換できます

第2章

React 入門

ReactはFacebookが開発しているUIのライブラリーです。Webページ内の各パーツをコンポーネントとして扱うことができる点や、それをHTMLタグで記述するJSXが使える点、Virtual DOMを採用し描画性能が大幅に優れている点など、今いちばん注目したいライブラリといえるでしょう。

本章では、Reactの基本的な使い方を紹介します。

01 Reactの基本的な使い方

ここで学ぶこと
- Reactの始め方
- Reactの最初の一歩

使用するライブラリー・ツール
- React
- Babel/JSX

手始めに、Reactの基本的な使い方を紹介します。Reactを使ってプログラムを作るとき、どのようなコードを記述するのか、それによって、どのように表示されるのかを確認しましょう。

React を始めよう

いちばん簡単にReactを使う方法は、<script>タグを利用して、Reactライブラリの取り込みを行うというものです。具体的には、JavaScriptのコードに以下の3行を埋め込むだけで、Reactが使えるようになります。

```
<script src="https://unpkg.com/react@15/dist/react.min.js"></script>
<script src="https://unpkg.com/react-dom@15/dist/react-dom.min.js"></script>
<script src="https://cdnjs.cloudflare.com/ajax/libs/babel-core/5.8.38/browser.min.js"></script>
```

最初の2行では、Reactのライブラリを示し、最後の1行は、JavaScriptの文法構文を拡張する「JSX」を有効にしています。これによってJSXの書き方で構文を書くことが可能になります。

簡単なプログラムを作ってみよう

それでは、Reactを使って、簡単なプログラムを作ってみましょう。
次のプログラムは、Reactを使って画面に「Hello, World!」と表示します。

●file: src/ch2/hello-react.html

```
<!DOCTYPE html><html><head>
  <meta charset="utf-8">
  <!-- ライブラリの取り込み ———（※1） -->
  <script src="https://unpkg.com/react@15/dist/react.min.js"></script>
  <script src="https://unpkg.com/react-dom@15/dist/react-dom.min.js"></script>
  <script src="https://cdnjs.cloudflare.com/ajax/libs/babel-core/5.8.38/browser.min.js"></script>
```

第 2 章　React 入門

```
</head><body>
  <!-- 要素の定義 ———（※2）-->
  <div id="root"></div>
  <!-- スクリプトの定義 ———（※3）-->
  <script type="text/babel">
    ReactDOM.render(
      <h1>Hello, world!</h1>,
      document.getElementById('root')
    )
  </script>
</body></html>
```

このプログラムを実行するには、この HTML ファイルを、Web ブラウザーにドラッグ＆ドロップするだけです。ブラウザーによって多少違いはありますが、次のように表示されるでしょう。

「Hello world!」を実行したところ

　このプログラムは、DIV 要素の中に、H1 要素の「Hello, world!」を挿入するものでした。はじめて見る React のプログラムの印象はどうでしょうか？　JavaScript の中にいきなり HTML が出現して、ちょっとびっくりしたのではないでしょうか。
　それでは、プログラムを 1 行ずつ確認していきましょう。
　最初の HTML(※1) の部分では、先ほど紹介した React/Babel のライブラリの取り込みを行います。
　HTML の (※2) の部分では、React で書き換える部分を、DIV 要素で記述します。「id="root"」と書く事で、要素に ID を付与し、JavaScript から参照できるようになります。
　そして、HTML の (※3) 以降の部分で、JavaScript の定義を行います。ただし、ここでは JSX 文法を使った JavaScript の拡張言語を記述するので、script 要素の type 属性には、"text/javascript" ではなく、"text/babel" と指定します。前章で紹介したように、Babel を使うことで、拡張された JavaScript のコードを従来の仕様のコードに変換した上で実行できます。
　なお、HTML でスクリプトと言えば、JavaScript であるため、最近では、script 要素の type 属性を省略することも多くなりました。従来通り、type 属性を入れる場合は、"text/javascript" と記述します。ここでは、Babel を利用してスクリプトを変換するために、"text/babel" と指定します。
　改めて、(※3) の script 要素の内容を見てみましょう。冒頭でも言及しましたが、JavaScript なのに、<h1> という HTML タグが出てくるのには驚きですね。これは、JSX という拡張文法を用いて記述したもので、実際に実行される際には、Babel によって JavaScript のコードに変換されます。
　そして、DOM を書き換えるために、ReactDOM.render() メソッドを呼び出しています。このメソッドの第 1 引数が、今回描画すべき内容 (<h1>Hello, world!</h1>) であり、第 2 引数には、描画先の DOM 要素を指定します。

英語の「render」は「提出する・描写する」などの意味を持つ単語ですが、render() メソッドを実行することで、DOM を構築して描画するという処理を行っているのです。

JavaScript の中に HTML が書ける、ということ

さて、最初のプログラムで見たように、React/JSX では JavaScript の中に HTML を記述できます。

いままで、JavaSvript を書くには、HTML の中に JavaScript を書いていましたが、JavaScript の中に HTML を書くことができるようになるのです。主従関係が逆になるというのは大きな変化です。

HTML が主体の世界、つまり、いままでの世界では、JavaScript は言わば HTML コンテンツに彩りを与える刺身のつまのような存在でした。

しかし、いまでは JavaScript を中心にしたさまざまなコンテンツが、あらゆるところで使われるようになりました。

JavaScript が中心なのですから、JavaScript が主であり、HTML コンテンツを、後から必要な部分に差し込んでいくという考え方は、理にかなっていると言えるでしょう。

React/JSX を利用すると、自然な形で開発を行うことができるようになるわけです。

React/JSX で DOM を書き換える

もうひとつ、React を使ったプログラムを見てみましょう。次のプログラムは、アクセスするたびに、異なるメッセージを画面に表示するというものです。

前述したプログラムと基本的には同じ構造ですが、似たようなプログラムを見ることで、React についての理解を深められると思います。

●file: src/ch2/greeting.html

```
<!DOCTYPE html><html><head>
  <meta charset="utf-8">
  <!-- ライブラリの取り込み ———(※1) -->
  <script src="https://unpkg.com/react@15/dist/react.min.js"></script>
  <script src="https://unpkg.com/react-dom@15/dist/react-dom.min.js"></
script>
  <script src="https://cdnjs.cloudflare.com/ajax/libs/babel-core/5.8.38/
browser.min.js"></script>
</head><body>
  <!-- 要素の定義 ———(※2) -->
  <div id="disp"></div>
  <!-- スクリプトの定義 ———(※3) -->
  <script type="text/babel">
    // 挨拶を取得してDOMに設定 --- (※4)
    const root = document.querySelector('#disp')
    const msg = getGreeting()
    ReactDOM.render(msg, root)
```

```
    // 挨拶を返す関数 --- （※5）
    function getGreeting () {
      // ランダムな値を得る
      const r = Math.floor(Math.random() * 3)
      // 値に応じてメッセージを返す
      if (r == 0) return <p>今日も頑張りましょう。</p>
      if (r == 1) return <p>こんにちは。</p>
      if (r == 2) return <p>朗らかな日ですね。</p>
    }
  </script>
</body></html>
```

このプログラムを実行するには、greeting.html を Web ブラウザーにドラッグ＆ドロップします。ページをリロードすると表示されるメッセージが変化します。

React が DOM を書き換えます

ページをリロードするたびにメッセージが変わります

それでは、1 つずつ、プログラムを確認してみましょう。

プログラムの (※1) では、React/JSX のライブラリを取り込みます。(※2) の部分で、DIV 要素を定義します。ここでは、disp という ID を付与しています。(※3) の以降の部分で JavaScript を記述します。この (※1) から (※3) までの流れは、前回のプログラムと同じです。

(※4) の部分では、ReactDOM.render() メソッドで DOM を書き換えます。そのために、まず、querySelector() メソッドで DIV 要素のオブジェクトを取得して、getGreeting() 関数で何を表示するのかコンテンツを取得します。

(※5) では、React で何を表示するのかランダムに返す、getGreeting() 関数を定義しています。Math.random() で 0 から 2 の値を得て、それぞれの値に応じた値を返します。ここで見て分かるように、HTML タグは、関数の引数に指定できるだけでなく、戻り値としても指定できるのです。

> **まとめ**
>
> React の簡単な使い方を紹介しました
>
> JavaScript のライブラリを 3 つ取り込むだけで React が使えます
>
> React/JSX を使うと JavaScript のコード中に HTML を記述できます

02 ReactとJSXの関係

ここで学ぶこと

- React/JSXについて
- JSXの扱い方

使用するライブラリー・ツール

- React
- JSX

前節では、もっとも基本的な React の使い方を紹介しました。React はテンプレートエンジンのように使うこともできます。本節では、JSX について、さらに詳しく見ていきます。

React/JSX について

前節で触れたように、JSX を使うことで JavaScript の中に、HTML タグを記述することができるようになります。

実は、React を使う上で JSX の利用は必須というわけではありません。前節で見たように、JSX を使うためには、React とは別のライブラリを取り込む必要がありました。つまり、React からはオプション的な扱いであるともいえるのです。

しかし、JSX を使うことで、より自然に React ライブラリが使えるようになります。そこで、React について詳しく紹介する前に、JSX の使い方を学んでおきましょう。

JSX でタグの中に変数を埋め込んでみよう

まずは、JSX で HTML タグを記述する際に、変数や関数を埋め込む方法を紹介します。値の埋め込みを行うには、以下のような書式で記述します。

```
［書式］tagのテキスト部分に value を埋め込む
<tag> ... {value} ... </tag>
```

では、実際のプログラムで確認してみましょう。

●file: src/ch2/jsx-embed.html

```
<!DOCTYPE html><html><head><meta charset="utf-8">
  <script src="https://unpkg.com/react@15/dist/react.min.js"></script>
  <script src="https://unpkg.com/react-dom@15/dist/react-dom.min.js"></script>
  <script src="https://cdnjs.cloudflare.com/ajax/libs/babel-core/5.8.38/browser.min.js"></script>
```

```html
</head><body>
  <div id="root"></div>
  <script type="text/babel">
    // 変数の宣言 --- (※1)
    const item = "SDカード"
    const value = 1200
    // HTMLタグの中に変数の値を埋め込む --- (※2)
    const msg = <h1>{item} - {value}円</h1>
    // render()で描画 --- (※3)
    const elm = document.getElementById("root")
    ReactDOM.render(msg, elm)
  </script>
</body></html>
```

Webブラウザーで HTML ファイルを確認してみましょう。

JSX で値の埋め込みを利用したところ

プログラムを確認してみましょう。
プログラムの(※1)では、constを利用して定数を定義しています。そして、プログラムの(※2)で、HTML タグを記述していますが、ここで変数や定数の値を埋め込みます。最後に、(※3)のrender()メソッドでは、描画を行います。
このように、HTML タグの中に、自由に定数や変数を埋め込むことができるので、とても便利です。

JSX でタグの属性値に変数を埋め込む場合

次に、HTML 要素のテキスト部分ではなく、タグの属性値に変数を埋め込む方法を見てみましょう。この場合、以下のような書式で利用します。

```
［書式］tagの属性attrに変数valueの値を埋め込む
<tag attr={value}>...</tag>
```

一般的に、HTML タグの属性値は「<tag attr="value">」のように記述しますが、JSX で属性値を記述するには、ダブルクォートではなく波括弧で変数名を囲います。

次に挙げるのは、JSX を利用したもう少し複雑な HTML 要素の埋め込みの例です。このサンプルは、img 要素の src 属性に画像の URL を埋め込んでいきます。

●file: src/ch2/jsx-embed2.html

```html
<!DOCTYPE html><html><head><meta charset="utf-8">
  <script src="https://unpkg.com/react@15/dist/react.min.js"></script>
  <script src="https://unpkg.com/react-dom@15/dist/react-dom.min.js"></script>
  <script src="https://cdnjs.cloudflare.com/ajax/libs/babel-core/5.8.38/browser.min.js"></script>
</head><body>
  <div id="root"></div>
  <script type="text/babel">
    // 変数を定義 --- (※1)
    const title = "書道"
    const imgUrl = "http://uta.pw/shodou/img/28/214.PNG"
    // JSXで要素を定義 --- (※2)
    const msg =
      <div>
        <h1>{title}</h1>
        <p><img src={imgUrl} /></p>
      </div>
    // render()で描画 --- (※3)
    const elm = document.getElementById("root")
    ReactDOM.render(msg, elm)
  </script>
</body></html>
```

この HTML ファイルを Web ブラウザーで表示すると、以下のようになります。

JSX で複雑な HTML 要素を定義する

プログラムを確認してみましょう。プログラムの (※1) では、const で定数を定義します。(※2) では、JSX で HTML 要素を定義します。そして、(※3) では、render() メソッドで描画を行います。

第2章　React 入門

　ポイントとなるのは、（※2）の部分で、変数（定数）の値を、埋め込んでいる部分です。この部分を、改めて確認してみましょう。

```
const msg =
    <div>
        <h1>{title}</h1>
        <p><img src={imgUrl} /></p>
    </div>
```

　JSX では、タグの内側にあるテキストに関しては、自由な位置に「..{ 値 }..」と記述できます。そして、要素の属性に関しては「属性 ={ 値 }」と記述します。

JSX を記述する時の注意点

　このように、JSX を使うと、HTML のひな型の中に任意のデータを埋め込むことができます。
　これと似た働きをするのが、「テンプレートエンジン」と呼ばれるライブラリです。テンプレートエンジンを利用すると、ひな型となるデータの中に、データを埋め込んで表示できます。JSX を使えば、このテンプレートエンジンと同じように、ひな型となる HTML の中に任意のデータを埋め込んで表示できます。
　ところで、JSX を記述する際には注意点があります。どんな点に注意すれば良いのか、ポイントを確認してみましょう。

JSX では閉じタグが重要

　多くの HTML タグは、<tag></tag> と記述するところを、同じタグを省略して <tag> と書いても問題なく動作します。特に、<img> タグなどは、<img></img> と書く事は少ないでしょう。
　しかし、JSX では必ず閉じタグを書くか、閉じタグを省略した記法を使って、<img /> のように記述する必要があります。もしも、閉じタグを忘れると、次のようなエラーが出ますので、注意しましょう。

IMG 要素で閉じタグを書かないとエラーが出る

093

JSX を記述する際の注意

JavaScript の中に突然 HTML を記述できるという性質上、JSX にも、それなりに制限があります。例えば、以下のような JSX は、HTML タグをうまく認識せずエラーとなります。

```
// JSXでエラーになる例
function getDOM() {
  return
  <div><p>捨てるのに時がある</p></div>
}
```

この場合、JSX の範囲を丸括弧で括ることで、正しく JSX の範囲を認識できるようになります。

```
// 丸括弧でJSXの範囲を括るとOK
function getDOM() {
  return (
    <div><p>捨てるのに時がある</p></div>
  )
}
```

また、JSX では、複数の HTML タグを並べて記述することはできません。必ず、1 つの DOM 要素の中にすべてを含めるようにします。次に挙げるのは、エラーになる例です。いくら丸括弧で範囲を囲ったとしても、複数の DOM 要素を並列に並べることはできないので注意が必要です。

```
// 複数のDOM要素はエラーになるという例
function getDOM() {
  return (
    <div><p>捨てるのに時がある</p></div>
    <div><p>捨てるのに時がある</p></div>
  )
}
```

それでは、これらの注意点を踏まえて正しく実行できる比較的複雑な構造の JSX を見てみましょう。

次に挙げるのは、画面に格言を表示するプログラムです。複数行の HTML タグを関数の戻り値としてしているところに注目してください。

●file: src/ch2/jsx-test.html

```
<!DOCTYPE html><html><head>
  <meta charset="utf-8">
  <script src="https://unpkg.com/react@15/dist/react.min.js"></script>
  <script src="https://unpkg.com/react-dom@15/dist/react-dom.min.js"></
script>
```

第 2 章　React 入門

```
    <script src="https://cdnjs.cloudflare.com/ajax/libs/babel-core/5.8.38/
browser.min.js"></script>
</head><body>
  <div id="root"></div>
  <script type="text/babel">
    // ReactでDOMを書き換える
    ReactDOM.render(
      getDOM(),
      document.getElementById('root')
    );
    // 要素を返す関数
    function getDOM() {
      return (
        <div>
          <p>探すのに時があり</p>
          <p>捨てるのに時がある</p>
        </div>
      )
    }
  </script>
</body></html>
```

Web ブラウザーで、HTML ファイルを開くと以下のように格言が表示されます。

複数行に渡る JSX を利用して格言を表示したところ

JSX で style 属性を指定する方法について

　DOM 属性で、見栄えの部分 (スタイル) を指定する style 属性ですが、この style 属性は、文字列で値を指定することはできません。ではどのように指定するのかと言うと、CSS のスタイルをオブジェクトのプロパティに指定したものを与えます。

```
[書式] style属性にCSSのプロパティと値をオブジェクトとして与える
const obj = { prop1:value1, prop2:vaue2, prop3:value3 ... }
const dom = <tag style={obj}> ... </tag>
```

095

それでは、実際のプログラムで動作を確認してみましょう。

●file: src/ch2/jsx-style.html

```
<!DOCTYPE html><html><head>
  <meta charset="utf-8">
  <script src="https://unpkg.com/react@15/dist/react.min.js"></script>
  <script src="https://unpkg.com/react-dom@15/dist/react-dom.min.js"></
script>
  <script src="https://cdnjs.cloudflare.com/ajax/libs/babel-core/5.8.38/
browser.min.js"></script>
</head><body>
  <div id="root"></div>
  <script type="text/babel">
    // ReactでDOMを書き換える
    ReactDOM.render(
      getDOM(),
      document.getElementById('root')
    )
    // 要素を返す関数
    function getDOM() {
      // オブジェクトでスタイルを指定 --- (※1)
      const css1 = { // cssのスタイルで --- (※2)
        "color": 'red',
        "background-color": '#f0f0ff',
        "font-size": '2em'
      }
      const css2 = { // JavaScriptのスタイルで --- (※3)
        color: 'blue',
        backgroundColor: '#fff0f0',
        fontSize: '2em'
      }
      // JSXでDOMを指定
      return (
        <div>
          <p style={css1}>探すのに時があり</p>
          <p style={css2}>捨てるのに時がある</p>
        </div>
      )
    }
  </script>
</body></html>
```

Web ブラウザーで、HTML ファイルを開くと次のように表示されます。

第 2 章　React 入門

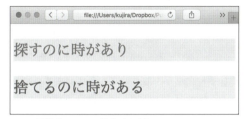

style 属性を JSX で指定する例

　それでは、プログラムを確認してみましょう。プログラムの (※ 1) 以降の部分で、DOM の style に与えるスタイルをオブジェクト形式で記述しています。そのとき、(※ 2) の定数「css1」は、通常の CSS のスタイルシートに記述する方式で記述し、(※ 3) の定数「css2」は、JavaScript でスタイルを指定する方法で記述しています。このように、JSX でスタイルを指定する場合、どちらの記述方法も利用できます。

　スタイルシートでは、プロパティの名前を "font-size" のようにプロパティ小文字とハイフンで書くのですが、JavaScript でスタイルを指定する場合には、これを「キャメルケース」と呼ばれる記述方法、つまり「小文字から始めて大文字になるところで単語の区切りを示す」ような方法を使用し、「fontSize」のように記述します。

変数の値はエスケープされる

　重要な点として、JSX の DOM テキスト部分に差し込んだ変数の値は自動的にエスケープされます。HTML として特別な意味を持つ「<」や「>」という記号が自動的に「<」と「>」へ変換されます。それでは、具体的な例を見てみましょう。次のプログラムでは、定数「value」に文字列を代入していますが、その中には、HTML の特殊記号の「<」や「>」が含まれている点に注目して、プログラムを確認してみましょう。

●file: src/ch2/jsx-escape.html

```
<!DOCTYPE html><html><head>
  <meta charset="utf-8">
  <script src="https://unpkg.com/react@15/dist/react.min.js"></script>
  <script src="https://unpkg.com/react-dom@15/dist/react-dom.min.js"></script>
  <script src="https://cdnjs.cloudflare.com/ajax/libs/babel-core/5.8.38/browser.min.js"></script>
</head><body>
  <div id="root"></div>
  <script type="text/babel">
    const value = "<<< 豚に真珠、猫に小判 >>>"
    const elem = <h2>{value}</h2>
    const root = document.getElementById('root')
```

097

```
      ReactDOM.render(elem, root)
    </script>
</body></html>
```

これを Web ブラウザーで表示させると、特殊記号が自動的にエスケープされて表示されます。

これによって、特殊記号の変換の手間を省くだけでなく、外部から受け取った値をうっかり表示してしまう場合に起きる、セキュリティ上の問題（XSS ＝ (cross-site-scripting) を防ぐことができます。これは、非常に重要な機能です。

自動的に特殊記号はエスケープされて表示されます

JSX はどのように変換されるのか？

ところで、ここまで、JSX は、Babel によって JavaScript に変換されて実行されるという事を紹介してきましたが、実際には、どのように変換されるのか興味が湧きませんか。どのように変換されるのか確認してみましょう。

次のような JSX のコードを記述したとします。

```
const e = (
  <h1 id="greeting">
    Hello, World!
  </h1>
)
```

これが Babel(JSX) を通すと、次のようなコードに変換されます。

```
var e = React.createElement(
  "h1",
  { id: "greeting" },
  "Hello, World!"
)
```

JSX で、<tag>...</tag> という表現が、Babel によって変換されて、React.createElement("tag",{},"...") という JavaScript に変換されています。

このように、React.createElement() では、第1引数にタグ名、第2引数に属性値、第3引数に画面に表示されるテキストを指定するようになっています。

ところで、ネストするタグはどうなるでしょうか。

```
const e = (
  <h1>
    <p>Test</p>
  </h1>
)
```

このようなコードは、次のように変換されます。

```
var e = React.createElement(
  "h1",
  null,
  React.createElement(
    "p",
    null,
    "Test"
  )
)
```

このように、ネストするタグは第3引数にネストした構造で追加されます。

まとめ

- ✓ React には JSX は必須ではありませんが一緒に使うと便利です
- ✓ JSX には変数や定数の値をタグの中に埋め込むことができます
- ✓ JSX を「テンプレートエンジン」のように使えます
- ✓ 一方で、JSX には閉じタグが必要、複数要素を並列して書く事ができないなどの制約もあります

03 React人気の秘密はVirtual DOM?

ここで学ぶこと

● Virtual DOMについて
● ReactでDOMを更新すると何が嬉しいのか?
● Reactでバイナリ時計を作ってみよう

使用するライブラリー・ツール

● React
● JSX

React が人気となる理由のひとつに、Virtual DOM があります。Virtual DOM のおかげで React は良いパフォーマンスを発揮します。ここでは、Virtual DOM について、また、React で DOM を更新する方法を確認してみましょう。

Virtual DOM とは何か?

Virtual DOM(仮想 DOM) は、DOM の状態をメモリ上に保持しておいて、更新前と更新後の状態を比較して、必要最小限の部分だけを更新するという機能です。

DOM の更新が最小限で済むので、パフォーマンスが非常に良いのが特徴です。

HTML というのは、ツリー構造となっています。ツリー構造というのは、その名の通り、木のようなデータ構造のことです。これは、PC のフォルダ構造にも採用されていますが、一本の枝から、複数の枝が生えており、その複数の一本を見ると、さらに別の複数の枝が生えている…というような構造です。Web ブラウザーの開発者ツールを見ると、よりイメージしやすいでしょう。

HTML はツリー構造で表現される

100

第 2 章　React 入門

Virtual DOM では、この DOM の状態がメモリ上にあり、DOM を更新したときに、その差分のみを書き換えるというものです。

React で DOM を更新してみよう

DOM を更新するには、特別なメソッドは必要ありません。これまで見てきたのと同様に ReactDOM.render() メソッドを呼び出すだけです。ここでは、簡単な時計を作ってみましょう。

● file: src/ch2/react-clock.html

```
<!DOCTYPE html><html><head>
  <meta charset="utf-8">
  <script src="https://unpkg.com/react@15/dist/react.min.js"></script>
  <script src="https://unpkg.com/react-dom@15/dist/react-dom.min.js"></script>
  <script src="https://cdnjs.cloudflare.com/ajax/libs/babel-core/5.8.38/browser.min.js"></script>
</head><body>
  <div id="root"></div>
  <script type="text/babel">
    // 定期的に時間を表示
    setInterval(showClock, 1000)
    // 毎秒実行される関数
    function showClock () {
      const d = new Date()
      const hour = d.getHours()
      const min = d.getMinutes()
      const sec = d.getSeconds()
      const elem = <div>
          {hour}:{min}:{sec}
        </div>;
      const root = document.getElementById("root")
      ReactDOM.render(elem, root)
    }
  </script>
</body></html>
```

Web ブラウザーに、この HTML ファイルをドラッグ＆ドロップすると、画面に現在時刻が表示され、1秒ごとに画面が更新されます。

101

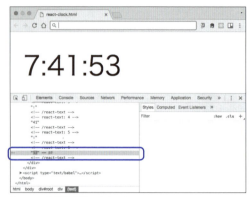
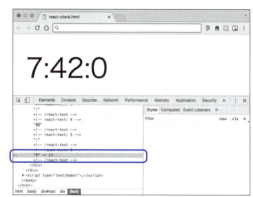

Reactで時計を作ったところ

　このように簡単な画面では、ほとんど Virtual DOM の恩恵はありませんが、DOM で一部分だけが更新されていることを確認してみましょう。確認には Web ブラウザーの開発者ツールを使います。

　たとえば Chrome の開発者ツールでは、直近に更新された部分が光ります。通常ですと、DOM を更新するとすべての範囲が更新されるのですが、React では、差分を調べて、必要な部分だけを更新しているのが分かります。

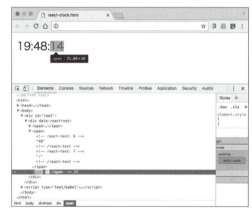

Reactで DOM を更新すると、必要な部分だけを調べて DOM の更新を行います

　しかし、プログラムを見てみると、これまでと同じように、ReactDOM.render() メソッドを呼び出しているだけであることがわかります。

　このように、React では DOM を一部更新します。React 以前の DOM 書き換えでは、DOM 全体を書き換えていました。DOM を書き換えると、DOM ツリーが再構築されます。DOM ツリーの再構築には、それなりに時間がかかります。JavaScript を大々的に使ったアプリでは、画面全体を丸ごと差し替える場面も少なくないので、ブラウザーがもたつくなどの弊害が出ていました。

　この点、React では DOM 全体を差し替えるのではなく、一部だけを差分更新するため、画面の更新処理が劇的に速くなるのです。React で作ったアプリの動作が軽いと言われるのは、Virtual DOM を採用しているおかげです。

第2章 React入門

2桁ずつ揃えて表示してみよう

ところで、上記で作った時計は、桁を揃えて表示しないので、あまりカッコよくありません。もう少し、カッコよくなるように、00から59まで桁を0で埋めるようにしてみましょう。

●file: src/ch2/react-clock2.html

```
<!DOCTYPE html><html><head>
  <meta charset="utf-8">
  <script src="https://unpkg.com/react@15/dist/react.min.js"></script>
  <script src="https://unpkg.com/react-dom@15/dist/react-dom.min.js"></
script>
  <script src="https://cdnjs.cloudflare.com/ajax/libs/babel-core/5.8.38/
browser.min.js"></script>
</head><body>
  <div id="root"></div>
  <script type="text/babel">
  // 定期的に時間を表示
  setInterval(showClock, 1000)
  // 毎秒実行される関数
  function showClock () {
      const d = new Date()
      const [hour, min, sec] = [ // 時分秒を各変数に代入 --- (※1)
        d.getHours(),
        d.getMinutes(),
        d.getSeconds()]
      const z2 = (v) => { // 0で埋めて表示する関数を定義 --- (※2)
        const s = "00" + v
        return s.substr(s.length - 2, 2)
      }
      // 表示するDOMを指定 --- (※3)
      const elem = (<div>
        {z2(hour)}:{z2(min)}:{z2(sec)}
      </div>);
      // DOMを書き換える
      ReactDOM.render(elem,
        document.getElementById("root"))
    }
  </script>
</body></html>
```

プログラムを確認しましょう。プログラムの(※1)では、時分秒の各要素をhourとminとsecという3つの変数に代入します。これは、ES2015で導入された分割代入の式で、角括弧[...]で囲って、配列の各要素を個々の変数に分割できる機能です。

プログラムの(※2)では、アロー関数を使って関数オブジェクトを定義し、それを変数z2に代入します。このz2()関数は、数値を0で埋めて必ず2桁の文字列にして返すというものです。

103

そして、このプログラムのポイントとなる部分ですが、(※3) の部分で、hour、min、sec の各変数を z2() 関数を使って 2 桁に揃えています。ここで、JSX の波括弧 {...} の内側に注目してください。波括弧の内側には、変数や定数を記述できるだけでなく、関数呼び出しなども記述できるのです。

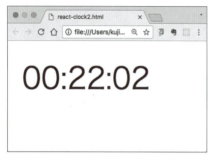

2桁に揃えて表示する時計

バイナリ時計を作ってみよう

　Virtual DOM について理解したところで、もう少し、Virtual DOM の働きを確認できるサンプルを作ってみましょう。ここでは、React を利用して、バイナリ時計を作ります。
　「バイナリ時計」とは、時計の数値を 2 進数で表示する時計のことです。時分秒の各桁を 2 進数表記で表示するのです。ちょっと変わっていて、デザイン的にも美しい時計なので、一部のファンに絶大な人気を誇っています。
　さて、ここでは、次のような動作をするバイナリ時計を作ってみます。もちろん、React を使います。簡単に説明すると、表示される部分の上から、時間の 10 の位（くらい）、時間 1 の位、分 10 の位、分 1 の位、秒 10 の位、秒 1 の位を表す時計です。

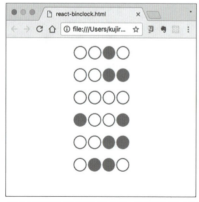

バイナリ時計が「23:09:36」を表示しているところ

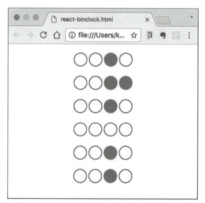

バイナリ時計が「23:20:22」を表示しているところ

第 2 章　React 入門

次に挙げるのがそのプログラムです。React を使って、定期的に DOM を書き換えています。

● file: src/ch2/react-binclock.html

```
<!DOCTYPE html><html><head>
  <meta charset="utf-8">
  <script src="https://unpkg.com/react@15/dist/react.min.js"></script>
  <script src="https://unpkg.com/react-dom@15/dist/react-dom.min.js"></
script>
  <script src="https://cdnjs.cloudflare.com/ajax/libs/babel-core/5.8.38/
browser.min.js"></script>
  <style> body { font-size:32px; text-align:center; } </style>
</head><body>
  <div><div id="disp"></div></div>
  <script type="text/babel">
    // 定期的に画面を更新するように指定
    setInterval(update, 1000)
    // タイマーを更新する
    function update () {
      // 現在時刻を二進数に変換 ---- （※1）
      const now = new Date();
      const hh = z2(now.getHours())
      const mm = z2(now.getMinutes())
      const ss = z2(now.getSeconds())
      const binStr = hh + mm + ss
      const style0 = { color: 'brown' }
      const style1 = { color: 'red'}
      const lines = []
      for (let i = 0; i < binStr.length; i++) {
        const v = parseInt(binStr.substr(i, 1))
        const bin = "0000" + v.toString(2)
        const bin8 = bin.substr(bin.length - 4, 4)
        // 二進数を構成するReactオブジェクトを配列linesに追加 --- （※2）
        for (let j = 0; j < bin8.length; j++) {
          if (bin8.substr(j, 1) === '0') {
            lines.push(<span style={style0}>○</span>)
          } else {
            lines.push(<span style={style1}>●</span>)
          }
        }
        lines.push(<br />)
      }
      // DOMを書き換え --- （※3）
      const disp = document.getElementById('disp')
      ReactDOM.render(<div>{lines}</div>, disp)
    }
    function z2 (v) {
      v = String("00" + v)
```

105

```
      return v.substr(v.length - 2, 2)
    }
  </script>
</body></html>
```

このプログラムでは、毎秒 update() 関数が呼び出されます。プログラムの (※ 1) の部分で、現在時刻を 2 進数で表示します。最初に、z2() 関数を呼びだして、それぞれ時分秒を 0 で埋めて 2 桁に揃えます。その後、時分秒の各桁を、toString(2) で 2 進数に変換します。そして、(※ 2) にあるように、バイナリ時計の各行を表す React オブジェクトを JSX で作って、配列 lines に追加していきます。

今回、React で DOM を書き換えているのは、(※ 3) の部分です。このように、波括弧の内側 { … } に JSX で作った React オブジェクトの配列変を指定できます。

プログラムの仕組みを確認したところで、開発者ツールで、Virtual DOM の動きを確認してみましょう。書き換わっている部分がハイライトされますが、確かに、DOM 全体が書き換わるのではなく、表示が変更になった必要な部分だけが更新されています。

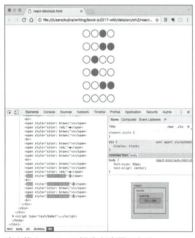

書き換わっている部分を確認できる

まとめ

- React の人気の理由のひとつに Virtual DOM(仮想 DOM) の存在があります
- Virtual DOM は、メモリ内で DOM を管理し、必要最低限の部分だけの差分更新を行う機能で、画面更新が非常に高速です
- React は自動的に Virtual DOM を構築するので、特別な処理を記述する必要はありません

04 Reactでコンポーネントを作成する

ここで学ぶこと

- Reactでコンポーネントを作る方法

使用するライブラリー・ツール

- React/JSX

Reactの魅力はなんと言っても、HTMLをコンポーネントとして定義し、それを自由に組み合わせて使うことができる点にあります。ここでは、Reactでコンポーネントを作る方法や、そのメリットについて見ていきましょう。

コンポーネントとは？

コンポーネント (Component) とは、特定の機能を持った汎用的な「部品」を指す言葉です。ソフトウェアの開発では、多くの場合、さまざまなコンポーネントを組み合わせて作ります。

具体的な例でいえば、ボタンや、テキストボックスなどは汎用的な部品（コンポーネント）です。現在では、ボタンを1つ表示するのに、ボタンのグラフィックスを描画するプログラムを書くことはほとんどないでしょう。ボタンという部品を利用すると1行書くだけで表示できます。これは、ボタンが汎用的なコンポーネントであり、再利用可能であることを示しています。

Reactでは、このコンポーネントの考え方を、HTML/JavaScriptでも使えるようにしました。つまり、独自に定義したUI部品などを、もともとHTMLに用意されている <button> や <h1> と同じように使うことができるのです。これにより、独自のUIパーツやウィジェットを、手軽に再利用できるようになりました。

Reactでのコンポーネントの作り方

Reactでコンポーネントを作るには、特別な何かを記述する必要はありません。JSXでコンテンツを返す関数を定義するだけで良いのです。

例えば、Greeting というコンポーネントを定義する例を以下に挙げます。これは、引数の props.type に与えた文字列を <h1> で囲んで表示するという簡単なコンポーネントです。

```
// Reactでコンポーネント定義したところ
function Greeting (props) {
  return <h1>{props.type}</h1>
}
```

107

一度、コンポーネントを定義したら、それを、通常のJSXタグと同じように利用できます。どうでしょうか、あたかも、GreetingというHTMLタグが新設されたかのように見えます。

```
// Greeting コンポーネントを利用する
const dom = <div>
  <Greeting type="Good morning!" />
  <Greeting type="Hello!" />
  <Greeting type="Good afternoon!" />
</div>

// Reactで表示する
ReactDOM.render( dom,
  document.getElementById('root') )
```

Webブラウザーで確認すると、以下のように表示されます。

Good morning!

Hello!

Good afternoon!

コンポーネントを利用したところ

このように、Reactでコンポーネントを作るのは、とても簡単です。

ここで、関数を使ってコンポーネントを作る際のポイントを確認しておきましょう。まず、コンポーネントを関数で定義する際、HTML要素のタグ属性を指定すると、それが関数の第1引数に与えられます。このとき、第1引数は、オブジェクト型であり、そのオブジェクトのプロパティが、タグ属性と一致しています。

例えば、次のようにタグ属性を指定したとします。

```
<Greeting type="Hello" from="Mika">
```

これは、次のように、関数Greetingを呼び出しているのと同じ意味になります。

```
Greeting( {"type": "Hello", "from": "Mika"} )
```

画像付きテキスト表示コンポーネント

それでは、コンポーネントの例として、画像付きテキスト表示コンポーネントを作って利用してみましょう。まずは、ここで作るアプリを紹介しましょう。以下のようなものです。

108

第 2 章　React 入門

画像付きテキスト表示コンポーネント

これは、PhotoText という名称のコンポーネントを定義し、それを使うプログラムになります。

●file: src/ch2/cp-imagetext.html

```
<!DOCTYPE html><html><head>
  <meta charset="utf-8">
  <script src="https://unpkg.com/react@15/dist/react.min.js"></script>
  <script src="https://unpkg.com/react-dom@15/dist/react-dom.min.js"></script>
  <script src="https://cdnjs.cloudflare.com/ajax/libs/babel-core/5.8.38/browser.min.js"></script>
</head><body>
  <div id="root"></div>
  <script type="text/babel">
    // コンポーネントを利用 --- （※1）
    const dom = <div>
      <PhotoText image="pic1" label="南国の浜辺でゆったり" />
      <PhotoText image="pic2" label="南国の海は開放的" />
      <PhotoText image="pic3" label="海、海、海、青い海" />
    </div>
    // ReactでDOMを書き換え
    ReactDOM.render(dom,
      document.getElementById('root'))
    // 関数でコンポーネントを定義 --- （※2）
    function PhotoText (props) {
      const url = "img/" + props.image + ".jpeg"
      const label = props.label
      const boxStyle = {
        border: "1px solid silver",
        margin: "8px",
        padding: "4px"
      }
      return <div style={boxStyle}>
```

109

```
            <img src={url} width="128"/>
            <span> {label} </span>
        </div>
    }
  </script>
</body></html>
```

HTML ファイルを Web ブラウザーにドラッグ＆ドロップすることで実行できます。実行結果を確認したら、次に、プログラムに戻りましょう。

プログラムの（※1）の部分を見てください。この部分がコンポーネントを利用している箇所となります。PhotoText というコンポーネントを利用しています。タグ属性の image と label を指定しています。

続いて、プログラムの（※2）ですが、ここで、PhotoText コンポーネントを定義しています。（※1）で指定している通り、image と label という属性が反映されるようにしています。そして、JSX で HTML タグを定義したものを関数の戻り値としています。

もう少し複雑なコンポーネントの場合

関数でコンポーネントを定義するのは手軽で良いのですが、複雑なコンポーネントを定義しようと思ったとき、1 つの関数で記述するには問題もあります。React でもう少し複雑なタイプのコンポーネントも定義するには、ES2015（ECMAScript2015）で追加された class 構文を利用します。

● file: src/ch2/cp-class.html

```
<!DOCTYPE html><html><head>
  <meta charset="utf-8">
  <script src="https://unpkg.com/react@15/dist/react.min.js"></script>
  <script src="https://unpkg.com/react-dom@15/dist/react-dom.min.js"></script>
  <script src="https://cdnjs.cloudflare.com/ajax/libs/babel-core/5.8.38/browser.min.js"></script>
</head><body>
  <div id="root"></div>
  <script type="text/babel">
    // クラスでコンポーネントを定義 --- （※1）
    class Greeting extends React.Component {
      render() {
        return <h1>{this.props.type}</h1>
      }
    }
```

```
      // コンポーネントを利用 --- （※2）
      const dom = <div>
        <Greeting type="Hello!" />
        <Greeting type="Good morning!" />
      </div>;
      // ReactでDOMを書き換え
      ReactDOM.render(dom,
        document.getElementById('root'))
    </script>
</body></html>
```

プログラムの (※1) の部分で、コンポーネントを定義して、(※2) の部分でコンポーネントを利用しています。

この (※1) のコンポーネント定義でポイントとなるのは、React.Component という React の基本的なコンポーネントを基底クラスとして継承を行う部分です。そして、render() メソッドを定義し、その戻り値でコンポーネントの表示内容を指定します。

また、コンポーネントを利用する際のタグ要素は、this.props というオブジェクト型のプロパティを介して値を取得できます。例えば、ここでは、Greeting タグで type 属性を指定していますが、その値をコンポーネント側で参照するには、this.props.type の値を参照します。

クラスで画像付きテキストコンポーネントを実装してみよう

それでは、クラスベースでコンポーネントを定義する例として、先ほど作成した画像とテキストを表示するコンポーネントを作り直してみましょう。

● file: src/ch2/cp-imagetext2.html

```
<!DOCTYPE html><html><head>
  <meta charset="utf-8">
  <script src="https://unpkg.com/react@15/dist/react.min.js"></script>
  <script src="https://unpkg.com/react-dom@15/dist/react-dom.min.js"></script>
  <script src="https://cdnjs.cloudflare.com/ajax/libs/babel-core/5.8.38/browser.min.js"></script>
</head><body>
  <div id="root"></div>
  <script type="text/babel">
    // クラスでPhotoTextコンポーネントを定義 --- （※1）
    class PhotoText extends React.Component {
      getImageURL () {
        const id = this.props.image
        const url = "img/" + id + ".jpeg"
        return url;
      }
```

111

```
      render () {
        const label = this.props.label
        const url = this.getImageURL()
        const boxStyle = {
          border: "1px solid silver",
          margin: "8px",
          padding: "4px"
        }
        return (<div style={boxStyle}>
            <img src={url} width="128"/>
            <span> {label} </span>
        </div>)
      }
    }
    // コンポーネントを利用 --- (※2)
    const dom = <div>
        <PhotoText image="pic1" label="太陽が眩しい海辺" />
        <PhotoText image="pic2" label="海で泳ごう" />
        <PhotoText image="pic3" label="空を眺めてゆったり" />
    </div>
    // ReactでDOMを書き換え
    ReactDOM.render(dom,
      document.getElementById('root'))
  </script>
</body></html>
```

WebブラウザーにHTMLファイルをドラッグ＆ドロップすると、次のように表示されます。

クラスを利用して React コンポーネントを定義した場合

　正しく実行できたらプログラムを見てみましょう。プログラムの(※1)では、PhotoText コンポーネントを定義します。PhotoText クラスを定義するときに、React.Component を継承して作ります。クラスとして作成するメリットは、ここで getImageURL() メソッドを定義しているように、自由に好きなクラスメソッドやプロパティを定義できる点です。

　プログラムの(※2)では、PhotoText コンポーネントを利用して、React で DOM を書き換えます。

リストコンポーネントを作ってみよう

　HTMLでリストを表現するには、ulやli要素を利用します。このリストを表示するリストコンポーネントを作ってみましょう。コンポーネントのitems属性にリストに表示したい値をカンマで区切って指定すると、それをリストとして表示するようなコンポーネントです。ここでは、以下のようなコンポーネントを作ってみましょう。

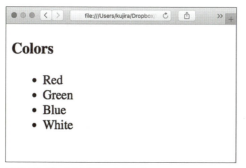

リストコンポーネントを作ったところ

　ここで作成するリストコンポーネントは、以下のようになります。

●file: src/ch2/list-items.html

```
<!DOCTYPE html><html><head>
  <meta charset="utf-8">
  <script src="https://unpkg.com/react@15/dist/react.min.js"></script>
  <script src="https://unpkg.com/react-dom@15/dist/react-dom.min.js"></script>
  <script src="https://cdnjs.cloudflare.com/ajax/libs/babel-core/5.8.38/browser.min.js"></script>
</head><body>
  <div id="root"></div>
  <script type="text/babel">
    // リストコンポーネントを定義
    class RList extends React.Component {
      render () {
        // items属性に指定した値から配列itemsを利用 --- (※1)
        const items = this.props.items.split(",")
        // アイテム一覧からli要素を作成 --- (※2)
        const itemsObj = items.map(
          (e) => {
            return <li>{e}</li>
          })
        // タイトル
        let title = this.props.title
```

```
          if (!title) title = "LIST"
          // 描画内容を返す
          return (<div>
            <h3>{title}</h3>
            <ul>{itemsObj}</ul>
          </div>)
      }
    }
    // コンポーネントを表示する  --- （※3）
    ReactDOM.render(
      <RList
        title="Colors"
        items="Red,Green,Blue,White" />,
      document.getElementById('root')
    )
  </script>
</body></html>
```

　プログラムを確認してみましょう。プログラム (※1) の部分では、items 属性を取得します。ここでは、カンマで値を区切って、配列を作成します。そして、(※2) の部分で、配列を元にして、li 要素を作成します。このとき、map() メソッドを利用します。このメソッドは、元の配列から新しい配列を作成するものです。プログラムの (※3) では、RList コンポーネントで DOM を書き換えます。

　このプログラムのポイントとなる部分は、(※3) の部分です。RList コンポーネントで、items 属性を変更すると、表示されるリストも変更されます。属性に指定した値を元に、li 要素を生成します。

コンポーネントのメリット

　コンポーネントにしているおかげで、手軽にリストをいくつでも作成できますし、items 属性を書き換えるだけで、異なるリストを作成することができます。

　例えば、前項のプログラムの (※3) の部分を以下のように記述してみましょう。

```
ReactDOM.render(
  <div>
    <RList
      title="果物"
      items="バナナ,リンゴ,イチゴ" />
    <RList
      title="野菜"
      items="大根,ニンジン,キュウリ" />
  </div>,
  document.getElementById('root'))
```

すると、次のように、2つのリストが表示されます。

第2章　React 入門

果物

- バナナ
- リンゴ
- イチゴ

野菜

- 大根
- ニンジン
- キュウリ

複数のコンポーネントを記述したところ

アロー関数でコンポーネント定義

　関数がそのままコンポーネントとして使えるので、アロー関数を使った方法でも、コンポーネント定義できます。

　例えば、次のようにコンポーネントを定義できます。アロー演算子では、return 文を省略できるので、最小限の記述で、より簡潔にコンポーネントの定義ができます。

```
const TestCompo = (props) => (
  <div>
    <h1>{props.title}</h1>
  </div>
)
```

　念のため、完全なプログラムのサンプルも確認しておきましょう。TitleParts と ContentParts という2つのコンポーネントを定義し、それを、App というコンポーネントに配置します。

● file: src/ch2/cp-arrow.html

```
<!DOCTYPE html><html><head>
  <!DOCTYPE html><html><head>
  <meta charset="utf-8">
  <script src="https://unpkg.com/react@15/dist/react.min.js"></script>
  <script src="https://unpkg.com/react-dom@15/dist/react-dom.min.js"></
script>
  <script src="https://cdnjs.cloudflare.com/ajax/libs/babel-core/5.8.38/
browser.min.js"></script>
</head><body>
  <div id="root"></div>
```

115

```
    <script type="text/babel">
      // アロー演算子でコンポーネント定義
      const TitleParts = (props) => (
        <div style={{backgroundColor: 'red', color: 'white'}}>
          <h3>{props.title}</h3>
        </div>
      )
      const ContentParts = (props) => (
        <div style={{border: '1px solid blue', margin: 15}}>
          <div>あらすじ: {props.body}</div>
        </div>
      )
      // メインコンポーネント
      const Book = (props) => (
        <div>
          <TitleParts title={props.title} />
          <ContentParts body={props.body} />
        </div>
      )
      // ReactでDOMを書き換え
      ReactDOM.render(
        (<div>
          <Book title='三国志' body='昔の中国の話' />
          <Book title='民数記' body='昔のイスラエルの話' />
          <Book title='西遊記' body='猿が活躍する話' />
        </div>),
        document.getElementById('root'))
    </script>
</body></html>
```

これを Web ブラウザーで開くと、次のように表示されます。

アロー演算子でコンポーネントを定義したところ

　このように、アロー演算子でコンポーネントを定義するのは実用的で、アプリでちょっとした部品を定義するのに最適です。

まとめ

- ☑ コンポーネントとは、汎用的な部品のことです
- ☑ コンポーネントを利用すると、部品の再利用が容易になり、アプリのメンテナンス性が向上します
- ☑ Reactでは、関数でコンポーネントが定義できますし、ECMAScript2015のクラス構文を使っても定義可能です

05 本格的なコンポーネントを作る

ここで学ぶこと
- Reactで状態を持ったコンポーネントを作る方法

使用するライブラリー・ツール
- React/JSX

前節では、Reactでコンポーネントを作る方法を紹介しましたが、今回は、内部状態を持つ、より本格的なコンポーネントを作る方法を紹介します。

コンポーネントの状態を管理しよう

ここまで作成したコンポーネントは、特に状態を持たない、つまりステートレスなコンポーネントでした。しかし、チェックボックスなど、その状態によって、見た目が大きく変化するコンポーネントを作る場合には、状態を管理する必要があります。

状態を持たないコンポーネント

状態を持つコンポーネント

状態をもったコンポーネントともたないコンポーネント

状態を管理するためには、コンポーネント自体に、状態の値を記憶させておく必要があります。状態を記述するためには、コンポーネントの state オブジェクトを利用します。

ただし、この state オブジェクトは、一度値を設定した後は、直接値を書き換えることはせず、setState() メソッドを介して値を変更するように定められています。なぜかというと、setState() メソッドが呼び出されて、状態が変化すると、自動的に render() メソッドが実行され、再描画が行われる仕組みになっているからです。

第2章 React入門

簡単にまとめてみましょう。コンポーネントの状態を初期化するには、クラスのコンストラクタの中で、this.state にオブジェクトを指定します。

[書式] コンポーネントの状態を初期化する

```
class コンポーネント名 extends React.Component {
  // 状態を初期化する
  constructor (props) {
    this.state = { 初期値 }
  }
```

そして、一般的なオブジェクト変数と同じように「this.state. 名前」の形式で状態を参照できますが、値を更新する場合には、this.setState() を使います。

[書式] コンポーネント状態の参照と更新の方法
```
// 状態を参照する
console.log( this.state.名前 )

// 状態を更新する
this.setState( {名前: 新しい値} )
```

時計コンポーネントを作ってみよう

いくつか時計を作ってきましたが、今度は時計をコンポーネントにしてみましょう。時計の1秒を1つの状態と考えるなら、時計は1秒に1回、状態が変化するコンポーネントと見ることができるからです。

それでは、時計コンポーネントとそれを利用するプログラムを確認してみましょう。

●file: src/ch2/st-clock.html

```
<!DOCTYPE html><html><head>
  <meta charset="utf-8">
  <script src="https://unpkg.com/react@15/dist/react.min.js"></script>
  <script src="https://unpkg.com/react-dom@15/dist/react-dom.min.js"></
script>
  <script src="https://cdnjs.cloudflare.com/ajax/libs/babel-core/5.8.38/
browser.min.js"></script>
</head><body>
  <div id="root"></div>
  <script type="text/babel">
    // 状態を持った時計コンポーネントの定義 --- (※1)
    class SClock extends React.Component {
```

119

```
      constructor (props) {
        super(props)
        // 状態の初期化 --- (※2)
        this.state = {
          now: (new Date())
        }
        // 毎秒状態を更新する --- (※3)
        setInterval(e => {
          this.setState({ now: (new Date()) })
        }, 1000)
      }
      // 描画内容を返す --- (※4)
      render () {
        const now = this.state.now
        const hh = this.fmt(now.getHours())
        const mm = this.fmt(now.getMinutes())
        const ss = this.fmt(now.getSeconds())
        return (<div>{hh}:{mm}:{ss}</div>)
      }
      fmt (v) {
        const s = "00" + v
        return s.substr(s.length - 2, 2)
      }
    }
    // コンポーネントを配置 --- (※5)
    ReactDOM.render(<div><SClock /></div>,
      document.getElementById('root'))
  </script>
</body></html>
```

プログラムを実行するには、Web ブラウザーに HTML ファイルをドラッグ&ドロップします。

時計を React コンポーネントにしたところ

このプログラムは、次のような構造になっています。

第 2 章　React 入門

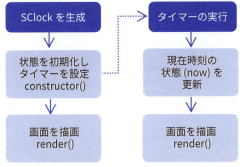

SClock コンポーネントの構造

プログラムを見ていきましょう。

プログラム (※ 1) 以降の部分では、class を利用して、状態を持ったコンポーネントを定義します。(※ 2) の部分では、コンポーネントの状態を初期化します。ここでは、now プロパティに、現在時刻の Date オブジェクトを設定します。

そして、毎秒状態を更新するよう、(※ 3) の部分で、setInterval() 関数を使って、タイマーを仕掛けます。ここで注目したいのが、毎秒実行する処理で、setState() メソッドを使って、now プロパティを更新しているという部分です。

先ほども説明したように、setState() メソッドを実行すると、コンポーネントの状態が変化したことになり、自動的にコンポーネントの再描画が行われます。

(※ 4) の部分では、描画内容を返す render() を定義しています。ここでは、時計の時分秒を二桁で揃えて出力するようにしています。

最後の、プログラム (※ 5) の部分では、ここまでで定義した SClock コンポーネントを DOM に配置します。

> **まとめ**
> - 状態を持ったコンポーネントを作るには、state プロパティを利用します
> - state プロパティの値を更新するには、setState() メソッドを利用します
> - setState() を呼び出すと、自動的に render() メソッドが実行される仕組みです

121

06 イベントの仕組みと実装

ここで学ぶこと

● Reactでイベント処理の方法

使用するライブラリー・ツール

● React/JSX

Reactでは、HTML/JavaScriptにもともと用意されているイベントを直接利用せず、それらをラップした独自のイベントを利用します。ここでは、Reactのイベント処理について紹介します。

React でクリックイベントを実装する方法

たとえば、JavaScriptでクリックイベントを設定するときは、属性「onclick」にJavaScriptのコードを "clickHandler(e)" のように指定します。しかし、Reactでは「onclick」ではなく「onClick」イベントで指定します。そして、属性「onClick」に波括弧と共に関数オブジェクトを指定します。

```
[一般的なJSでのクリックイベントの記述方法]
<div onclick="clickHandler(e)">Click Me</div>

[Reactでのクリックイベントの記述方法]
<div onClick={clickHandler}>Click Me</div>
```

次に挙げるのは「Click Me」と書かれたラベルをクリックすると、「こんにちは」とalert()ダイアログで挨拶を表示するプログラムです。

●file: src/ch2/st-click.html

```
<!DOCTYPE html><html><head>
  <meta charset="utf-8">
  <script src="https://unpkg.com/react@15/dist/react.min.js"></script>
  <script src="https://unpkg.com/react-dom@15/dist/react-dom.min.js"></script>
  <script src="https://cdnjs.cloudflare.com/ajax/libs/babel-core/5.8.38/browser.min.js"></script>
</head><body>
  <div id="root"></div>
  <script type="text/babel">
    // コンポーネントの定義
    class Hello extends React.Component {
      render () {
        // イベントを定義
```

122

```
        const clickHandler = (e) => {
          window.alert('こんにちは。')
        }
        // クリックイベントを指定
        return (
          <div onClick={clickHandler}>Click Me</div>
        )
      }
    }
    // コンポーネントを使う
    ReactDOM.render(
      <Hello />,
      document.getElementById('root'))
  </script>
</body></html>
```

HTMLファイルをブラウザーにドラッグすると実行できます。

React でクリックイベントを実装したところ

このプログラムでポイントとなるのが、クリックイベントを指定するために、onClick属性を使うことと、イベントとして、アロー演算子で定義した、clickHandler を指定しているところです。アロー演算子で定義した関数は、this の内容が変わらないので便利なのです。

クリックしたらクラスのメソッドを呼ぶ方法

クリックイベントで、クラスのメソッドを呼びたい時があります。しかし、onClick で起動するイベントでは、this が undefined となってしまいます。そこで、あらかじめ clickHandler に this を結びつけておくことで、正しく this を認識できるようになります。

次に挙げるプログラムは、クラスのメソッドを呼ぶ方法を示したものです。

●file: src/ch2/st-click2.html

```
<!DOCTYPE html><html><head>
  <meta charset="utf-8">
  <script src="https://unpkg.com/react@15/dist/react.min.js"></script>
  <script src="https://unpkg.com/react-dom@15/dist/react-dom.min.js"></
script>
  <script src="https://cdnjs.cloudflare.com/ajax/libs/babel-core/5.8.38/
browser.min.js"></script>
</head><body>
  <div id="root"></div>
  <script type="text/babel">
    // コンポーネントの定義
    class Hello extends React.Component {
      constructor (props) {
        super(props)
        // イベントハンドラをthisで結びつける --- (※1)
        this.clickHandler = this.clickHandler.bind(this)
      }
      clickHandler (e) {
        const name = this.props.name
        window.alert(`こんにちは, ${name}さん`)
      }
      render () {
        // クリックイベントを指定 --- (※2)
        return (
          <div onClick={this.clickHandler}>Click Me</div>
        )
      }
    }
    // コンポーネントを使う
    ReactDOM.render(
      <Hello name="クジラ"/>,
      document.getElementById('root'))
  </script>
</body></html>
```

　ポイントとなるのは、(※1) で this をイベントハンドラと結びつけておくことです。そうすれば、(※2) のイベントの指定で、this.clickHandler を指定しても問題ありません。もし、(※1) を省略しても、イベント自体は呼び出されますが、this が undefined になってしまいます。

簡単なチェックボックスを実装してみよう

　次に、チェックボックスを React のコンポーネントとして実装してみましょう。

第2章 React 入門

●file: src/ch2/st-checkbox.html

```html
<!DOCTYPE html><html><head>
  <meta charset="utf-8">
  <script src="https://unpkg.com/react@15/dist/react.min.js"></script>
  <script src="https://unpkg.com/react-dom@15/dist/react-dom.min.js"></script>
  <script src="https://cdnjs.cloudflare.com/ajax/libs/babel-core/5.8.38/browser.min.js"></script>
</head><body>
  <div id="root"></div>
  <script type="text/babel">
    // 状態を持ったコンポーネントの定義 --- (※1)
    class CBox extends React.Component {
      // コンストラクタ --- (※2)
      constructor (props) {
        super(props)
        // 状態の初期化
        this.state = {checked: false}
      }
      render () {
        // 未チェックの状態 --- (※3)
        let mark = '□'
        let bstyle = { fontWeight: 'normal' }
        // チェックされているか --- (※4)
        if (this.state.checked) {
          mark = '■'
          bstyle = { fontWeight: 'bold' }
        }
        // クリックした時のイベントを指定 --- (※5)
        const clickHandler = (e) => {
          const newValue = !this.state.checked
          this.setState({checked: newValue})
        }
        // 描画内容を返す --- (※6)
        return (
          <div onClick={clickHandler} style={bstyle}>
            {mark} {this.props.label}
          </div>
        )
      }
    }
    // ReactでDOMを書き換える --- (※7)
    const dom = <div>
      <CBox label="Apple" />
      <CBox label="Banana" />
      <CBox label="Orange" />
      <CBox label="Mango" />
```

125

```
      </div>
      ReactDOM.render(dom,
        document.getElementById('root'))
    </script>
  </body></html>
```

Webブラウザーで表示してみると、以下のようになります。

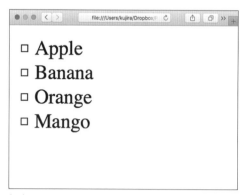

何もチェックしていない状態

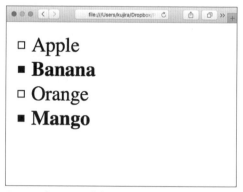

BananaとMangoをクリックして、チェックした状態

それでは、プログラムを見てみましょう。プログラムの(※1)でチェックボックスをテキストだけで表現したCBoxコンポーネントを定義します。Reactのコンポーネントは、React.Componentを継承して作ります。

(※2)の部分では、CBoxを作成した時に自動的に実行されるメソッドconstructor()を定義します。super()メソッドを呼んで、React.Componentのコンストラクタを実行し、その後で、stateプロパティを初期化します。ここでは、チェックされているかどうかを表す、checkedプロパティをfalseに設定しています。

これまで見てきたように、render()メソッドでは、描画処理を記述します。プログラムの(※3)の部分では、チェックされていない状態のマークとスタイルを定義しています。(※4)の部分では、stateのcheckedプロパティを調べて、チェックされていれば、マークの状態とスタイルを変更します。

(※5)の部分ですが、チェックボックスをクリックした時に、stateのcheckedプロパティを変更したいので、ここでは、クリック時のイベントを定義します。アロー演算子を利用して関数オブジェクトを定義すると、関数内のthisが書き換わらないという利点があります。そのため、this.state.checkedと書いた場合、素直に、CBoxクラスのstate.checkedを参照することができます。

このクリックイベントの中で、setState()メソッドを呼び出して、stateのcheckedプロパティを更新しますが、setState()メソッドが呼び出されると、自動的にrender()メソッドが呼び出されて表示が更新される仕組みとなっています。

第2章 React 入門

render() メソッドの戻り値を指定する (※ 6) の部分では、JSX でタグで描画内容を返します。一般的な JavaScript と異なるのが、クリック時のイベントを指定する onClick の部分です。クリックイベントの書き方については、この後に詳しく紹介します。

最後 (※ 7) の部分で、React で HTML の DOM を書き換えます。ここでは、CBox コンポーネントを 4 つ並べて表示しています。

React でイベントの記述方法

(1) render() メソッド内でイベントハンドラを定義する

render() メソッド内で、アロー演算子を用いたイベントハンドラを書く方法が一番記述コストが少なくなります。

```
class コンポーネント名 extends React.Component {
render () {
  const handler = (e) => alert('Hello')
  return <button onClick={handler}>Click</button>
 }
}
```

(2) クラスのメソッドに this をバインドしておく

しかしながら、複数のイベントを記述する必要があったり、イベントの内容が複雑になってくると、render() メソッドの中でイベントを記述するとプログラムが見づらくなってしまいます。その場合、イベントハンドラをクラスのメソッドとして定義します。

このとき、this が書き換わってしまい不便なので、そのメソッドと this を結びつけるよう bind() メソッドを使います。

```
class コンポーネント名 extends React.Component {
  constructor () {
    this.classHandler = this.classHandler.bind(this)
  }
  classHandler () {
    alert('hello')
  }
  render () {
    return <button onClick={this.classHandler}>
        Click</button>
  }
}
```

127

(3) アロー関数でクラスのメソッドを呼びだす

(2) に述べた方法では、bind() メソッドを使うので冗長です。そこで、アロー関数を用いて、this が有効なスコープでクラス内のメソッドを呼びだします。記述方法が特殊なので見慣れないと奇異に感じますが、手軽に記述できます。

```
class コンポーネント名 extends React.Component {
  classHandler () {
    alert('hello')
  }
  render () {
    return <button onClick={e => this.classHandler(e)}>
        Click</button>
  }
}
```

まとめ

 React では、onclick ではなく onClick イベントを記述します

 onchange ではなく onChange、onsubmit ではなく onSubmit などの既存イベントが用意されている

 React でイベントハンドラを定義する場合、コンポーネント自身を指す this を解決するために、ハンドラを bind() メソッドで結びつけるか、this が有効な場所で、アロー関数を定義する必要があります

07 Reactのツールで自動ビルド

ここで学ぶこと

● Reactの自動ビルドを試してみよう
● create-react-appについて

使用するライブラリー・ツール

● npm
● create-react-app

本格的に React/JSX を使うときには、ソースコードをあらかじめコンパイルしておくのが一般的です。ページが表示されるまでの時間も短くなります。ここでは「create-react-app」を利用して、コンパイル環境を整えましょう。

React/JSX のコンパイル環境を作ろう

ここまでの部分では、React/JSX を手軽に試すことができるように、ヘッダーに React/JSX のための JavaScript のライブラリを読み込んで使っていました。

しかし、JSX などをコンパイルするのには、それなりに時間がかかります。そのため、コンテンツの規模が大きくなってくると、ページが表示されるまでに時間がかかり、ユーザーにページの表示が遅いという印象を与えかねません。

そこで、実際に React/JSX を利用する場合には、プリコンパイル環境を用いて、React/JSX のソースコードをコンパイルしておくことが推奨されています。ここでは、React/JSX のコンパイル環境を整える方法を紹介します。

create-react-app のインストール

React/JSX のコンパイル環境を構築するには「create-react-app」というアプリを使います。これは、React の開発元である Facebook が用意しているアプリです。このアプリは、手軽に React の開発環境を構築するためのツールです。

コマンドラインから、npm のコマンドを打ち込むことで「create-react-app」をインストールできます。

```
$ npm install -g create-react-app
```

インストール時に「-g」オプションをつけると、モジュールがグローバルインストールされ、どのディレクトリでも、このツールが利用できるようになります。

129

create-react-app で hello プロジェクトを作ろう

それでは、さっそく、create-react-app を使ってみましょう。ここでは「hello」というプロジェクトを作ります。以下のコマンドを実行すると、hello というディレクトリが作成され、そのディレクトリ以下に、React/JSX のプロジェクトのひな形が作成されます。

```
$ create-react-app hello
```

コマンドを実行すると、次の画像のように、必要なモジュールが一気にインストールされます。モジュールが大量にインストールされる関係で、実行には少し時間がかかります。

hello アプリを作ったところ

アプリを実行するには、hello ディレクトリをカレントディレクトリとし、「npm start」とタイプします。

```
$ cd hello
$ npm start
```

Windows/macOS のネイティブ環境で実行している場合には、Web ブラウザーが起動し、以下のような、React アプリのひな型 (Welcome 画面) が表示されます。仮想環境で実行している場合には、ホスト OS の Web ブラウザーで指定された URL にアクセスします (この場合、ゲスト OS のポート 3000 をホスト OS でアクセスできる必要があります)。

React のひな型アプリが実行された

プログラムを書き換えてみよう

まずは、create-react-app で作成した、React アプリのフォルダ構造を確認してみましょう。

```
+ <node_modules> ... インストールされたモジュールが入っている
+ <src> ... プログラムのソースコード
+ <public> ... ひな形用のファイル
```

node_modules ディレクトリには、Node.js のモジュールがダウンロードされます。<src> ディレクトリには、コンパイル前のソースコードが入っています。<public> ディレクトリには、index.html のひな形となるファイルが入っています。

非常に便利なのが、<src> ディレクトリにあるファイルを編集して保存すると、ファイルの変更を自動的に検知して、Web ブラウザーに反映してくれることです。そのため、リアルタイムに実行結果を確認して、ファイルの編集を行うことができます。

試しに、メイン画面を定義している、src/App.js を編集してみましょう。

ここでは、以下のように編集しました。<h2> タグで格言を表示するだけのコンポーネントを定義してみます。

●file: src/ch2/hello/src/App.js

```
import React, { Component } from 'react'
import './App.css'

class App extends Component {
  render () {
    return <div className='App'>
      <h2>塔を建てる時は、まず座って費用を計算しよう</h2>
    </div>
  }
}

export default App
```

このように書き換えて、保存すると、自動的に Web ブラウザーが更新され、以下のような画面が表示されます。

ファイルを書き換えると、リアルタイムに画面が更新されるので便利

エラーがあると分かりやすく表示してくれる！

もし、文法エラーがあると、何が問題なのかを、大きく表示してくれます。次に挙げるのは、</h2>と書くところを <h2> と書いてしまった場合のエラー画面です。しっかりと、タグが閉じていないことを指摘してくれます。

エラーがある場合は、問題点を指摘してくれる

プログラムを公開しよう

プログラムが完成し開発したプログラムを Web で公開するためには、以下のコマンドを実行します。すると、公開用のファイル一式が生成されます。

```
$ npm run build
```

コマンドを実行すると、<build> というディレクトリが作成され、そのディレクトリ以下に、各種ファイルが圧縮された状態で生成されます。

ただし、生成したファイルを、Web ブラウザーにドラッグしただけでは、正しくアプリを実行できません。これは、Web ブラウザーが、ローカルにあるファイルを勝手に読み込まないようにするセキュリティ上の対策をしているためです。

ローカル環境でうまくビルドされたかどうかを確認するには、Web サーバーが必要になります。Node.js で書かれたサーバーを利用するには、以下のコマンドを実行して、serve コマンドをインストールします。

```
$ serve -s build -p 3000
```

インストールができたならサーバーを起動してみましょう。もし、build ディレクトリをサーバーのルートディレクトリとする場合、以下のようなコマンドを実行します。

```
$ serve -s build
```

　コマンドを実行すると、Web サーバーが起動するので、Web ブラウザーで指示された URL にアクセスします。すると、実行した状態を確認することができます。

build ディレクトリの内容を確認しているところ

ひな形アプリの仕組みを読み解こう

　ここまでの部分は、手順や機能だけにフォーカスして紹介したため、create-react-app によって生成された React アプリが、どういう仕組みになっているのか不思議に思った方もいることでしょう。
　それでは、もう少し、App.js について見てみましょう。そもそも、生成された React のひな形の src ディレクトリを見ると、HTML ファイルが 1 つもなく、すべて JavaScript ファイルとなっています。これは、どういうことでしょうか？

src ディレクトリに HTML ファイルは 1 つもない

その答えですが、最初に読み込まれるHTMLファイルは、publicディレクトリにあるindex.htmlです。

index.htmlから、Reactのメインファイルsrc/index.jsが読み込まれるようになっています。それでは、このファイルを見てみましょう。

●file: src/ch2/hello/src/index.js

```
import React from 'react'
import ReactDOM from 'react-dom'
import App from './App'
import './index.css'

ReactDOM.render(
  <App />,
  document.getElementById('root')
)
```

このファイルは、public/index.htmlにある、id=rootの要素を、Appコンポーネントで書き換えるというものになっています。そして、Appコンポーネントを定義しているのが、先ほど見たsrc/App.jsです。

つまり、index.jsから、App.jsが読み込まれるという流れになります。そのため、Reactのひな型アプリで、src/App.jsを書き換えることで、メイン画面の内容を編集できるのです。

- 本格的にReact/JSXの開発をするときは、ローカルにコンパイル環境を整え、コンパイルしておく必要があります
- 「create-react-app」を使えば、手軽にReact/JSXの開発環境を整えることができます
- 「create-react-app」で環境を整えるなら、プログラムの変更がリアルタイムに反映され、エラー表示も分かりやすく、リリース用にビルドするのも簡単です

08 Webpackでリソースファイルを変換する

ここで学ぶこと
- Webpackの役割

使用するライブラリー・ツール
- npm
- Webpack

「create-react-app」を使えば難しいことを考えることなく、React/JSXの開発環境を整えることができますが、構成の変更が容易ではありません。そこで、手軽に環境をカスタマイズできるwebpackを利用した方法も紹介します。

Webpackとは？

　Webpackとは、JavaScriptやCSSなどのリソースファイルを1つにまとめたり、JSXのような特殊な記法で書かれたファイルを変換するツールです。

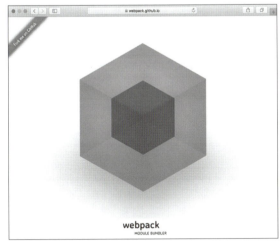

WebpackのWebサイト

```
Webpack
[URL] https://Webpack.github.io/
```

135

Webアプリ（Webサイト）は、さまざまなリソースファイルから構成されています。リソースファイルには、JavaScriptやCSS、画像ファイルなどいろいろあります。Webpackを使うと、それらを最適な形に作り替えることができるのです。

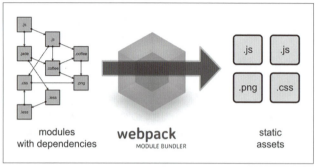

Webpackを使うとリソースを最適な形に出力できる

Webpackをインストールしよう

　Webpackをインストールするにはnpm</del>を利用します。次のようにコマンドを入力して、Webpackをインストールしましょう。

```
$ npm install -g webpack
```

JSのモジュール機構をWebpackで解決してみよう

　Webpackを使うと、JavaScriptのモジュール機構を解決できます。簡単にモジュールを定義して、JavaScriptを1つにまとめてみましょう。
　まずは、calc.jsというファイルで、かけ算を行うだけのmul()関数を定義します。

●file: src/ch2/test-webpack/calc.js
```
// calc.js
export function mul (a, b) {
  return a * b
}
```

　次に、main.jsというファイルで、calc.jsのmul()関数を利用するように記述します。

● file: src/ch2/test-webpack/main.js

```
import {mul} from './calc'
const a = mul(3, 5)
console.log(a)
```

これら2つのファイルを、Webpackで1つにまとめ上げて「out/test.js」というファイルを生成するには、次のようなコマンドを実行します。

```
$ mkdir out
$ webpack main.js out/test.js
```

コマンドを実行すると、out ディレクトリに、test.js というファイルが生成されます。それでは、生成したファイルが実行できるか確認してみましょう。

```
$ node out/test.js
15
```

このように、モジュールとして分割して定義した JavaScript を利用することができました。Webpack が必要なモジュールを調べて、それらを結合して、1つの JavaScript として出力したことがわかります。

変換指示書となる設定ファイルを作ろう

Webpack の機能は豊富なので、実際に Webpack を使う時には、さまざまなオプションを付けます。しかし、コマンドラインですべてのオプションを指定するのは大変なので、通常は、webpack.config.js という設定ファイルを作成し、これを変換指示書として利用します。

最もシンプルな設定ファイルは、以下のようになります。

● file: src/ch2/test-webpack/webpack.config.js

```
module.exports = {
  entry: './main.js',
  output: {
    filename: 'out/test.js'
  }
};
```

このファイルを「webpack.config.js」という名前で保存しておけば、コマンドラインから「webpack」とタイプするだけで変換作業を行うことができます。

```
# Webpackを実行
$ webpack
# 変換結果を確認する
$ node out/test2.js
15
```

　設定ファイルに別のファイル名をつけたい場合には、「--config」オプションを付けて設定ファイルを指定できます。例えば、次のように指定します。

```
$ webpack --config Webpack.config.js
```

　そして、このとき、Webpack に以下のようなオプションを指定できます。

```
# 開発用にビルド
$ webpack
# 本番用に最適化してファイルをビルド
$ webpack -p
# 開発用に監視モードで差分ビルド --- （※1）
$ webpack --watch
```

　ここで補足したいのは、(※1) の「--watch」オプションを付けたときの挙動です。このオプションを付けて実行した場合、ソースファイルを一度ビルドして終わりではなく、ファイルが変更されるたびに、差分ビルドを行うようになります。つまり、ソースコードを編集して保存すると、それを検出して自動的にビルドしてくれるのです。

Webpack で React/JSX をビルドしてみよう

　さて、ここまでの部分で、Webpack で JavaScript のモジュール機構を解決する方法を紹介しました。次に、React/JSX を Webpack で変換する方法を紹介しましょう。

　Webpack で React/JSX のコンパイル環境を作る時は、次のような手順で作業を行います。

(1) ソースディレクトリと出力ディレクトリなどを作っておく
(2) 「npm init」で package.json を作成する
(3) 必要なモジュールをインストールする
(4) webpack.config.js を作成する
(5) ソースコードを作成し、webpack コマンドでコンパイルする
(6) Web サーバー上でコンパイル結果を確認する

138

それでは実践してみましょう。ここでは「test-webpack」というプロジェクトを作り、<src> ディレクトリに配置した React/JSX のソースコードを、<out> ディレクトリに出力するようにしてみましょう。まずは、必要なディレクトリを用意します。

```
$ mkdir src out
```

npm で必要なモジュールを取得するために、package.json を用意しましょう。

```
$ npm init --force
```

続いて、必要なモジュールをインストールします。インストールするモジュールが多いのですが、基本的には、Webpack と React と Babel の 3 種類をインストールします。ここで「npm i」は「npm install」と同じ意味です。

```
# Webpackをインストール
$ npm i --save-dev webpack
# Reactをインストール
$ npm i --save-dev react react-dom
# BabelとES2015/Reactプリセットをインストール
$ npm i --save-dev babel-loader babel-core
$ npm i --save-dev babel-preset-es2015 babel-preset-react
```

インストールが完了したら、Webpack の設定ファイルを記述しましょう。先ほど紹介したプロパティに加えて、モジュールのルール指定を追加します。

●file: src/ch2/test-webpack/webpack.config.js

```
module.exports = {
  entry: './src/main.js',
  output: {
    filename: './out/bundle.js'
  },
  module: {
    rules: [
      {
        test: /.js$/,
        loader: 'babel-loader',
        options: {
          presets:['es2015', 'react']
        }
      }
    ]
  }
};
```

このモジュールのルールの指定では、Webpack の Babel プラグイン (babel-loader) を利用して、ECMAScript2015 と React の変換を行うよう設定します。

module プロパティ以下の部分が少し複雑なので、1 つずつ見ていきましょう。まず、module: { rules: [...] } のように書いて、どのプラグインで変換を行うかを指定します。そして、プラグインを指定するオブジェクトは、次のように指定します。

```
{
  test: /ファイルのパターンを指定/,
  loader: "どのプラグインを使うか",
  options: { プラグインのオプション }
}
```

ファイルのパターンは、正規表現でファイルのパターンを指定します。ここに「/.js$/」と書くと、拡張子「.js」を持つファイルという意味になります。そして、loader の指定ですが、今回の例では、npm でインストールした、babel-loader を使うという意味になります。そして、babel-loader のオプションとして、"es2015" と "react" を指定することで、React/JSX の変換を行うことができます。

それでは、変換対象のファイルを確認してみましょう。まず、JavaScript のメインファイルです。独自定義した Hello コンポーネントを HTML の id=root に描画するように指示します。

●file: src/ch2/test-webpack/src/main.js

```
import React from 'react'
import ReactDOM from 'react-dom'
import {Hello} from './Hello'

ReactDOM.render(
  <Hello />,
  document.getElementById('root'))
```

続いて、Hello コンポーネントの定義を行う Hello.js です。

●file: src/ch2/test-webpack/src/Hello.js

```
import React from 'react'
export class Hello extends React.Component {
  render () {
    return <h1>Hello!</h1>
  }
}
```

これをコンパイルしましょう。次のコマンドを実行すると、out/bundle.js というファイルが生成されます。

```
$ webpack
```

生成された out/bundle.js を読み込む HTML ファイルは、次のようになります。

●file: src/ch2/test-webpack/main.html

```
<!DOCTYPE html>
<html><head>
  <meta charset="utf-8">
</head><body>
  <div id="root"></div>
  <script src="out/bundle.js"></script>
</body></html>
```

ただし、この HTML ファイルを表示するには、Web サーバーが必要になります。前節でインストールした serve を利用してみましょう。

```
$ serve
```

その上で、指示された URL にアクセスし、main.html をクリックします。

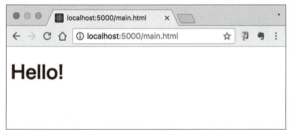

Webpack でコンパイルした JS を表示したところ

このように、Webpack を利用することで、ファイルパターンによって、異なる変換を行うことができます。Webpack の設定ファイルは、JavaScript ファイルとなっており、かなり自由に設定を記述できます。

ただし、Webpack はバージョン 1 からバージョン 2 にアップデートした際に、記述方法が少し変更されています。Web にある資料を参考にする際は、バージョンの違いにも注意すると良いでしょう。

まとめ

 Webpack は、Web アプリ開発において、必要となるさまざまなリソースファイルを一気に最適な形に変換してくれるツールです

 Webpack を使うと、自動的に JavaScript のモジュール機構の依存関係を解決してくれるので便利です

 Webpack にはさまざまなプラグインが用意されており、Babel プラグインを使うと、最新仕様で書いた JavaScript も古いブラウザでも動くように変換してくれます。また、React プラグインを利用することで、React コンポーネントをコンパイルすることができます

第3章

React コンポーネントの作成

Reactの基本が分かったところで、より実践的にReactを利用する方法を紹介します。コンポーネントのライフサイクルや、コンポーネント同士の連携方法、状態やプロパティ、イベントの使い分けなど、Reactを使う上で欠かせない要素について紹介します。また、入力フォームの実装やAjax通信を使う方法も紹介します。

01 コンポーネントの生成から破棄まで

ここで学ぶこと
- Reactコンポーネントのライフサイクル

使用するライブラリー・ツール
- React/JSX
- create-react-app

ここまでReactコンポーネントの作り方を紹介しました。その際、render()メソッドさえあれば動くコンポーネントを作ることができましたが、ここではコンポーネントのライフサイクルを確認し、どんなメソッドを定義すれば良いかを見てみましょう。

コンポーネントのライフサイクル

ここまで、コンポーネントを定義する際、render()メソッドだけを利用してきました。

Reactのコンポーネントは、生成、破棄、状態の変更などのタイミングで自動的にいろいろなメソッドが呼び出される仕組みになっています。そうしたライフサイクルを知ることにより、より複雑なコンポーネントを作ることができます。

ライフサイクルに関連するメソッドには、どんなものがあるのかを確認してみましょう。

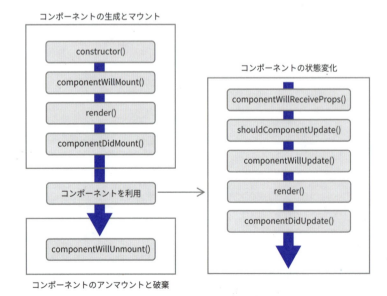

コンポーネントのライフサイクル

144

第3章 React コンポーネントの作成

コンポーネントの生成と DOM へのマウント

コンポーネントが生成され、DOM にマウント (追加) されると、次のような順番でメソッドが呼び出されます。これは初回のみに実行されるメソッドなので、呼ばれるのは一度限りです。

- constructor(props) --- オブジェクトが生成される
- componentWillMount() --- コンポーネントが DOM にマウントされる直前
- render() --- コンポーネントが描画される
- componentDidMount() --- コンポーネントが DOM にマウントされた直後

コンポーネントの更新

コンポーネントのプロパティが変更されると、次のような順序でメソッドが呼び出されます。

- componentWillReceiveProps(nextProps) --- コンポーネントのプロパティが変更された時
- shouldComponentUpdate(nextProps, nextState) --- コンポーネントの外観を更新して良いかどうか判断する時
- componentWillUpdate() --- コンポーネントが更新される直前
- render() --- コンポーネントの描画
- componentDidUpdate()

これらのメソッドのうち、componentWillReceiveProps() メソッドは、新しいプロパティを受け取ったときに実行されます。プロパティの変更がなければ、このメソッドは呼ばれません。注目点として、このメソッド内で、setState() を呼び出して、コンポーネントの状態を更新することができます。更新系のメソッドで、setState() を呼び出すと、更新イベントが再帰的に呼び出されてしまうので、setState() を使うのは、componentWillReceiveProps() メソッドの中からだけにするとよいでしょう。

また、shouldComponentUpdate() は、コンポーネントの外観を更新して良いかを判定するのに利用します。このメソッドが、true か false を返すようにします。パフォーマンスチューニングが必要なときに実装するとよいでしょう。

DOM からのアンマウント

コンポーネントが DOM からアンマウント (削除) された時、次のメソッドが呼び出されます。

- componentWillUnmount()

ライフサイクルを確認しよう

　それでは、コンポーネントのライフサイクルを、アプリを作って確認してみましょう。まずは「create-react-app」を使って、React プロジェクトを作成します。

```
$ create-react-app cycle
$ cd cycle
```

　つぎに、src/App.js を以下のように編集します。

●file: src/ch3/cycle/src/App.js

```
import React, { Component } from 'react'
class App extends Component {
  // マウント
  constructor (props) {
    super(props)
    console.log('constructor')
  }
  componentWillMount () {
    console.log('componentWillMount')
  }
  componentDidMount () {
    console.log('componentDidMount')
  }
  // 更新
  componentWillReceiveProps (nextProps) {
    console.log('componentWillReceiveProps')
  }
  shouldComponentUpdate (nextProps, nextState) {
    console.log('shouldComponentUpdate')
    return true
  }
  componentWillUpdate () {
    console.log('componentWillUpdate')
  }
  componentDidUpdate () {
    console.log('componentDidUpdate')
  }
  // アンマウント
  componentWillUnmount () {
    console.log('componentWillUnmount')
  }
  render () {
    console.log('render')
    const setStateHandler = (e) => {
      console.log('* call setState()')
```

146

```
      this.setState({r: Math.random()})
    }
    return (
      <div>
        <button onClick={setStateHandler}>
          setState</button>
      </div>
    )
  }
}

export default App
```

そして、次のようにコマンドを実行して、プログラムをテストしてみましょう。

```
$ npm start
```

このようにすると、Web ブラウザーが開いて、その中でアプリが実行されます (ブラウザーが開かない場合、手動でブラウザーを開いて、指示された URL にアクセスしましょう)。

ここで、デベロッパーツールを開いて、コンソールを確認します。コンソールには、実行されたメソッドが表示されます。そして、「setState」ボタンをクリックしてみると、状態が更新された時に実行されるイベントを確認できます。各メソッドが順に実行されているのを確認できると思います。

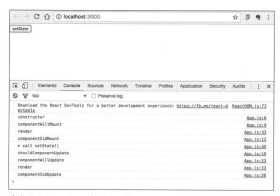

実行したメソッドが表示される

ストップウォッチを作ろう

さて、コンポーネントのライフサイクルがわかったところで、ストップウォッチを作ってみましょう。ここで作るのは、[START] ボタンをクリックすれば、カウントが始まり、もう一度クリックすると停止する、簡単なストップウォッチです。

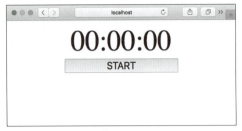

Reactで作ったストップウォッチ　　　　　　　　STARTボタンを押すとカウントアップが始まる

　それでは、プロジェクトを作りましょう。ここでも、「create-react-app」を利用してプロジェクトを作ります。次のようにコマンドを入力します。

```
# プロジェクトを作成
$ create-react-app stopwatch
# プロジェクトのディレクトリに入る
$ cd stopwatch
# アプリを開始
$ npm start
```

　Reactのひな形が生成され、サンプルアプリが実行されます。
　次にファイルを編集していきましょう。まずは、HTMLにストップウォッチのコンポーネントを配置します。src/index.jsでは、StopwatchコンポーネントをHTMLに配置するだけです。

●file: src/ch3/stopwatch/src/index.js

```
import React from 'react'
import ReactDOM from 'react-dom'
import Stopwatch from './Stopwatch'

ReactDOM.render(
  <Stopwatch />,
  document.getElementById('root')
)
```

　続いて、ストップウォッチのコンポーネント「Stopwatch」を定義しましょう。

●file: src/ch3/stopwatch/src/Stopwatch.js

```
import React, { Component } from 'react'
import './Stopwatch.css'

// Stopwatchコンポーネントを定義
class Stopwatch extends Component {
  constructor (props) {
```

第3章　React コンポーネントの作成

```javascript
    super(props)
    this.state = { // 初期値を設定 --- (※1)
      isLive: false,
      curTime: 0,
      startTime: 0
    }
    this.timerId = 0
  }
  // マウントしたとき --- (※2)
  componentWillMount () {
    this.timerId = setInterval(e => {
      this.tick()
    }, 1000)
  }
  // アンマウントしたとき --- (※3)
  componentWillUnmount () {
    clearInterval(this.timerId)
  }
  // 毎秒実行される --- (※4)
  tick () {
    if (this.state.isLive) {
      const v = new Date().getTime()
      this.setState({curTime: v})
    }
  }
  // 開始・停止ボタンを押したとき --- (※5)
  clickHandler (e) {
    // 停止するとき
    if (this.state.isLive) {
      this.setState({isLive: false})
      return
    }
    // 開始するとき
    const v = new Date().getTime()
    this.setState({
      curTime: v,
      startTime: v,
      isLive: true})
  };
  // 時刻表示ディスプレイを返す --- (※6)
  getDisp () {
    const s = this.state
    const delta = s.curTime - s.startTime
    const t = Math.floor(delta / 1000)
    const ss = t % 60
    const m = Math.floor(t / 60)
    const mm = m % 60
    const hh = Math.floor(mm / 60)
```

149

```
    const z = (num) => {
      const s = '00' + String(num)
      return s.substr(s.length - 2, 2)
    }
    return <span className='disp'>
      {z(hh)}:{z(mm)}:{z(ss)}
    </span>
  }
  // 画面描画 --- (※7)
  render () {
    let label = 'START'
    if (this.state.isLive) {
      label = 'STOP'
    }
    const disp = this.getDisp()
    const fclick = (e) => this.clickHandler(e)
    return (<div className='Stopwatch'>
      <div>{disp}</div>
      <button onClick={fclick}>{label}</button>
    </div>)
  }
}
export default Stopwatch
```

このようにプログラムを書き換え、プログラムを保存します。すると、自動的にReactがビルドされ、ブラウザーを更新すると、ストップウォッチの画面が表示されるはずです。

[START]ボタンを押すと、ストップウォッチが動き出し、カウントアップが始まります。もう一度ボタンを押すと、カウントアップが止まります。

ここでStopwatchコンポーネントの構造を図で確認してみましょう。

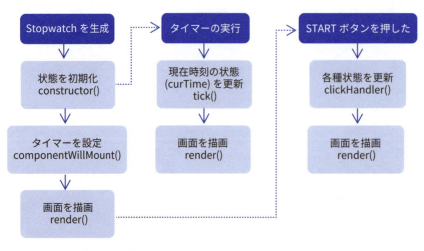

Stopwatchコンポーネントの構造

では、プログラムを確認してみましょう。

プログラムの(※1)では、状態として利用する変数3つを初期化します。isLiveがストップウォッチが動いているかどうかを表し、curTimeが現在時刻の値、startTimeがSTARTボタンを押した時刻を表す値となっています。

そして、(※2)でコンポーネントがDOMに追加するときに実行されるメソッドcomponentWillMount()を定義します。ここでは、1秒に1回処理が実行されるように、setInterval()でタイマーを設定します。このタイマーは、DOMからコンポーネントがアンマウントされるとき(※3)に停止します。

プログラムの(※4)のtick()メソッドは、毎秒実行される処理です。状態を表す値isLiveがtrueであれば、setState()メソッドを呼び出し、現在時刻を表す値curTimeを更新します。これにより、画面の更新処理が実行されます。

続く、(※5)は、ストップウォッチの開始・停止ボタンをクリックしたときの処理です。isLiveの値を反転することで、ストップウォッチの動作状態を更新します。開始するときには、開始時刻の値も一緒に設定します。

プログラムの(※6)では、時刻表示ディスプレイを返します。現在時刻と開始時刻の差を調べ「時：分：秒」の形式で表示します。そして、最後の(※7)の部分では、画面描画を行います。時刻表示ディスプレイとSTART/STOPボタンを表示します。

また、(※6)と(※7)のJSXでclassName属性を指定しています。これは、HTMLのclassに相当するものです。

まとめ

 コンポーネントはライフサイクルに沿って、必要に応じて各メソッドが実行されるようになっています

 ライフサイクルとして用意されているメソッドを実装することで、コンポーネントの動作をカスタマイズできます

02 Reactの入力フォーム

ここで学ぶこと
- Reactでフォームを扱うコンポーネントを作ろう

使用するライブラリー・ツール
- React/JSX
- create-react-app

Webアプリにおいて、入力フォームというのは、欠くことのできない要素です。ユーザーから何かしらの情報を入力してもらう機会が多いからです。ここでは、Reactでどのように入力フォームを扱ったら良いのか、考察していきましょう。

簡単な入力フォームを作る

それでは、フォームコンポーネントを作ってみましょう。次のように、入力用のテキストボックス1つと、送信用のボタンが1つだけという、シンプルな構成のフォームです。

テキストとボタンひとつずつの簡単なフォームを作成

例によってコマンドラインから「create-react-app」を使って、ひな型を作ります。

```
$ create-react-app form_simple
$ cd form_simple
$ npm start
```

続いて、メイン画面のコンポーネントとなる、src/App.jsを次のように書き換えましょう。ここでは、SimpleFormというコンポーネントを配置しました。

●file: src/ch3/form_simple/src/App.js

```
import React, { Component } from 'react'
import { SimpleForm } from './SimpleForm'
import './App.css'
// メイン画面のコンポーネント
export default class App extends Component {
  render () {
```

```
      return (
        <div className='App'>
          <SimpleForm />
        </div>
      )
    }
}
```

次に、SimpleForm コンポーネントの定義です。

● file: src/ch3/form_simple/src/SimpleForm.js

```
import React from 'react'
// フォームコンポーネント
export class SimpleForm extends React.Component {
  constructor (props) {
    super(props)
    // 状態を初期化 --- (※1)
    this.state = { value: '' }
  }
  // 値が変更されたとき --- (※2)
  doChange (e) {
    const newValue = e.target.value
    this.setState({value: newValue})
  }
  // 送信ボタンが押されたとき --- (※3)
  doSubmit (e) {
    window.alert('値を送信: ' + this.state.value)
    e.preventDefault()
  }
  // 画面の描画 --- (※4)
  render () {
    // イベントをメソッドにバインド
    const doSubmit = (e) => this.doSubmit(e)
    const doChange = (e) => this.doChange(e)
    return (
      <form onSubmit={doSubmit}>
        <input type='text'
          value={this.state.value}
          onChange={doChange} />
        <input type='submit' value='送信' />
      </form>
    )
  }
}
```

ファイルを書き換えると、自動的に、React がコンパイルされます。Web ブラウザーをリロードしてみましょう。そして、値を入力して「送信」ボタンを押すと、alert() ダイアログに入力した値が表示されます。

フォームに入力して送信ボタンを押したとき

　とても単純な仕組みのフォームですが、ここから、React で作るフォームの基本を理解できます。
　まず、プログラムの (※1) の部分で、フォーム内で入力してもらう値を state オブジェクトに用意しておきます。ここでは、値を 1 つ利用するだけなので、value だけです。
　次に、通常なら (※2) の解説にいくのですが、その前に (※4) の render() メソッドで表示する JSX を確認しておきましょう。ここでは、テキストボックス (input type='text') の値が変化したときに呼ばれるイベント onChange と、フォームを送信したときのイベント onSubmit に、イベントハンドラを設定しているという点に注目しましょう。これらのイベントハンドラは、render() メソッドの冒頭で定義しているもので、それぞれ、SimpleForm クラスの doChange() メソッドと doSubmit() メソッドを呼び出すものです。
　以前にも紹介しましたが、this が未設定になってしまうので、このような明示的な指定が必要になります。
　そして、プログラム (※2) の doChange() メソッドでは、setState() メソッドを呼び出して、コンポーネントの状態を変更します。つまり、ユーザーがテキストボックスにデータを入力することは、コンポーネントの状態が更新されているということになります。
　そのため、送信ボタンが押され、(※3) の doSubmit() メソッドが実行されるときには、this.state.value の値が更新されており、無事にコンポーネントのデータを送信できるというわけです。

数字しか入力できないテキストボックスを作ろう

　このようなまどろっこしい仕組みを導入するのは、なぜでしょうか。実は、この仕組みを導入することで、整数しか入力できないテキストボックスや、値の正当性チェック機能（バリデーション機能）のついたテキストボックスを作ることができるからなのです。
　先ほどの SimpleForm を改良して、数字しか入力できないテキストボックスのコンポーネント NumberForm を作ってみましょう。

●file: src/ch3/form_number/src/NumberForm.js
```
import React, {Component} from 'react'
```

第3章 React コンポーネントの作成

```javascript
// 数字入力コンポーネント
export default class NumberForm extends Component {
  constructor (props) {
    super(props)
    this.state = { value: '' }
  }
  // 値が変更されたとき --- (※1)
  doChange (e) {
    const curValue = e.target.value
    // 数字以外は削除
    const newValue = curValue.replace(/[^0-9]/g, '')
    this.setState({value: newValue})
  }
  // 送信ボタンが押されたとき
  doSubmit (e) {
    window.alert('値を送信: ' + this.state.value)
    e.preventDefault()
  }
  // 画面の描画 --- (※4)
  render () {
    // イベントをメソッドにバインド
    const doSubmit = (e) => this.doSubmit(e)
    const doChange = (e) => this.doChange(e)
    return (
      <form onSubmit={doSubmit}>
        <input type='text'
          value={this.state.value}
          onChange={doChange} />
        <input type='submit' value='送信' />
      </form>
    )
  }
}
```

NumberForm コンポーネントを使うように、src/index.js も書き換えましょう。

● file: src/ch3/form_number/src/index.js

```javascript
import React from 'react'
import ReactDOM from 'react-dom'
import NumberForm from './NumberForm'

const st = {textAlign: 'center'}
ReactDOM.render(
  <div style={st}>
    <NumberForm />
  </div>,
  document.getElementById('root')
)
```

サーバー上で実行してみると、確かに、数字しか入力できないテキストボックスになりました。

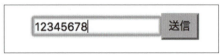

数字しか入力できないテキストボックス

プログラムを確認してみましょう。プログラムの(※1)の部分で、ユーザーが入力したテキストが、e.target.value として得られます。ここで、数字以外の文字を削除して、setState() で改めて新しい値を設定します。すると、React によって、render() メソッドが呼び出されるので、数字だけの新しい値が描画されるというわけです。

複数の入力項目を持つフォームを作ろう

次に、複数の入力項目を持つフォームを作ってみましょう。項目が複数になっても、基本的な構造は変化しません。ここでは、次のように、テキストボックスが3つあるフォームを作ってみましょう。

複数の入力項目を持つフォーム

まずは、フォームのコンポーネントから見てみましょう。

●file: src/ch3/form_multi/src/MultiForm.js

```
import React, {Component} from 'react'

// 複数テキストの入力コンポーネント
export default class MultiForm extends Component {
  constructor (props) {
    super(props)
    // フォームの初期値を設定する---（※1）
    this.state = {
      name: 'クジラ',
      age: 22,
```

156

第3章　React コンポーネントの作成

```javascript
      hobby: '読書'
    }
  }
  // 値が変更されたとき --- (※2)
  doChange (e) {
    const userValue = e.target.value
    const key = e.target.name
    this.setState({[key]: userValue})
  }
  // 送信ボタンが押されたとき
  doSubmit (e) {
    e.preventDefault()
    const j = JSON.stringify(this.state)
    window.alert(j)
  }
  // 画面の描画 --- (※3)
  render () {
    // イベントをメソッドにバインド
    const doSubmit = (e) => this.doSubmit(e)
    const doChange = (e) => this.doChange(e)
    return (
      <form onSubmit={doSubmit}>
        <div><label>
          名前: <br />
          <input name='name'
            type='text'
            value={this.state.name}
            onChange={doChange} />
        </label></div>
        <div><label>
          年齢: <br />
          <input name='age'
            type='number'
            value={this.state.age}
            onChange={doChange} />
        </label></div>
        <div><label>
          趣味: <br />
          <input name='hobby'
            type='text'
            value={this.state.hobby}
            onChange={doChange} />
        </label></div>
        <input type='submit' value='送信' />
      </form>
    )
  }
}
```

次に、コンポーネントを配置する、index.js です。

157

●file: src/ch3/form_multi/src/index.js

```
import React from 'react'
import ReactDOM from 'react-dom'
import MultiForm from './MultiForm'
const st = {
  textAlign: 'left',
  padding: '10px'
}
ReactDOM.render(
  <div style={st}>
    <MultiForm />
  </div>,
  document.getElementById('root')
)
```

それでは、プログラムを確認してみましょう。プログラムの (※ 1) でフォームの初期値を設定しています。ここでは、name、age、hobby と 3 つの値を扱うようにしました。

次いで、プログラムの (※ 2) を見てみましょう。ここでは、input 要素に割り振った name 属性の値をキーにして、コンポーネントの状態を表す state を更新します。e.target にコンポーネントを表す情報が入っていますので、e.target.name を参照すれば、どの要素の値が変更されたかを確認できるというわけです。

ところで、{ [key]: userValue } と見慣れない形式のオブジェクト記述式が出てきました。これは、次のように書くのと同じ意味になります。

```
const obj = {}
obj[key] = userValue
```

(※ 3) の部分で、JSX で描画する内容を指定します。

ここは前回のプログラムとほとんど同じで、異なるのは、input タグを 3 つ書くことと、input に name 属性を与えているという点です。

まとめ

☑ フォームを表すコンポーネントの作り方を確認しました

☑ その際、onChange イベントを利用して、コンポーネントの状態変化を state オブジェクトに反映するようにします

☑ この仕組みを利用することで、入力値のフィルタや検証を行うことができます

☑ 複数の項目があるフォームでは、name 属性を利用して、コンポーネントの状態を記録します

158

03 コンポーネント同士の連携について

ここで学ぶこと

- コンポーネント間の連携方法について
- プロパティ(this.props.xxx)について
- イベント(onXXX)について

使用するライブラリー・ツール

- React/JSX
- Webpack

複数のコンポーネントを連携させて使う場合、どのようにして、コンポーネント間の連携を行えば良いのでしょうか。React ではイベントを通じて連携を行います。ここでは、具体的な連携方法を紹介します。

コンポーネント間の連携方法について

ここで、改めて「コンポーネント」について考えてみましょう。

コンポーネントというのは、製品を構成する部品であって、コンポーネントの外に何か影響を及ぼすのではなく、部品の中だけで完結していることが望ましいと言えます。その点は React のコンポーネントでも同じです。

React のコンポーネントでは、外部との窓口を設け、その窓口を通じてのみ、外部と連携できるようになっています。それは、あたかも、レゴブロックの凹凸に似ていると言えるでしょう。好き勝手な場所にブロックがくっつけられるわけではなく、規格に沿った凹凸の部分にのみ、ブロックを組み合わせることができるのです。それによって、美しくブロックを組み合わせて造形を行うことができます。

React のコンポーネントで外部との窓口となるのは、要素のプロパティ (タグの属性) です。このプロパティを通して外部と連携します。外部からコンポーネントのプロパティを変更することはできますが、コンポーネント側で勝手にプロパティの値を変えることはできません。つまり、コンポーネントから見てプロパティは読み取り専用ということになります。

では、コンポーネントの側で何かしら値に変化が生じたとき、それをどのように外部に通知すれば良いのでしょうか。例えば、スクロールバーのコンポーネントを作ったとき、ユーザーが、バーを動かしたことを、どのように、コンポーネントの外部に伝えれば良いのでしょうか。それは、HTML の各要素でも実装されている通り、onChange や onSubmit などのイベントを通じて伝えれば良いのです。

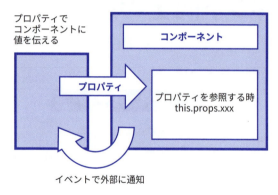

コンポーネント同士の連携方法

インチとセンチの単位変換コンポーネントを作ろう

　コンポーネント間の連携例として、インチとセンチの変換コンポーネントを作ってみましょう。ここでは、次に挙げるようなものを作ります。inch の下のテキストボックスに数値を入力すると、cm の下のテキストボックスに変換された値が表示されます。

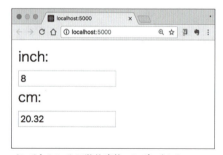

インチとセンチの単位変換コンポーネント

単位変換コンポーネントのプログラム

　それでは、作ってみましょう。インチからセンチへ単位変換するコンポーネントの InchToCm を作るのですが、InchToCm のコンポーネントの中で使うように、数値を入力するコンポーネント ValueInput も定義してみます。
　このプロジェクトは、以下のような構造になっています。

```
+ <inch_to_cm>
| - package.json          --- 必要なモジュールを記述したもの
| - webpack.config.js --- Webpackの設定ファイル
| - index.html              --- メインHTMLファイル
| + <src>
| | - index.js               --- メインJavaScript
| | - InchToCm.js        --- InchToCmコンポーネント
| | - ValueInput.js        --- ValueInputコンポーネント
| + <out>
| | - bundle.js              --- コンパイル済みJavaScriptファイル
```

このプロジェクトを実行するには、まず、src ディレクトリにある JavaScript ファイルをコンパイルして、out/bundle.js を生成する必要があります。

package.json には、コンパイル環境を作るために、必要なモジュールの一覧が記述されています。そのため、最初に、npm install で、必要なモジュールをインストールしましょう。そして、モジュールをインストールした後で、webpack を実行します。

```
# モジュールのインストール
$ npm install
# Webpackを実行
$ webpack
```

うまくコンパイルできたら、Web サーバーを起動し、Web ブラウザーで指定された URL にアクセスすると、単位変換プログラムを試すことができます。

```
$ serve -p 3000
```

Web サーバーを起動したところ

まずは、メインの HTML ファイルですが、以下のような簡単なものを用意しました。この HTML ファイルは、bundle.js という JavaScript を読み込みます。

●file: src/ch3/inch_to_cm/index.html

```
<!DOCTYPE html>
<html><head><meta charset="utf-8"></head><body>
  <div id="root"></div>
  <script src="out/bundle.js"></script>
</body></html>
```

続いて、メイン JavaScript の src/index.js を見てみましょう。このファイルは、HTML の root を InchToCm コンポーネントで書き換えるというものです。

●file: src/ch3/inch_to_cm/src/index.js

```
import React from 'react'
import ReactDOM from 'react-dom'
import InchToCm from './InchToCm'

ReactDOM.render(
  <div><InchToCm /></div>,
  document.getElementById('root')
)
```

さらに、このプログラムの心臓部ともいえる InchToCm コンポーネントの定義を見てみましょう。このコンポーネントは、ValueInput を 2 つ配置し、それぞれの値が変化したとき (onChange イベントが実行されたとき) に、コンポーネントの状態を書き換えます。

●file: src/ch3/inch_to_cm/src/InchToCm.js

```
import React, {Component} from 'react'
import ValueInput from './ValueInput'

// インチセンチの変換コンポーネント
export default class InchToCm extends Component {
  constructor (props) {
    super(props)
    // ValueInputに表示する値を状態として保持 --- (※1)
    this.state = {
      inch: 0, cm: 0
    }
  }
  // インチが変更されたとき --- (※2)
  inchChanged (e) {
    const inchValue = e.value
    const cmValue = inchValue * 2.54
    this.setState({
      inch: inchValue,
      cm: cmValue
    })
  }
```

162

第3章 Reactコンポーネントの作成

```javascript
    // センチが変更されたとき  --- (※3)
    cmChanged (e) {
      const cmValue = e.value
      const inchValue = cmValue * 2.54
      this.setState({
        inch: inchValue,
        cm: cmValue
      })
    }
    // 画面の描画 --- (※4)
    render () {
      return (
        <div>
          <ValueInput title='inch'
            onChange={e => this.inchChanged(e)}
            value={this.state.inch} />
          <ValueInput title='cm'
            onChange={e => this.cmChanged(e)}
            value={this.state.cm} />
        </div>
      )
    }
}
```

　次に、ValueInput コンポーネントの定義を見てみましょう。ユーザーが値を入力すると、その変化を
きっかけに自身のコンポーネントの状態を書き換え、そのタイミングで、onChange イベントを実行す
るようになっています。

●file: src/ch3/inch_to_cm/src/ValueInput.js

```javascript
import React, {Component} from 'react'

// 数値を入力するコンポーネント
export default class ValueInput extends Component {
  constructor (props) {
    super(props)
    // プロパティより初期値を設定 --- (※5)
    this.state = {
      value: this.props.value
    }
  }
  // 値がユーザーにより変更されたとき --- (※6)
  handleChange (e) {
    const v = e.target.value
    // 数値以外を除外
    const newValue = v.replace(/[^0-9.]+/g, '')
    // 状態に設定 --- (※7)
    this.setState({value: newValue})
    // イベントを実行する --- (※8)
```

163

```
      if (this.props.onChange) {
        this.props.onChange({
          target: this,
          value: newValue
        })
      }
    }
    // プロパティが変更されたとき --- (※9)
    componentWillReceiveProps (nextProps) {
      this.setState({value: nextProps.value})
    }
    // 描画 --- (※10)
    render () {
      return (<div>
        <label>{this.props.title}: <br />
          <input type='text'
            value={this.state.value}
            onChange={e => this.handleChange(e)} />
        </label>
      </div>)
    }
  }
```

プログラムの詳しい解説を見る前に、コンポーネント同士の関係を図で確認しておきましょう。

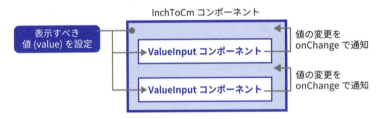

InchToCm コンポーネントと ValueInput コンポーネントの関係

　React では、親コンポーネントから子コンポーネントに何かを伝えるときは、プロパティを介して情報を伝達します。ここでも、親コンポーネント InchToCm から子コンポーネントの ValueInput へ何かを伝えるときは、プロパティを利用しています。主に表示すべき値 value プロパティを設定します。

　逆に、子コンポーネントの変化を親コンポーネントに伝えるときには、イベントを利用します。

　ここでは、ユーザーが ValueInput に値を入力すると、onChange イベントが実行され、それにより、親コンポーネントに値の変更が通知されます。親コンポーネントでは、インチとセンチの単位変換の計算を行って、計算結果を ValueInput の value プロパティを更新します。

　それでは、プログラムを見てみます。まずは、InchToCm コンポーネントの定義を見てみましょう。

　プログラムの (※1) では、子コンポーネントの ValueInput に表示する初期値を設定しています。ValueInput の各値を状態 (state) オブジェクトとして保持することにより、値が変更されたタイミングで、render() メソッドが呼び出され表示が更新されるようになります。

第3章 React コンポーネントの作成

（※2）と（※3）の部分は、ValueInput の値が更新された時に実行されるメソッドです。それぞれ、インチとセンチの値を計算して、setState() で新しい値を設定します。

（※4）では、画面に表示する内容を JSX で指定します。ここでポイントとなるのは、ValueInput に表示する値（value プロパティ）をそれぞれ {this.state.inch} と {this.state.cm} で指定している部分です。これで、インチとセンチの状態が変化したときに描画が更新されます。

ValueInput の値が更新されると、onChange イベントが実行されるので、その際に、（※2）と（※3）のメソッドが実行されるように設定しています。この部分、JSX の中にアロー関数を書き込んでありますが、以下のように記述するのと同じ意味になります。

```
const inchChange = (e) => { this.inchChange(e) }
return (<div>
  <ValueInput title='inch'
    onChange={inchChange}
    value={this.state.inch} />
  ...
</div>)
```

次に、ValueInput コンポーネントの方を見ていきましょう。この ValueInput では、数値だけしか入力できないようにしています。

プログラムの（※5）の部分ですが、this.props.value を参照して、状態 value の値を決定しています。この this.prop オブジェクトは、要素のプロパティ値を保持するものです。

（※6）は、値がユーザーによって更新されたときに行うイベント処理です。ここでは、数値以外の値が入力できないようにフィルターを通した後、（※7）の部分で setState() メソッドを実行して、値を更新しています。

その後の（※8）の部分では、親コンポーネントの InchToCm に、値の変更を通知するために、onChange イベントを実行します。先ほども述べたように、親コンポーネントから子コンポーネントへの窓口は、プロパティです。そこで、this.props.onChange() を呼び出します。

忘れてはならないのは、プロパティが変更された時に実行される componentWillReceiveProps() を実装することです。これは、（※9）で記述しているのですが、value プロパティが変更されたことを、コンポーネントの状態に伝えることで、コンポーネントを再描画しています。

最後に、（※10）の部分で、JSX にて描画内容を返します。

まとめ

☑ 親コンポーネントから子コンポーネントに情報を伝えるには、プロパティ（タグの属性）を利用します

☑ 子コンポーネントから親コンポーネントに情報を伝えるには、イベントを利用します

☑ React コンポーネントの振る舞いに沿って、コンポーネントを定義することで、保守性が高くなり、再利用しやすくなります

165

04 コンポーネント三大要素の使い分け

ここで学ぶこと

● コンポーネントの三大要素について
● 状態(state)とプロパティ(props)とイベント(onXXX)
● 三大要素の使い分け

使用するライブラリー・ツール

● React/JSX

ここまでの部分で、コンポーネントの三大要素である、状態 (state.xxx) とプロパティ (props. xxxx) とイベント (onXXX) について、使い方を確認しました。ここでは、それらをどのように使い分けたら良いのか、実例を通して理解を深めていきましょう。

状態とプロパティ

React コンポーネントの状態を表すのが、this.state.xxx であり、コンポーネントが持つさまざまな値を表すプロパティが、this.props.xxx です。これらをどのように使い分けたら良いでしょうか。

意識したい点は、コンポーネントの状態 (state) と、プロパティ (props) の特質の違いです。

状態 (state) について

状態 (state) は、コンポーネントの状態を表す書き換え可能なデータの集まりです。そして、状態が変化すると、コンポーネントが再描画されます。状態として保持すべきなのは、コンポーネントの状態を表す値（リストで選択されている値や、チェックボックスで値がチェックされているかどうか、テキストボックスのテキストなど）です。これらの状態 (state) は、外部に公開せず、コンポーネント自身が管理すべきものです。箇条書きでまとめてみましょう。

● 状態 (state) とは状況に応じて変化するものである
● 状態とは書き換え可能である
● 状態が変更されると、コンポーネントの再描画が行われる
● 外部には非公開でコンポーネント自身が管理するべき

なお、状態 (state) を変更する際には、this.state.xxx を直接書き換えるのではなく、this.setState() を介して値の変更を行います。そして、コンポーネントのライフサイクルで見たように、状態が変化すると、次のメソッドが呼びだされます。

166

第3章　React コンポーネントの作成

- shouldComponentUpdate(nextProps, nextState)
- componentWillUpdate()
- render()
- componentDidUpdate()

プロパティ (props) について

　すでに紹介したように、プロパティは、外部からコンポーネントへの窓口というべき役割を持っています。特に、コンポーネントを配置する親要素から設定されます。そして、一度設定されたプロパティは、基本的にコンポーネント内部で変更することはありません。また、次の節で紹介しますが、プロパティの初期値 (defaultProps) の設定と型の検証 (propTypes) を行うことができます。箇条書きでまとめてみましょう。

- **プロパティは読み取り専用**
- **プロパティは親要素から設定されるもの**
- **初期値と型の検証を行うことができる**

　ところで、プロパティは外部（親要素）より変更されることがあり、その場合、次のようなメソッドが呼ばれます。

- componentWillReceiveProps(nextProps)

　一般的に、プロパティの変更は、コンポーネントの状態の変更となります。そのため、上記メソッド内で、setState() メソッドにより状態が変更されるなら、さらに、以下のメソッドが呼びだされることになります。

- shouldComponentUpdate(nextProps, nextState)
- componentWillUpdate()
- render()
- componentDidUpdate()

イベントについての復習

　React のイベントは、HTML/JavaScript のイベントとは異なります。なにより、イベント名が異なります。JavaScript の onclick イベントは React では onClick ですし、onchange イベントは onChange イベントと『onXxx』の形式でイベント名が利用できるようになっています。それらのイベントは、プロパティを介して指定します。

167

JSXでイベントの指定は、次のように行います。onChangeイベントの処理を例に、書式を再確認してみましょう。ただし、handleChange()メソッドのthisに注意が必要です。thisを有効にするには、bind()メソッドを使うか、アロー関数で定義した関数オブジェクトを使うなどの対処が必要になります。詳しくは、1章のp.63をご覧ください。

```
<div>
  <MyComponent onChange={handleChange} />
</div>
```

色選択コンポーネントを作ってみよう

　それでは、ここまでの復習の意味を込めて、色選択するコンポーネントを作ってみましょう。色のタイルをクリックすると、その色を選択することができるというものです。

色のタイルをクリックすると、色を選択できます

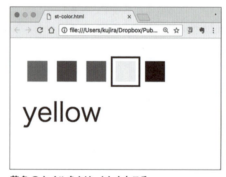
黄色のタイルをクリックしたところ

　次に挙げるHTMLファイルが、色選択コンポーネントColorBoxと、それを利用するプログラムです。

● file: src/ch3/st-color.html

```
<!DOCTYPE html><html><head>
  <meta charset="utf-8">
  <script src="https://unpkg.com/react@15/dist/react.min.js"></script>
  <script src="https://unpkg.com/react-dom@15/dist/react-dom.min.js"></script>
  <script src="https://cdnjs.cloudflare.com/ajax/libs/babel-core/5.8.38/browser.min.js"></script>
```

第 3 章　React コンポーネントの作成

```html
</head><body>
  <div id="root"></div>
  <div id="info"></div>
  <script type="text/babel">
    // 色選択コンポーネントの定義 --- （※1）
    class ColorBox extends React.Component {
      // コンストラクタ --- （※2）
      constructor (props) {
        super(props)
        // 状態の初期化
        this.state = {
          index: 0,
          colors: ['red','blue','green','yellow','black']
        }
      }
      // 描画 --- （※3）
      render () {
        // stateから値を取り出す
        const colors = this.state.colors
        const index = this.state.index
        // 現在の選択色
        const cur = (index >= 0) ? colors[index] : ''
        // 各色ごとにspan要素を生成する --- （※4）
        const items = colors.map((c) => {
          // 選択色なら枠をつける
          let bs = '1px solid white'
          if (c == cur) {
            bs = '1px solid black'
          }
          // 色ごとのスタイルを設定
          const cstyle = {
            color: c, border: bs
          }
          // 色をクリックした時の処理 --- （※5）
          const clickHandler = (e) => {
            const c = e.target.style.color
            const i = this.state.colors.indexOf(c)
            // 状態を更新する
            this.setState({index:i})
            if (this.props.onColorChange) {
              this.props.onColorChange({color:c})
            }
          }
          // span要素で色のタイルを返す
          return (
            <span onClick={clickHandler}
             style={cstyle}>■</span>
          )
```

169

```
      })
      // 描画内容を返す --- (※6)
      return (
        <div>{items}</div>
      )
    }
  }
  // ReactでDOMを書き換える --- (※7)
  const colorHandler = (e) => {
    ReactDOM.render(
      <span>{e.color}</span>,
      document.getElementById('info'))
  }
  const dom = <div>
    <ColorBox id="cb" onColorChange={colorHandler} />
  </div>
  ReactDOM.render(dom,
    document.getElementById('root'))
</script>
</body></html>
```

この HTML を Web ブラウザーにドラッグ＆ドロップすると実行できます。

動作確認したら、プログラムを見てみましょう。プログラムの (※1) 以下で、色選択コンポーネント ColorBox を定義します。(※2) のコンストラクタでは、コンポーネントの状態を表す state プロパティに初期値を指定しています。

プログラムの (※3) にある render() メソッドで、コンポーネントの描画処理を行います。(※4) の部分では、色の一覧配列を保持している state.colors に基づいて、span 要素を生成します。これを行うのが、map() メソッドです。map() メソッドを使うと、ある配列を元にして、別の配列要素を生成することができます。

このとき、現在選択中の色であれば、「1px solid black」のスタイルを設定して、色のタイルを線で囲うようにしています。

色のタイル（span 要素）をクリックしたときに実行する処理を、(※5) の部分で定義しています。クリックしたときには、setState() を実行して、index の値を更新し、props.onColorChange() を実行します。これは、色が変更されたのを検出するための独自イベントです。

プログラムの (※6) では、render() メソッドの戻り値として描画内容を返しています。このとき、(※4) で作成した span 要素の配列を div 要素で囲んだものを指定しています。このように、JSX には、別の部分で JSX により作成したオブジェクトやその配列を埋め込むように指定できます。

最後の (※7) の部分で、React で DOM を書き換えます。このとき、onColorChange を指定して、選択色が変わったときには、info の id が付いた div 要素の値を書き換えて、現在の選択色を表示するようにしています。

第3章　React コンポーネントの作成

まとめ

- ☑ コンポーネントを作るのに当たって、状態とプロパティとイベントの使い分けをマスターしましょう
- ☑ コンポーネントの状態 (state) を変更することによって、コンポーネントの見た目が変わるように、render() メソッドを定義します
- ☑ コンポーネントのプロパティ (props) は読み取り専用として扱い、コンポーネントの内部で変更しないようにしましょう

05 入力フィルタと値のバリデーション

ここで学ぶこと
- ユーザーの入力(メールアドレスや郵便番号)をチェックしよう
- プロパティの型(propTypes)を定義しよう
- プロパティの初期値(defaultProps)を定義しよう

使用するライブラリー・ツール
- React/JSX

ここまで、ReactコンポーネントにおけるフォームやReactコンポーネントの連携について見てきました。しかし、実際の業務系アプリを作るのであれば、より細かな入力支援が必要になります。ここでは、ユーザーからの入力をチェックする方法を詳しく見ていきましょう。

郵便番号の入力コンポーネントを作ろう

手始めに郵便番号の入力コンポーネントを作ってみましょう。郵便番号は、111-2222 や 333-4444 のように、「数字3桁(ハイフン)数字4桁」という構造になっていればよく、アルファベットやその他の文字を入力する必要はありません。この点を踏まえて以下のような入力コンポーネントを作ります。

郵便番号の入力コンポーネント

形式に合っていないと NG と表示される

第3章 React コンポーネントの作成

正しい形式で郵便番号を入れると OK と表示される

郵便番号入力コンポーネント ZipInput

プログラムを確認してみましょう。まずは、HTML で DOM を書き換える、メインの JavaScript です。

●file: src/ch3/input_zip/src/index.js

```
import React from 'react'
import ReactDOM from 'react-dom'
import ZipInput from './ZipInput'

ReactDOM.render(
  <div><ZipInput /></div>,
  document.getElementById('root')
)
```

次に上記のプログラムで利用される、郵便番号入力コンポーネント ZipInput のプログラムを見てみましょう。80 行ほどあるのですが、既に、大半の部分は、見慣れたソースコードだと思います。

●file: src/ch3/input_zip/src/ZipInput.js

```
import React, {Component} from 'react'

// 郵便番号を入力するコンポーネント
export default class ZipInput extends Component {
  constructor (props) {
    super(props)
    const v = (this.props.value)
      ? this.props.value : ''
    // 状態を初期化 --- (※1)
    this.state = {
      value: v,
      isOK: this.checkValue(v)
```

173

```javascript
    }
  }
  // パターンに合致するかチェック --- (※2)
  checkValue (s) {
    const zipPattern = /^\d{3}-\d{4}$/
    return zipPattern.test(s)
  }
  // 値がユーザーにより変更されたとき --- (※3)
  handleChange (e) {
    const v = e.target.value
    // 数値とハイフン以外を除外
    const newValue = v.replace(/[^0-9-]+/g, '')
    const newIsOK = this.checkValue(newValue)
    // 状態に設定
    this.setState({
      value: newValue,
      isOK: newIsOK
    })
    // イベントを実行する --- (※4)
    if (this.props.onChange) {
      this.props.onChange({
        target: this,
        value: newValue,
        isOK: newIsOK
      })
    }
  }
  // プロパティが変更されたとき --- (※5)
  componentWillReceiveProps (nextProps) {
    this.setState({
      value: nextProps.value,
      isOK: this.checkValue(nextProps.value)
    })
  }
  // 描画 --- (※6)
  render () {
    const msg = this.renderStatusMessage()
    return (<div>
      <label>郵便番号: <br />
        <input type='text'
          placeholder='郵便番号を入力'
          value={this.state.value}
          onChange={e => this.handleChange(e)} />
      {msg}
      </label>
    </div>)
  }
  // 入力が正しいかどうかのメッセージ --- (※7)
```

第3章　Reactコンポーネントの作成

```
  renderStatusMessage () {
    // メッセージ表示用の基本的なStyle
    const so = {
      margin: '8px',
      padding: '8px',
      color: 'white'
    }
    let msg = null
    if (this.state.isOK) { // OKのとき
      so.backgroundColor = 'green'
      msg = <span style={so}>OK</span>
    } else { // NGのとき（ただし空白の時は非表示）
      if (this.state.value !== '') {
        so.backgroundColor = 'red'
        msg = <span style={so}>NG</span>
      }
    }
    return msg
  }
}
```

　プログラムを確認する前に、プログラムの流れを確認しておきましょう。

【コンポーネントがマウントされた時】

　メインプログラムの index.js で ReactDOM.render() メソッドを呼び出したタイミングで、ZipInput コンポーネントが React により生成されます。このとき、ZipInput のコンストラクタ (construcor メソッド) が実行されます。その後、render() メソッドが実行され、表示内容が決定したら、実際にブラウザーの画面に ZipInput コンポーネントが表示されます。

【ユーザーがテキストボックスに文字を入力した時】

　ユーザーがテキストボックスに文字を入力すると、<input type="text"> により、onChange イベントが実行されます。render() メソッドの中で、その際に、handleChange() メソッドが実行されるように指定しています。そして、handleChange() メソッドの中で、テキストのフィルタ処理を行った上で、コンポーネントの状態を更新します。すると、React により、自動的に render() メソッドが実行されます。render() メソッドの中で、郵便番号が正しい形式で入力されているか否かを判定し結果を表示します。

175

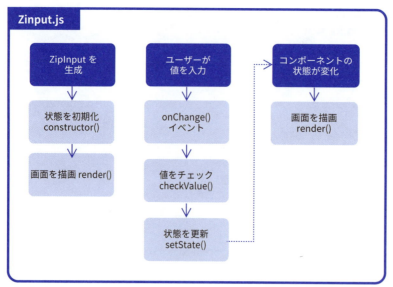

コンポーネントのフロー

　それでは、詳しくプログラムを確認していきましょう。まず、(※1)の部分ですが、コンポーネントの状態(state)を初期化します。ここでは、郵便番号の値を保持するvalueと、その値が郵便番号の形式に合致しているかどうかを表すisOKという2つの値を用意しました。

　プログラムの(※2)の部分では、文字列sが郵便番号に合致するかを確認するメソッドを定義しています。パターンに合うかどうかは、正規表現を利用して確認しています。郵便番号を表す正規表現が「/^\d{3}-\d{4}$/」です。これは、次のような意味になります。

パターン	意味
^	先頭を表す
\d{3}	数字3個を表す
-	ハイフン
\d{4}	数字4個を表す
$	末尾を表す

　もしも、ハイフンを省略可能にする場合には、プログラムの17行目を次のように書き換えると良いでしょう。

```
const zipPattern = /^(\d{3}-?\d{4}|\d{7})$/
```

176

第3章　Reactコンポーネントの作成

このように、正規表現を利用すると、さまざまな入力の妥当性をチェックすることができます。本書では、正規表現について詳しく説明しませんが、プログラミングをする上で必須の知識ですので、書籍やWebサイトの情報などを見て使いこなせるようになっておきましょう。

プログラムの(※3)のhandleChange()は、ユーザーが入力を行ったときに実行されるイベントです。ここでは、数字とハイフン以外は入力できないように、入力を制限しています。そして、setState()メソッドを呼び出して状態を更新します。また、今回は利用していませんが、(※4)では、変更が起きたことを、イベントの形で通知します。(※5)では、プロパティが変化したときに状態を更新するように設定します。

プログラムの(※6)のrender()メソッドでは、input要素を使って、コンポーネントの描画を返します。そして、(※7)では、this.state.isOKなどの状態を元にして、OKかNGかの状態メッセージを表示するようにしています。

汎用的な入力コンポーネントを作ってみよう

次に、特定の入力パーツを作るのではなく、電話番号やメールアドレスなど、複数の形式に対応できるような汎用的な入力コンポーネントを作ってみましょう。ここでは、汎用的な入力コンポーネントを作るに当たって、以下の機能を実装してみます。

● **不要な文字をフィルタリングする機能**
● **入力値の妥当性チェック機能**

また、汎用的なコンポーネントなので、もしもコンポーネントの使い方が間違っていた時には警告を表示するようにもしたいと思います。そのために、コンポーネントに、propTypesというオブジェクトを追加します。また、プロパティに初期値を設定する、defaultPropsも追加できます。

どのように記述するのかという点ですが、例えば、FormInputというコンポーネントで、valueとnameとfilter、onChangeという4つのプロパティを利用できるものとします。その場合、次のように宣言します。

```
// コンポーネントの定義
class FormInput extends Component { ... }

// PropTypes型を使うための宣言
import PropTypes from 'prop-types'
```

177

```
// プロパティの型を定義
FormInput.propTypes = {
  value: PropTypes.string, // 文字列型 --- (※1)
  name: PropTypes.string.isRequired, // 文字列型で指定が必須 --- (※2)
  filter: PropTypes.object, // オブジェクト型
  onChange: PropTypes.func // 関数型 --- (※3)
}

// プロパティの初期値を定義 --- (※4)
FormInput.defaultProps = {
  filter: null,
  pattern: null,
  value: '',
  onChange: null
}
```

指定例の (※1) を見てみましょう。ここでは、value プロパティを「PropTypes.string」としています。これは、value プロパティを文字列型で指定すべきであることを定義します。

(※2) では name プロパティを「PropTypes.string.isRequired」で指定しています。これは、name プロパティが文字列型であり、また、省略できない必須のプロパティであることを示しています。他の型でも、最後に「.isRequired」を付ければ、それは省略できない値であることを示しています。もしも、必須のプロパティを省略してしまった場合、以下のように、エラーを出して教えてくれます。

プロパティの指定忘れを指摘しています

次に、(※3) を見てみましょう。onChange プロパティを「PropTypes.func」としています。これは、onChange プロパティに関数オブジェクトを指定すべきであることを定義します。

そして、(※4) 以下の部分では、各プロパティの初期値を指定しています。もし、プロパティを省略すると、この初期値の値がプロパティに設定されます。

第3章 Reactコンポーネントの作成

プログラムで確認しよう

それでは、実際のコンポーネントのソースコードを確認してみましょう。まずは、汎用的な入力コンポーネントとして作成したFormInputから見ていきましょう。

●file: src/ch3/input_compo/src/FormInput.js

```javascript
import React, {Component} from 'react'
import PropTypes from 'prop-types'

// 汎用的な入力コンポーネント
export default class FormInput extends Component {
  // 状態を初期化 --- (※1)
  constructor (props) {
    super(props)
    const v = this.props.value
    this.state = {
      value: v,
      isOK: this.checkValue(v)
    }
  }
  // パターーンに合致するかチェック --- (※2)
  checkValue (s) {
    if (this.props.pattern === null) {
      return true
    }
    return this.props.pattern.test(s)
  }
  // 値がユーザーにより変更されたとき --- (※3)
  handleChange (e) {
    const v = e.target.value
    // フィルタが指定されていればフィルタを適用
    const filter = this.props.filter
    let newValue = v
    if (filter !== null) {
      newValue = newValue.replace(filter, '')
    }
    const newIsOK = this.checkValue(newValue)
    this.setState({ // 状態を更新
      value: newValue,
      isOK: newIsOK
    })
    // イベントを実行する --- (※4)
    if (this.props.onChange) {
      this.props.onChange({
        target: this,
        value: newValue,
```

179

```javascript
      isOK: newIsOK,
      name: this.props.name
    })
  }
}
// プロパティが変更されたとき
componentWillReceiveProps (nextProps) {
  this.setState({
    value: nextProps.value,
    isOK: this.checkValue(nextProps.value)
  })
}
// 描画 --- (※5)
render () {
  const msg = this.renderStatusMessage()
  return (<div>
    <label>{this.props.label}: <br />
      <input type='text'
        name={this.props.name}
        placeholder={this.props.placeholder}
        value={this.state.value}
        onChange={e => this.handleChange(e)} />
      {msg}
    </label>
  </div>)
}
renderStatusMessage () {
  const so = {
    margin: '8px',
    padding: '8px',
    color: 'white'
  }
  let msg = null
  if (this.state.isOK) {
    // OKのとき
    so.backgroundColor = 'green'
    msg = <span style={so}>OK</span>
  } else {
    // NGのとき（ただし空白の時は非表示）
    if (this.state.value !== '') {
      so.backgroundColor = 'red'
      msg = <span style={so}>NG</span>
    }
  }
  return msg
}
}
```

180

第 3 章　React コンポーネントの作成

```
// プロパティの型を定義 --- （※6）
FormInput.propTypes = {
  name: PropTypes.string.isRequired,
  label: PropTypes.string.isRequired,
  filter: PropTypes.object,
  pattern: PropTypes.object,
  value: PropTypes.string,
  placeholder: PropTypes.string,
  onChange: PropTypes.func
}

// プロパティの初期値を定義 --- （※7）
FormInput.defaultProps = {
  filter: null,
  pattern: null,
  value: '',
  placeholder: '',
  onChange: null
}
```

　プログラムの (※ 1) の部分では、外部から受け取った this.props.value を元にして、コンポーネント
の状態 this.state を初期化します。ここで注目したい点ですが、this.props.value は、(※ 7) に指定した
defaultProps により初期化されます。ユーザーが、value プロパティを省略しても、初期値が設定され
るので、不要な値の省略時チェックを省くことが可能です。

　次に、(※ 2) を見てみましょう。これは、入力された値が、想定するパターンに合致するかどうかを
調べるメソッドです。this.props.pattern に正規表現オブジェクトが設定されていることを想定してお
り、正規表現のパターンに合致すれば、true を返します。

　プログラムの (※ 3) では、値がユーザーにより変更されたときの処理を記述します。もし、filter プ
ロパティ (正規表現オブジェクトを想定) が指定されていれば、それに沿って、不要な文字が入力され
たとき、その文字を削除するようになっています。このイベントでは、setState() を呼びだして状態の
更新を行います。また、(※ 4) の部分で onChange プロパティが指定されていれば、onChange イベン
トを実行します。

　(※ 5) の render() メソッドの定義ですが、JSX で描画内容を返します。ここでは、label プロパティや
name プロパティなどを指定していますが、(※ 6) の propTypes の指定で、これらのプロパティは、指
定を必須のものとしていますので、値のチェックなどを省略することができています。

　(※ 6) の部分では、プロパティの型を指定し、(※ 7) の部分ではプロパティの初期値を設定してい
ます。

181

FormInput を使ったフォームの例

　それでは、次に、FormInput コンポーネントを利用して、メールと電話番号を入力するプログラムを作ってみましょう。それが、次に挙げるプログラムです。

●file: src/ch3/input_compo/src/index.js

```javascript
import React from 'react'
import ReactDOM from 'react-dom'
import FormInput from './FormInput'

class CustomForm extends React.Component {
  constructor (props) {
    super(props)
    this.state = {
      email: '',
      tel: '',
      allok: false
    }
    this.oks = {}
  }
  handleChange (e) {
    // すべての項目がOKになったか?
    this.oks[e.name] = e.isOK
    this.setState({
      [e.name]: e.value,
      allok: (this.oks['email'] && this.oks['tel'])
    })
  }
  handleSubmit (e) {
    window.alert(JSON.stringify(this.state))
    e.preventDefault()
  }
  render () {
    const doChange = e => this.handleChange(e)
    const doSubmit = e => this.handleSubmit(e)
    // Eメールを表すパターン
    const emailPat = /^[a-zA-Z0-9.!#$%&'*+/=?^_`{|}~-]+@[a-zA-Z0-9-]+(?:\.
[a-zA-Z0-9-]+)*$/
    // ASCII文字以外全部
    const asciiFilter = /[^\u0020-\u007e]+/g
    return (
      <form onSubmit={doSubmit}>
        <FormInput name='email' label='メール'
          value={this.state.email}
          filter={asciiFilter}
          pattern={emailPat}
```

182

```
                onChange={doChange} />
            <FormInput name='tel' label='電話番号'
              value={this.state.tel}
              filter={/[^0-9-()+]/g}
              pattern={/^[0-9-()+]+$/}
              onChange={doChange} />
            <input type='submit' value='送信'
              disabled={!this.state.allok} />
        </form>
      )
    }
}

// DOMを書き換える
ReactDOM.render(
  <CustomForm />,
  document.getElementById('root')
)
```

　このプログラムを実行するには、プロジェクトのディレクトリで以下のコマンドを実行します。URLが表示されたら Web ブラウザーでその URL にアクセスします。

```
$ npm install
$ npm run build
$ npm start
```

　ブラウザーには次のように表示されます。正しい形式でメールと電話番号を入力すると、[OK] と表示され [送信] ボタンをクリックできるようになります。

汎用的な入力コンポーネントを作ったところ

正しい形式でメールと電話番号を入力すると送信ボタンが押せる

URLを表す正規表現パターン

　サンプルプログラムが長くなるため、URLの入力パーツを作りませんでしたが、もし作るとしたら、以下のように指定できるでしょう。正規表現を使うと、さまざまな形式の入力を一定のパターンで表せるので便利です。

```
// URLを表すパターン
const urlPat = /^https?(:\/\/[-_.!~*'()a-zA-Z0-9;/?:@&=+$,%#]+)$/
...
<FormInput name='url' label='URL'
  value={this.state.url}
  filter={asciiFilter}
  pattern={urlPat}
  onChange={doChange} />
```

まとめ

- ☑ 入力コンポーネントの作り方を紹介しました
- ☑ こうした入力系のコンポーネントを作る時、入力した値がどのように、render()で反映されるかを意識すると良いでしょう
- ☑ 正規表現を使って入力フィルタとパターンを作れば、さまざまな形式に対応できるので便利です

06 DOMに直接アクセスする

ここで学ぶこと

- ● ReactでDOMに直接アクセスする方法
- ● コンポーネントのrefプロパティについて

使用するライブラリー・ツール

- ● React/JSX

Reactではコンポーネントの状態 (state) を主軸に画面を構成していきます。そのため、Reactでは DOM を直接操作することはほとんどありません。しかし、まったくできない訳ではありません。ここでは、DOM に直接アクセスする方法を紹介します。

Reactでは直接 DOM 操作は行わないのが基本

ここまで見てきたように、React では直接 DOM 操作を行うことは、ほとんどありません。唯一直接 DOM を参照するのが、ReactDOM.render() メソッドを呼ぶ瞬間だけです。コンポーネントは状態 (state) を主軸に画面を構成していきます。Virtual DOM のおかげで DOM の追加や削除は、必要最小限の差分が調べられ効率的に自動的に行われます。

逆に言えば、React を使う限り、直接 DOM 操作を行わないようにするのが良いでしょう。とは言え、仕方なく DOM にアクセスしなくてはならない場面というのも少なからず存在します。例えば、入力フォームでユーザーが「送信」ボタンを押した時に、入力必須のテキストボックスがあるのに、その値が空だったので、強制的にそのテキストボックスにフォーカスを移したいという場面です。

これを解決するのが、ref プロパティです。このプロパティには、コールバック関数を指定するのですが、これは、React が DOM をインスタンス化する際に実行されます。このコールバック関数が実行されるとき、インスタンス化した DOM オブジェクトが引数として得られます。そのため、クラスのプロパティへインスタンス化したオブジェクトを代入しておけば、これを自由に触ることができます。

例えば、以下のような JSX を記述したとします。すると、render() メソッドの後で、this.textUser という名前で、input 要素のインスタンスが利用できるようになります。

```
<input
  type='text'
  ref={ (obj) => { this.textUser = obj } }
/>
```

それでは、実際に、「送信」ボタンを押した時に、空の input 要素にフォーカスを移動するプログラムを紹介します。

185

●file: src/ch3/refs-focus.html

```html
<!DOCTYPE html><html><head>
  <meta charset="utf-8">
  <script src="https://unpkg.com/react@15/dist/react.min.js"></script>
  <script src="https://unpkg.com/react-dom@15/dist/react-dom.min.js"></
script>
  <script src="https://cdnjs.cloudflare.com/ajax/libs/babel-core/5.8.38/
browser.min.js"></script>
</head><body>
  <div id="root"></div>
  <script type="text/babel">
    // フォームコンポーネント
    class LoginForm extends React.Component {
      constructor (props) {
        super(props)
        this.state = {
          user: '',
          pass: ''
        }
      }
      render () {
        const doSubmit = e => this.doSubmit(e)
        const doChange = e => this.doChange(e)
        // 描画内容 --- (※1)
        return (<form onSubmit={doSubmit}>
          <label>ユーザー名:<br />
            <input type='text' name='user'
              ref={ (i)=>{ this.user = i } }
              value={this.state.user}
              onChange={doChange} />
          </label><br />
          <label>パスワード:<br />
            <input type='password' name='pass'
              ref={ (i) => { this.pass = i } }
              value={this.state.pass}
              onChange={doChange} />
          </label><br />
          <input type='submit' value='送信' />
        </form>)
      }
      doChange (e) {
        const key = e.target.name
        this.setState({
          [key]: e.target.value
        })
      }
      doSubmit (e) {
```

186

```
        e.preventDefault()
        // 値が空の場合にinput要素をフォーカス --- (※2)
        if (!this.state.user) {
          this.user.focus()
          return
        }
        if (!this.state.pass) {
          this.pass.focus()
          return
        }
        window.alert(JSON.stringify(this.state))
      }
    }
    // DOMを書き換え
    ReactDOM.render(<div><LoginForm /></div>,
      document.getElementById('root'))
  </script>
</body></html>
```

ブラウザーに HTML ファイルをドラッグ＆ドロップすることでプログラムを実行できます

空のテキストボックスにフォーカスを移動します

　プログラムを見てみましょう。注目したいのが、(※1) 以下で、ref プロパティにコールバック関数を指定している部分です。ここでは、ログインフォームですから、ユーザー名 (name=user) とパスワード (name=pass) の 2 つの input 要素を配置しています。この input 要素の DOM にアクセスしたいので、ref プロパティを指定しています。そして、コールバック関数では、this.user と this.pass に実際の input 要素のインスタンスを代入します。このように指定することで、render() メソッドが呼ばれた後で、this.user や this.pass に代入された DOM 要素を直接操作できます。そして、プログラム (※2) では、テキストボックスが空だった場合に、取得した DOM 要素に対して、focus() メソッドを呼びだして、テキストボックスにカーソルを移動します。

コンポーネントのrender()メソッドに関する考察

また、当然ですが、render()メソッドの後で、DOMが実際にインスタンス化されますから、render()メソッドの中では、refで取得予定のDOMインスタンスを参照することはできません。

疑問に思うかもしれませんが、コンポーネントのrender()メソッドで返すオブジェクトは、実際に、DOMに描画されるオブジェクトとはまったく関係がありません。というのも、render()の戻り値というのは、コンポーネントの階層を表すオブジェクトの構成であって、DOMオブジェクトではないのです。

簡単なテストを作って値を確かめてみましょう。このプログラムは、render()メソッド内でJSXによって生成したinput要素と、refプロパティを利用して実際に生成されたDOMインスタンスを比較して、それが同じものかどうかテストするものです。

●file: src/ch3/refs-instance-test.html

```
<!DOCTYPE html><html><head>
  <meta charset="utf-8">
  <script src="https://unpkg.com/react@15/dist/react.min.js"></script>
  <script src="https://unpkg.com/react-dom@15/dist/react-dom.min.js"></script>
  <script src="https://cdnjs.cloudflare.com/ajax/libs/babel-core/5.8.38/browser.min.js"></script>
</head><body>
  <div id="root"></div>
  <script type="text/babel">
    class MyCompo extends React.Component {
      constructor (props) {
        super(props)
        this.state = { value: '' }
      }
      render () {
        this.preInput = <input
          type='text'
          ref={i => { this.realInput = i }}
          onClick={e => this.doClick(e)} />
        return (<div>
          {this.preInput}
        </div>)
      }
      doClick (e) {
        // 合致するか？
        console.log(this.preInput)
        console.log(this.realInput)
        if (this.preInput === this.realInput) {
          console.log('同じ')
```

188

```
        } else {
          console.log('異なる')
        }
      }
    }
    // DOMを書き換え
    ReactDOM.render(<div><MyCompo /></div>,
      document.getElementById('root'))
  </script>
</body></html>
```

このプログラムを実行するには、Web ブラウザーに HTML ファイルをドラッグ＆ドロップします。そして、画面上に表示される input 要素をクリックしてみてください。

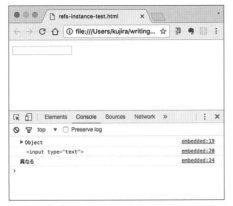

render（）と DOM のテスト

　Web ブラウザーの開発者ツールを表示して、コンソールに「異なる」と表示されるかどうかを確認してください。render() メソッドの戻り値、つまり、JSX によって生成した input 要素というのは、実際の DOM 要素とはまったく関係がない、React のオブジェクトです。React は、render() メソッドの戻り値を元にして、実際の DOM を生成します。そのため、実際に生成された DOM とはまったく異なる値が表示されるのです。

まとめ

 Reactでは、DOMを直接操作する必要はほとんどありません。そのため、DOMの直接操作は、必要最低限にします

 直接DOMを取得するには、コンポーネントのrefプロパティに、実際のDOMインスタンスを得るコールバック関数を指定します

 Reactはコンポーネントのrender()メソッドの戻り値を参照して、必要に応じてDOMインスタンスを生成します。render()メソッドの戻り値と実際に生成されるDOMとは異なるオブジェクトになります

07 ReactコンポーネントでAjax通信を使う

ここで学ぶこと
- ReactでAjax通信を記述する方法

使用するライブラリー・ツール
- React/JSX
- SuperAgant
- create-react-app

Reactを使う場合でも、Webサーバーとの連携処理は必須となります。とはいえ、Reactには、Ajax通信の処理は実装されていません。そこで、SuperAgentなどのライブラリを使います。ここでは、ReactでAjax通信を行う方法を紹介します。

Ajax通信の利用について

　Reactは、画面表示に関するライブラリであるため、React自身には、Webサーバーと通信するAjax通信の機能はありません。それでは、どうするのかといえば、Ajax通信のためのライブラリを別途利用します。

　Ajaxで有名なライブラリと言えば、jQueryです。しかし、jQueryは、DOM操作の機能を持つ汎用的なライブラリなので、Ajax以外の機能もあり無駄が多いのです。そこで、純粋にWebサーバーとの通信を行うライブラリSuperAgantを利用してみましょう。

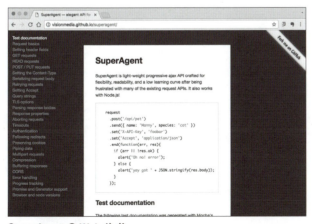

SuperAgentのWebサイト

[URL] http://visionmedia.github.io/superagent/

インストールしよう

SuperAgent をインストールするには、npm を利用します。ここでは、「create-react-app」でプロジェクトを作成し、そこへ追加で SuperAgent を導入してみましょう。以下のコマンドを実行します。

```
# Reactプロジェクトの作成
$ create-react-app sagent
$ cd sagent
# SuperAgentのインストール
$ npm install --save superagent
```

SuperAgent の基本的な使い方

最初に、SuperAgent の使い方をテストするために、以下のような JSON ファイルを用意しましょう。これは、果物の名前と値段を記録したデータです。そして、先ほど作った React のプロジェクトの public ディレクトリにコピーしておきます。

●file: src/ch3/sagent/public/fruits.json

```
[
  {"name": "Apple", "price": 300},
  {"name": "Orange", "price": 280},
  {"name": "Banana", "price": 130},
  {"name": "Mango", "price": 250}
]
```

そして、Web サーバーを起動しましょう。

```
$ npm start
```

それでは、SuperAgent を使ってみましょう。使い方は、至ってシンプルです。特定の URL にあるファイルを GET メソッドで取得するには、以下のように記述します。以下のプログラムをプロジェクトの src ディレクトリ以下に配置します。

第3章　React コンポーネントの作成

●file: src/ch3/sagent/src/test-sagent.js

```javascript
// 機能を取り込み --- (※1)
const request = require('superagent')

// 指定のURLからデータを取得する --- (※2)
const URL = 'http://localhost:3000/fruits.json'
request.get(URL)
        .end(callbackGet)

// データを取得した時の処理 --- (※3)
function callbackGet (err, res) {
  if (err) {
    // 取得できなかった時の処理
    return
  }
  // ここで取得したときの処理
  console.log(res.body)
}
```

これは、Node.js のために記述したファイルなので、コマンドラインから実行してみましょう。

```
$ node src/test-sagent.js
[ { name: 'Apple', price: 300 },
  { name: 'Orange', price: 280 },
  { name: 'Banana', price: 130 },
  { name: 'Mango', price: 250 } ]
```

SuperAgent を使うときは、以下のような手順で処理を記述します。

(1) SuperAgent のライブラリを取り込む
(2) request.get(url).end(callback) を呼ぶ
(3) データを取得したときのコールバック関数を記述

また、Ajax 通信ということから分かるとおり、SuperAgent では非同期で通信が行われます。
　それでは、プログラムを確認していきましょう。(※1) では、require() によって、SuperAgent のライブラリを取り込みます。(※2) では、メソッドチェーンによって Web サーバーにリクエストを送信します。メソッドチェーンとは、複数のメソッドを数珠つなぎに呼び出すことで、連続して処理を行うことができる仕組みです。
　そして、(※3) の部分にデータを受信したときの処理を指定します。コールバック関数の引数に得られる値ですが、エラーがあれば、err にエラー情報が得られます。res にはサーバーから得られた情報が得られます。res はオブジェクトであり、ヘッダー情報やその他の情報も含んでいます。そして、実際のデータが必要な時は、res.body を参照します。

193

SuperAgent のいろいろな機能を確認しよう

基本的な使い方を確認したところで、いろいろな機能を確認してみましょう。

まず、GET メソッドを送信する際に URL パラメーターを指定したい場合には、query() メソッドを呼び出します。

```
const params = { q:'search', uid:100 }
request.get(URL)
        .query(params)
        .end(callback)
```

また、最近ではリクエストを送信する際、ヘッダーに認証情報などを付けることが増えています。ヘッダーに情報を与える場合には、set() メソッドを呼び出します。

```
request.get(URL)
        .set('API-KEY', 'xxxxxxxx')
        .end(callback)
```

そして、POST メソッドを送信する場合には、get() ではなく post() メソッドを呼び出します。この場合、send() メソッドでパラメーターを指定します。

```
request.post(URL)
        .set('Content-Type', 'application/json')
        .send( {name: 'hoge', age:21} )
        .end(callback)
```

少し紛らわしいのですが、URL パラメーターを指定する場合には、query() で行い、リクエスト本体にパラメーターを指定する場合には、send() メソッドを使います。POST メソッドでも、URL パラメーターとリクエスト本体の値と両方指定する場合も多く、両方を同時に指定することができるようになっています。

```
request.post(URL)
        .set('Content-Type', 'application/json')
        .query( {mode:'save', userid:100} )
        .send( {name: 'hoge', age:21} )
        .end(callback)
```

ここでは、SuperAgent の基本的な使い方のみを紹介しましたが、フォームのアップロード機能やクッキーを利用したデータの送受信など、他にも、いろいろな機能があります。

Reactアプリで JSON を読んで選択ボックスに表示しよう

それでは、Reactと一緒にSuperAgentを使う例を見ていきましょう。先ほど用意したJSONファイルを読み込んで、果物を選択する以下のような選択ボックスを作ってみます。

JSONファイルを読み込む前の状態

ファイルを読み込むと選択ボックスが表示される

果物を選択することができる

ここでは、create-react-appによって生成されたひな型の中にある、メインコンポーネントのsrc/App.jsを書き換えて、読み込みプログラムを作ってみましょう。

● file: src/ch3/sagent/src/App.js

```
import React, { Component } from 'react'
import './App.css'

// SuperAgentの利用を宣言 --- (※1)
import request from 'superagent'

class App extends Component {
  constructor (props) {
    super(props)
    // 状態の初期化
    this.state = {
      items: null // 読み込んだデータ保存用
    }
  }
  // マウントされるとき
  componentWillMount () {
```

```
    // JSONデータを読み込む --- （※2）
    request.get('./fruits.json')
      .accept('application/json')
      .end((err, res) => {
        this.loadedJSON(err, res)
      })
  }
  // データを読み込んだとき --- （※3）
  loadedJSON (err, res) {
    if (err) {
      console.log('JSON読み込みエラー')
      return
    }
    // 状態を更新 --- （※4）
    this.setState({
      items: res.body
    })
  }
  render () {
    // JSONデータの読み込みが完了してるか? --- （※5）
    if (!this.state.items) {
      return <div className='App'>
        現在読み込み中</div>
    }
    // 読み込んだデータからselect要素を作る --- （※6）
    const options = this.state.items.map(e => {
      return <option value={e.price} key={e.name}>
        {e.name}
      </option>
    })
    return (
      <div className='App'>
        果物: <select>{options}</select>
      </div>
    )
  }
}

export default App
```

　プログラムを保存すると、自動的に React アプリがビルドされるので、Web ブラウザーの画面を更新してみましょう。

　それでは、プログラムを確認していきましょう。プログラムの（※1）の部分では、SuperAgent の利用を宣言します。

　今回のように Web サーバーからデータを非同期通信で読み込む場合には、コンポーネントのライフサイクルのうち、DOM にマウントされるタイミングで、つまり、componentWillMount() メソッドの中で JSON データを読み込むようにすると良いでしょう。それが、（※2）の部分です。読み込むデータが

JSONデータであることを前提としているので、requestのget()メソッドの後で、accept()メソッドにて「application/json」を指定しています。そして、データを読み込んだら、(※3)のloadedJSON()メソッドを実行します。

プログラムの(※3)の部分は、JSONデータを読み込んだ際の処理です。サーバーから読み込んだデータは、JSON文字列ですが、自動的にパースされ、res.bodyはJavaScriptのオブジェクト型になっています。そして、(※4)の部分にあるように、setState()を呼び出して、コンポーネントの状態を更新します。このメソッドを呼び出してコンポーネントの状態を更新すると、自動的に、render()メソッドが呼び出されます。

描画処理を行う、render()メソッド部分ですが、(※5)では、JSONデータの読み込みが完了しているかどうかをstateプロパティで状態を判定します。JSONファイルを読み込む前は、itemsがnullなので、読み込みが完了しているかどうかを判定できます。

プログラムの(※6)では、読み込んだJSONデータを元にして、option要素を生成します。ここでは、ある配列を元にして、新しい配列を生成するmap()メソッドを利用します。

ちなみに、選択ボックスを表示するには、HTMLを組む必要がありますが、ここでは、map()メソッドを使って以下のような、選択ボックスを生成しています。map()メソッドを利用すれば、option要素を手軽に生成できるのが、JSXの素晴らしい点です。

```
<select>
  <option value="300" key="Apple">Apple</option>
  <option value="280" key="Orange">Orange</option>
  ...
</select>
```

このように、option要素に、key属性を与えています。前章ではReactの利点として、VirtualDOMを採用している点を紹介しました。VirtualDOMがあるおかげでDOMの更新が最小限になり、高速に動作させることができます。Reactは、要素の追加削除を行う際に、このkey属性を参照することで、高速に要素の比較を行います。もちろん、key属性を与えなくても正しく動くのですが、必要最低限のデータ更新を行うために、key属性を与えることが推奨されています。

> **まとめ**
>
> ReactでもAjax通信を利用できます。ただし、React自身には、Ajax通信の機能はなく、SuperAgentなどの別途ライブラリを利用します
>
> SuperAgentを使うと、手軽に非同期通信を利用できます
>
> コンポーネント内に表示するデータを非同期通信で読み込む場合、componentWillMount()メソッドに記述します

08 Reactにおけるフォーム部品の扱い方

ここで学ぶこと
- フォーム部品(ラジオ、チェックボックス、セレクトボックスなど)について
- それをReactで扱う方法

使用するライブラリー・ツール
- React/JSX

Reactでは一般的なHTMLの要素が利用できますが、フォーム部品に関しては、若干扱い方が異なることがあります。ここでは、Reactでの各フォーム部品の扱い方について紹介します。

テキストボックス (input type="text")

基本的なテキストボックスの使い方を復習してみましょう。

テキストボックス

ここでは、状態(state)のvalueを使うという前提ですが、input要素のvalueプロパティにstate.valueを指定し、onChangeイベントでstate.valueを変更するようにします。

●file: src/ch3/parts/src/text.js

```
import React from 'react'
import ReactDOM from 'react-dom'

class TextForm extends React.Component {
  constructor (props) {
    super(props)
    this.state = { value: '' }
  }
  render () {
```

```
      // フォームにテキストボックスを指定
      return (<div>
        <form onSubmit={e => this.doSubmit(e)}>
          <input type='text'
            onChange={e => this.doChange(e)}
            value={this.state.value} />
          <input type='submit' />
        </form>
      </div>)
    }
    // テキストボックスを変更したとき
    doChange (e) {
      this.setState({ value: e.target.value })
    }
    // フォームを送信したとき
    doSubmit (e) {
      e.preventDefault()
      window.alert(this.state.value)
    }
  }

  ReactDOM.render(
    <TextForm />,
    document.getElementById('root')
  )
```

チェックボックス (input type="checkbox")

次に、以下のようなチェックボックスの使い方を見てみましょう。

チェックボックス

　チェックボックスでは、チェックボックスをチェックしたかどうかを、状態 (state) の check で管理しています。ポイントとしては、input 要素の checked プロパティに、state.check を指定します。checked プロパティは、真偽型 (Boolean) で指定します。onChange イベントで、この state.check を反転するようにします。

199

●file: src/ch3/parts/src/cbox.js

```
import React from 'react'
import ReactDOM from 'react-dom'

class CBoxForm extends React.Component {
  constructor (props) {
    super(props)
    this.state = { check: true }
  }
  render () {
    // フォームにチェックボックスを指定
    return (<div>
      <form onSubmit={e => this.doSubmit(e)}>
        <label>
          <input type='checkbox'
            onChange={e => this.doChange(e)}
            checked={this.state.check}
            />食べる
        </label><br />
        <input type='submit' value='決定' />
      </form>
    </div>)
  }
  // チェックボックスをクリックしたとき
  doChange (e) {
    this.setState({ check: !this.state.check })
  }
  // フォームを送信したとき
  doSubmit (e) {
    e.preventDefault()
    window.alert(this.state.check ? '食べる' : '食べない')
  }
}

ReactDOM.render(
  <CBoxForm />,
  document.getElementById('root')
)
```

テキストエリア (textarea)

次いで、複数行のテキストが入力できるテキストエリア (textarea) の扱い方を確認しましょう。

第3章 React コンポーネントの作成

```
Hello
Good night!

決定
```

テキストエリア

　ここでは、状態 (state) の value プロパティに値を保存することを考えてみましょう。textarea の value プロパティに state.value を指定し、onChange イベントで state.value を更新するように指定します。タグ名こそ異なりますが、input type="text" と同じように指定できます。

●file: src/ch3/parts/src/textarea.js

```javascript
import React from 'react'
import ReactDOM from 'react-dom'

class TextAreaForm extends React.Component {
  constructor (props) {
    super(props)
    this.state = { value: 'Hello' }
  }
  render () {
    // フォームにテキストエリアを指定
    return (<div>
      <form onSubmit={e => this.doSubmit(e)}>
        <textarea
          onChange={e => this.doChange(e)}
          value={this.state.value}
          /><br />
        <input type='submit' value='決定' />
      </form>
    </div>)
  }
  // テキストエリアを変更したとき
  doChange (e) {
    this.setState({ value: e.target.value })
  }
  // フォームを送信したとき
  doSubmit (e) {
    e.preventDefault()
    window.alert(this.state.value)
  }
}

ReactDOM.render(
  <TextAreaForm />,
  document.getElementById('root')
)
```

201

ラジオボタン (input type="radio")

　続いて、ラジオボタンの使い方を見ていきましょう。ラジオボタンは、複数の選択項目から1つを選ぶというものです。

ラジオボタン

　ラジオボタンでは、複数項目を、Array.map() メソッドを利用して、動的に項目オブジェクトを生成します。input 要素の checked プロパティを指定する際、その項目が現在選択している値と合致しているかを確認します。これによって、指定の項目を選択できます。

●file: src/ch3/parts/src/radio.js

```
import React from 'react'
import ReactDOM from 'react-dom'

class RadioForm extends React.Component {
  constructor (props) {
    super(props)
    this.state = {
      items: props.items,
      value: ''
    }
  }
  render () {
    // ラジオの選択肢を生成
    const radiolist = this.state.items.map(i => {
      return (<div key={i}>
        <label>
          <input type='radio'
            name='items' value={i}
            checked={this.state.value === i}
            onChange={e => this.doChange(e)} /> {i}
```

```
          </label>
        </div>
      })
      // フォームにラジオ一覧を指定
      return (<div>
        <form onSubmit={e => this.doSubmit(e)}>
          {radiolist}
          <input type='submit' />
        </form>
      </div>
  }
  // ラジオボックスを変更したとき
  doChange (e) {
    this.setState({ value: e.target.value })
  }
  // フォームを送信したとき
  doSubmit (e) {
    e.preventDefault()
    window.alert(this.state.value)
  }
}

ReactDOM.render(
  <RadioForm items={['チョコ', '梅干し', 'ラムネ']} />,
  document.getElementById('root'))
```

セレクトボックス (select)

最後にセレクトボックスを確認しましょう。セレクトボックスは、ポップアップする複数の選択項目から1つを選択します。

セレクトボックス

クリックすると選択項目がポップアップします

ラジオボタンと同じように、選択項目を、Array.map() メソッドを利用して、動的にオブジェクトを生成します。セレクトボックスでは、select 要素の value プロパティを指定することで、要素を選択できるようになっています。

●file: src/ch3/parts/src/select.js

```javascript
import React from 'react'
import ReactDOM from 'react-dom'

class SelectForm extends React.Component {
  constructor (props) {
    super(props)
    this.state = {
      items: props.items,
      value: props.value
    }
  }
  render () {
    // セレクトボックスの選択肢を生成
    const options = this.state.items.map(i => {
      return (<option key={i}
        value={i}> {i}
      </option>)
    })
    // フォームにセレクトボックスを指定
    return (<div>
      <form onSubmit={e => this.doSubmit(e)}>
        <select
          value={this.state.value}
          onChange={e => this.doChange(e)}>
          {options}
        </select><br />
        <input type='submit' />
      </form>
    </div>)
  }
  // セレクトボックスを変更したとき
  doChange (e) {
    this.setState({ value: e.target.value })
  }
  // フォームを送信したとき
  doSubmit (e) {
    e.preventDefault()
    window.alert(this.state.value)
  }
}

ReactDOM.render(
  <SelectForm
    items={['チョコ', '梅干し', 'ラムネ']}
    value='ラムネ' />,
  document.getElementById('root')
)
```

第3章 React コンポーネントの作成

>
> まとめ
>
> ☑ React ではフォーム部品の値は、React の状態 (state) に保持するようにします
> ☑ React では、チェックボックスやラジオボックスなど、HTML を JavaScript で操作する方法とは異なるアプローチで処理します
> ☑ 各パーツをコンポーネント化してしまうことで、それぞれの部品が扱いやすくなります

COLUMN

React 開発支援ツール「React Developer Tools」

React のプロパティ (props) や状態 (state) をブラウザー上で確認するのは、容易ではありません。そこで、導入したいのが、React の開発を支援する「React Developer Tools」です。Google Chrome 用と、Firefox 用が利用できます。

React Developer Tools

```
React Developer Tools（Chrome用）
[URL] https://chrome.google.com/webstore/detail/react-developer-
tools/fmkadmapgofadopljbjfkapdkoienihi?hl=ja
```

実際の使い方ですが、まず、上記の Chrome 拡張をインストールします。次いで、React で作られた Web アプリにアクセスし、開発者ツールを表示します。そして、React のタブをクリックします。すると、各コンポーネントのプロパティの値と状態を確認できます。

205

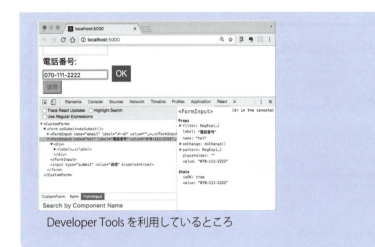

Developer Tools を利用しているところ

第４章

フロントエンド開発 - Electron と React Native

フロントエンド開発に欠かせないフレームワークを紹介します。特に、ここでは、PC向けのデスクトップアプリを開発するのに欠かせない「Electron」と、スマートフォン(iOS/Android)向けの「React Native」について紹介します。Reactを活用した、ネイティブアプリの作り方を紹介します。

01 Reactでフロントエンド開発

ここで学ぶこと
- フロントエンド開発に欠かせないフレームワーク

使用するライブラリー・ツール
- React/JSX

本章では、PC 向けとスマホ向けのフロントエンド開発で React を使う方法を紹介していきます。React は、Web をベースとした技術なので、Web 技術の使えるところであれば、どこでも利用できます。まずは、どのような技術と組み合わせるのか概要を確認していきましょう。

フロントエンドとは？

Web アプリを 2 つに分けるとしたら、フロントエンド (front-end) と、バックエンド (back-end) に分けられます。

フロントエンドは、データの表示や、入力を行うための仕組みを指しており、ユーザーと対話するユーザーインターフェイス (UI) に相当する部分を指します。React は描画のためのライブラリですから、フロントエンドがあるさまざまな場面で活用できます。

PC 向けのアプリ開発に「Electron」

Electron は、PC 向けクロスプラットフォーム対応の、デスクトップアプリを作るためのエンジンです。HTML/CSS/JavaScript といった Web の技術を利用して、デスクトップアプリを作ることができます。

もともとは、Atom というエディターアプリケーションを開発するために生まれたものですが、現在では汎用的なエンジンとして提供されています。Atom エディター以外にも、Slack や Visual Studio Code、Docker GUI など、さまざまなアプリが Electron を利用して開発されています。

Electron のコア部分には、Node.js と Web ブラウザー「Chromium」が採用されています。Chromium というのは、Google Chrome のオープンソース版です。つまり、Web ブラウザーと JavaScript エンジンをセットにしたものが、Electron であり、そのため、HTML/CSS/JavaScript を自由に使うことができるという訳です。

Electron 合の短所は、Web ブラウザーそのものをエンジンとして利用するため、ネイティブのデスクトップアプリに比べると、配布サイズが大きくなってしまうということです。ごく簡単なアプリを作るだけでも、100MB を超えた大きさになってしまいます。

第4章　フロントエンド開発 - Electron と React Native

Electron の Web サイト

```
Electron
[URL] http://electron.atom.io/
```

スマホ向けの React Native

　スマートフォン・タブレット向けのアプリを作ろうと思ったら、React Native が候補に上がります。HTML/CSS/JavaScript で作るスマホアプリ開発環境としては、他にも、PhoneGap/Cordova などがあります。しかし、React を利用してスマートフォンアプリを開発したい場合には、ReactReact Native が良いでしょう。

　また、React Native は OS ネイティブのコンポーネントを JavaScript から呼びだして使うというアプローチで開発されているので、PhoneGap/Cordova よりも良い性能を発揮するアプリを作ることができます。

　原稿執筆時点で、React Native が対象とする OS とバージョンは、次の通りです。

```
Android 4.1 (API 16) 以上
iOS 8.0 以上
```

　React Native を使えば、JavaScript を利用してスマホアプリの開発ができます。ただし、前提条件として、iPhone/iPad の iOS アプリを開発するには、macOS が必要となります。

```
React Native
[URL] https://facebook.github.io/react-native/
```

React Native の Web サイト

まとめ

- ☑ PC 向けのデスクトップアプリを作るには、Electron が候補になります
- ☑ React で iOS/Android のスマホ向けアプリを作るなら、React Native が候補になります
- ☑ これから、Electron と React Native を使ったアプリ開発の方法を紹介します

02 Electronを使ってみよう

ここで学ぶこと

● Electronを使ったデスクトップアプリ開発

使用するライブラリー・ツール

● React/JSX
● Electron
● npm

JavaScript を用いた PC 向けのデスクトップアプリ開発フレームワーク「Electron」を使って、アプリを作る方法を紹介します。インストールから簡単なアプリ作成までの流れを理解しましょう。

Electron を始めよう

Electron は、クロスプラットフォームに対応しており、Windows/macOS/Linux と 3 つの環境で動かすことができます。Electron で開発環境をセットアップするには、npm コマンドを利用します。手軽にElectron を開始するために、Electron のクイックスタートというリポジトリがあり、これを利用することで、すぐに Electron を始めることができます。

```
# クイックスタートのリポジトリを取得
$ git clone https://github.com/electron/electron-quick-start
# 取得したディレクトリに入る
$ cd electron-quick-start
# 依存モジュールをインストールして開始
$ npm install && npm start
```

このようにコマンドを実行すると、次に挙げるようなウィンドウが表示され、Electron のサンプルアプリが実行されたことがわかります。

211

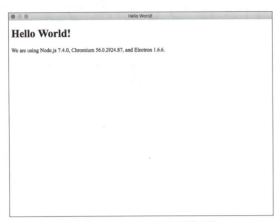

クリックスタートを使って Electron を始めたところ

　Electron アプリの便利なところは、Chromium の開発者ツールも同梱されているため、メニューから [View > Toggle Developer Tools] をクリックして、Elements のタブで DOM 構造を確認したり、Console のタブで JavaScript を実行できることです。

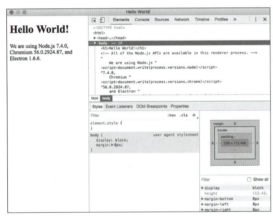

開発者ツールを表示したところ

Electron に React 開発環境を導入しよう

　次に、Electron で React が使えるような環境を作ってみましょう。
まずは、次のコマンドを実行して、Electron のプロジェクトを作成し、Electron をインストールしましょう。ここでは、「electron_hello」という名前のプロジェクトを作ってみます。

```
# プロジェクトのディレクトリを作成
$ mkdir electron_hello
$ cd electron_hello
# package.jsonを作成
$ npm init -y
```

プロジェクトのひな型を作ったところで、必要なモジュールをインストールしましょう。Electron に加えて、React をインストールするのですが、React 環境を作るために、Babel や Webpack も必要になるので、それらもインストールします。

```
# Electronをインストール
$ npm i --save-dev electron
# Reactをインストール
$ npm i --save-dev react react-dom
# Babelをインストール
$ npm i --save-dev babel-core babel-preset-es2015 babel-preset-react
# Webpackをインストール
$ npm i --save-dev webpack babel-loader
```

これで準備が整いました。

最初にソースコードをどのように管理するかを考えましょう。ここでは、次のようなディレクトリ構造で管理することにしましょう。

```
.
├── package.json
├── index.html
├── main.js
├── src
│   └── index.js
├── out
│   └── index.js
└── webpack.config.js
```

src ディレクトリに、React で変換前のソースコードを配置し、out ディレクトリにコンパイルした結果のファイルが出力されるようにしてみます。

それでは、React をコンパイルするための Webpack の設定ファイルを作りましょう。詳しい Webpack の内容に関しては、2章8節の Webpack の節 (p.135) をご覧ください。Electron 独自の設定としては、以下の (※1) で、Electron ネイティブの機能でリンクが不要なモジュールを追加している部分です。

●file: src/ch4/electron_hello/webpack.config.js

```javascript
// Reactを変換するためのWebpackの設定ファイル
const path = require('path')
const webpack = require('webpack')
// 変換対象から除外するモジュール --- (※1)
const externalPlugins = new webpack.ExternalsPlugin('commonjs', [
  'app',
  'auto-updater',
  'browser-window',
  'content-tracing',
  'dialog',
  'electron',
  'global-shortcut',
  'ipc',
  'menu',
  'menu-item',
  'power-monitor',
  'protocol',
  'tray',
  'remote',
  'web-frame',
  'clipboard',
  'crash-reporter',
  'screen',
  'shell'
])

module.exports = {
  entry: {
    index: path.join(__dirname, 'src', 'index.js')
  },
  output: {
    path: path.join(__dirname, 'out'),
    filename: '[name].js'
  },
  devtool: 'cheap-module-eval-source-map',
  target: 'node',
  module: {
    rules: [
      {
        test: /.js$/,
        loader: 'babel-loader',
        options: {
          presets: ['es2015', 'react']
        }
      }
    ]
```

第4章 フロントエンド開発 - Electron と React Native

```
  },
  plugins: [
    externalPlugins
  ]
}
```

Electron では、package.json を参照し、main プロパティに書かれているファイルをメインプログラムと認識して実行します。そのため、main プロパティを、main.js と書き換え、さらに scripts プロパティを書き換えて、npm start で Electron が実行できるようにしました。

そのため、次のような package.json を作りました。

●file: src/ch4/electron_hello/package.json

```
{
  "name": "electron_hello",
  "version": "1.0.0",
  "description": "",
  "main": "main.js",
  "scripts": {
    "start": "electron .",
    "build": "webpack"
  },
  "keywords": [],
  "author": "",
  "license": "ISC",
  "devDependencies": {
    "babel-core": "^6.24.1",
    "babel-loader": "^7.0.0",
    "babel-preset-es2015": "^6.24.1",
    "babel-preset-react": "^6.24.1",
    "electron": "^1.6.6",
    "react": "^15.5.4",
    "react-dom": "^15.5.4",
    "webpack": "^2.4.1"
  }
}
```

ここから、Electron の実行に必要なファイルを作成していきましょう。まず、Electron が実行するのに必要なメインファイルです。

●file: src/ch4/electron_hello/main.js

```
// Electronの実行に必要なモジュールを取り込む
const electron = require('electron')
const path = require('path')
const url = require('url')
```

215

```
const app = electron.app
const BrowserWindow = electron.BrowserWindow

// Electronのライフサイクルを定義
let mainWindow // メインウィンドウを表す変数
app.on('ready', createWindow)
app.on('window-all-closed', function () {
  if (process.platform !== 'darwin') app.quit()
})
app.on('activate', function () {
  if (mainWindow === null) createWindow()
})


// ウィンドウを作成してコンテンツを読み込む
function createWindow () {
  mainWindow = new BrowserWindow({width: 800, height: 600})
  mainWindow.loadURL(url.format({ // 読み込むコンテンツを指定 --- (※1)
    pathname: path.join(__dirname, 'index.html'),
    protocol: 'file:',
    slashes: true
  }))
  // ウィンドウが閉じるときの処理
  mainWindow.on('closed', function () {
    mainWindow = null
  })
}
```

このプログラムは、ほぼ定型的なものとなります。ウィンドウを作成し、ウィンドウを閉じる時の挙動を実装します。ポイントとなるのは、(※1)の部分で、コンテンツを読み込んでいるところです。Electron では、最初に読み込んだメインファイルが主コンテンツになるのではなく、メインファイルの中で、ブラウザーに読み込ませるコンテンツを指定することになるのです。

次に、メインファイルから読み込まれるコンテンツ index.html を見てみましょう。こちらは、取り立てて面白いところはありません。React を読み込むのに必要最低限の内容です。

●file: src/ch4/electron_hello/index.html

```
<!DOCTYPE html>
<html><head>
  <meta charset='utf-8' />
</head><body>
  <div id='root'></div>
  <script src='out/index.js'></script>
</body></html>
```

そして、React の JS ファイルです。このファイルも、2 章 /3 章の内容がわかっていれば、説明は不要でしょう。App コンポーネントを定義し、HTML の DOM にコンポーネントを表示させるというだけのものです。

● file: src/ch4/electron_hello/src/index.js

```javascript
import React, { Component } from 'react'
import ReactDOM from 'react-dom'

// コンポーネントを定義
export default class App extends Component {
  render () {
    return (<div>
      <h1>Hello</h1>
    </div>)
  }
}

// DOMを書き換え
ReactDOM.render(
  <App />,
  document.getElementById('root'))
```

これですべてのファイルが出そろいました。ビルドして、Electron で表示させてみましょう。

```
$ npm run build
$ npm start
```

ターミナルで React のソースをビルドして、Electron を実行したところ

217

Electron で実行したところ

Electron の仕組みを理解しよう

　ここまでの部分で、Electron をセットアップする方法を紹介しました。

　基本的に Electron は Web ブラウザーと同じものなので、これまで Web 用に作っていたコードを動かすことができます。しかし、せっかくのデスクトップアプリ開発ですから、もう少し Electron の構造を理解し、いろいろなタイプのアプリが作れるようにしましょう。

　Electron は、次の図のようにメインプロセス (Main Process) からレンダラープロセス (Renderer Process) が生成される仕組みです。メインプロセスは、アプリを起動してすぐに実行される主となるプロセスであり、レンダラープロセスというのは、ブラウザー内の描画を行うためのプロセスです。メインプロセスとレンダラープロセスは平行して実行されますが、相互に情報を交換するためには、IPC 通信を利用して通信をします。

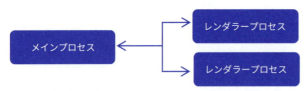

Electron のプロセス

　Electron のプロセスが、メインプロセスとレンダラープロセスと分かれているのには理由があります。メインプロセスとレンダラープロセスでは、利用できる API が異なるのです。

　また、レンダラープロセスでは、Web コンテンツを読み込んで実行するようになっています。ローカルのコンテンツだけでなく、インターネット越しのコンテンツも実行します。外部のコンテンツを実行した際に、外部コマンドを実行されたり、重要なファイルを削除されてしまうことがあり得ます。そのため、セキュリティの面から、すべての機能が使えないよう制限できるようになっています。

　なお、レンダラープロセス内で、Node.js の機能を制限するためには、次のように BrowserWindow を生成します。

```
mainWindow = new BrowserWindow({
  width: 800,
  height: 600,
  webPreferences: { nodeIntegration : false }
})
```

Electronで利用できるAPI

ElectronのWebサイトから、Electron APIデモをダウンロードすることができます。このデモでは、実際のプログラムを確認しながら、手軽にElectronの機能を確かめることができます。

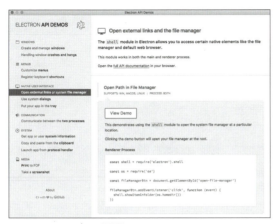

Electron APIデモの画面

利用できるAPIの一覧は、以下のURLに掲載されています。

```
Electron Documentation (Docs / API)
[URL] https://electron.atom.io/docs/api/
```

これを見ると、クリップボード(clipboard)、ダイアログ(dialog)、メニュー(Menu)、スクリーン(screen)、シェル(shell)など、さまざまなOSネイティブの機能を利用できることがわかります。

クリップボード整形アプリを作ってみよう

では、Electronで簡単なアプリを作ってみましょう。クリップボードに入っている文字列を加工するプログラムです。このアプリを起動しておくと、自動的にクリップボードを監視し、全角英数を半角に揃えたり、不要な空白をトリムしてくれたりするというものです。

先ほどと同じ手順で、Electron + Reactの開発環境を準備しましょう。先ほど作業していれば、フォルダーごとコピーして、フォルダーの名前を「electron_clipfmt」という名前に変えましょう。また、macOSっぽい画面を構成するために、Photon Kitを使います。コマンドから以下のように実行してインストールしておきましょう。

```
$ npm install --save https://github.com/connors/photon
```

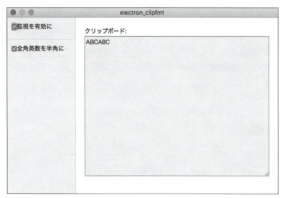

クリップボードを整形するアプリ

　基本的なプログラムは、前回とほとんど一緒なので、前回と異なる部分だけ紹介します。まず、index.html ですが、Photon Kit の CSS を読み込むようにしています。

●file: src/ch4/electron_clipfmt/index.html

```
<!DOCTYPE html>
<html><head>
  <meta charset="utf-8" />
  <link rel="stylesheet" href="node_modules/photon/dist/css/photon.css">
</head><body>
  <div id="root"></div>
  <script src="out/index.js"></script>
</body></html>
```

　続いて、index.html から読み込まれる、React の JavaScript を確認してみましょう。今回は、レンダラープロセスだけで処理が完結しており、メインプロセスとの通信は不要だったので、利用していません。また、メインプロセスのプログラム「main.js」は、前回と内容がほとんど一緒なので掲載を省略しました。

●file: src/ch4/electron_clipfmt/src/index.js

```
import React, { Component } from 'react'
import ReactDOM from 'react-dom'
const {clipboard} = require('electron')

// コンポーネントを定義
export default class App extends Component {
  constructor (props) {
    super(props)
    // 状態を初期化 --- (※1)
    this.state = {
      text: '',
```

第4章 フロントエンド開発 - Electron と React Native

```javascript
      isActive: false,
      zen2han: true
    }
    // クリップボード監視用タイマーをセット --- (※2)
    setInterval(e => this.tick(), 1000)
  }
  // 全角英数を半角英数に変換する --- (※3)
  convToHalfWidth (str) {
    const s2 = str.replace(/[!-~]/g, e => {
      return String.fromCharCode(e.charCodeAt(0) - 0xFEE0)
    })
    return s2
  }
  tick () {
    if (!this.state.isActive) return
    const clip = clipboard.readText()
    let clip2 = clip
    if (this.state.zen2han) {
      clip2 = this.convToHalfWidth(clip) --- (※4)
    }
    if (clip !== clip2) {
      clipboard.writeText(clip2)
    }
    this.setState({text: clip})
  }
  changeState (e) {
    const name = e.target.name
    this.setState({[name]: !this.state[name]}) --- (※5)
  }
  render () {
    const taStyle = {
      width: '100%',
      height: '300px',
      backgroundColor: '#F4F4F4'
    }
    return (<div className='window'>
      <div className='window-content'>
        <div className='pane-group'>
          <div className='pane-sm sidebar'>
            <div>
              <ul className='list-group'>
                <li className='list-group-item'>
                  <label>
                    <input type='checkbox'
                      checked={this.state.isActive}
                      name='isActive'
                      onChange={e => this.changeState(e)} />
                    監視を有効に
```

221

```
              </label>
            </li>
            <li className='list-group-item'>
              <label>
                <input type='checkbox'
                  checked={this.state.zen2han}
                  name='zen2han'
                  onChange={e => this.changeState(e)} />
                全角英数を半角に
              </label>
            </li>
          </ul>
        </div>
      </div>
      <div className='pane'>
        <div className='padded-more'>
          クリップボード:<br />
          <textarea style={taStyle} value={this.state.text} />
        </div>
      </div>
    </div>
  </div>
</div>)
  }
}
// DOMを書き換え
ReactDOM.render(
  <App />,
  document.getElementById('root'))
```

プログラムを実行するには、次のコマンドを実行します。

```
$ npm install
$ npm run build
$ npm start
```

　クリップボードの監視を始めるには、画面左上の「監視を有効に」にチェックを入れます。すると、クリップボードを1秒に1回監視し、もし、全角英数字があれば、それを半角英数字に置換します。
　プログラムを確認してみましょう。プログラムの (※1) では、コンポーネントの状態を初期化します。ここでは、クリップボードの内容を保持する text、監視が有効かどうかを表す isActive、そして全角英数への変換を行うかどうかを表す zen2han を利用します。
　プログラムの (※2) では、クリップボードを監視するためのタイマーをセットします。1秒に1回、tick() メソッドを呼びだします。

222

第4章　フロントエンド開発 - Electron と React Native

　プログラムの (※ 3) では、全角英数文字を半角に変換するメソッドを定義します。ここでは、単純に正規表現でコード変換します。実際は、文字コード順の全角記号も半角に変換します。

　プログラムの (※ 4) では、クリップボードの監視を行います。クリップボードを扱うのは、Electron の機能です。クリップボードを取得したり、上書きしたりするには、clipboard.readText() と clipboard.writeText() を利用します。そして、画面右側にクリップボードの内容を表示するために、setState() で this.state.text を変更します。

　プログラムの (※ 5) では、チェックボックスの値を変更します。ここでは単純に、チェックボックスの name プロパティを調べ、this.state[name] を参照して、状態を反転するようにしています。

アプリを配布しよう

　アプリを配布するためには、配布用のツールを導入する必要があります。以下のコマンドを実行して、asar と electron-packager を導入しておきましょう。

```
$ npm install -g asar
$ npm install -g electron-packager
```

　ここでは、先ほど作成した「クリップボード整形アプリ」を実行ファイルに変換する方法を紹介します。

　まず、asar を使って、プロジェクトのファイルをアーカイブ化します。これは、複数のファイルを 1 つのファイルにまとめるツールです。

```
$ asar pack ./out ./clipfmt.asar
```

　続いて、次のコマンドを実行します。

```
$ electron-packager ./ clipfmt --platform=darwin,win32 --arch=x64
```

　すると、macOS であれば「clipfmt-darwin-x64」というフォルダーが作成され、以下のように実行ファイルが作成されます。また、Windows であれば「clipfmt-win32-x64」というフォルダーが作成され、その中に実行ファイルがあります。

223

実行ファイルが生成されます

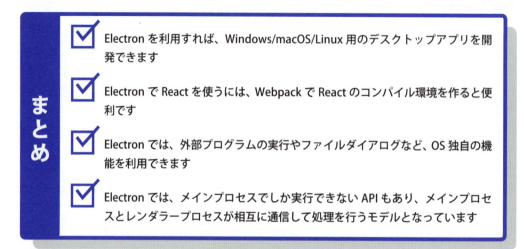

03 マストドンのクライアントを作ってみよう

ここで学ぶこと
- Electronでマストドンアプリを作ろう

使用するライブラリー・ツール
- React/JSX
- Electron
- Mastodon API

マストドン (Mastodon) は、Twitterとよく似た分散型SNSです。Twitterとマストドンの違いは、マストドンはオープンソースであることです。もちろん、Web APIも公開されていて、このAPIを使うことで、手軽にクライアントアプリを作ることができます。ここでは、Electronを使ってクライアントアプリを作ってみましょう。

マストドンとは？

　マストドンは、ミニブログサービスを提供するためのオープンソースのソフトウェアです。2017年4月に突如登場し、世界中の話題を集めました。

　マストドンが、Twitterなどのミニブログサービスと異なるのは、「脱中央集権型」であることです。マストドンを誰もが自由に運用できるだけでなく、異なるサーバーに設置されたマストドンと連携することができるようになっています。1つのマストドンサーバーは、インスタンスと呼ばれています。利用者は、自分自身でサーバーを選んでアカウントを作成し、ログインすることになります。

マストドンのWebサイト

一部だけを紹介しますが、インスタンスはこのほかにも多数公開されているので、探してみると良いでしょう。

●日本のマストドン主要サイトの一覧：

URL	説明
https://mstdn.jp	日本向け最初の大規模インスタンス
https://pawoo.net	Pixivが運営するインスタンス
https://friends.nico	ドワンゴが運営するインスタンス
https://mustardon.tokyo	東京に関するインスタンス
https://mastodon.yokohama	横浜に関するインスタンス
https://mstdn.osaka	大阪に関するインスタンス

マストドンの Web API を使おう

　マストドンでは、Web API を利用して、自由にクライアントアプリを作ることができるようになっています。ここでは、原稿執筆時点で動作が安定していた pawoo.net の API を利用してみたいと思います。

　マストドンの Web API は、OAuth2 を用いて認証を行うようになっています。そのため、ユーザー名とパスワードさえセットすれば使えるというものではなく、次のような手順を踏んで使うことになります。

(1) OAuth2 のアプリをマストドンのインスタンスに登録
(2) ユーザーがサイト上で認証を行い、アクセストークンを取得
(3) アクセストークンを用いて API にアクセス

　しかし、実際にはマストドンの Web API を使うためのライブラリが用意されているので、これを使えば最小限の労力で利用できます。

　まずは、マストドンのライブラリをインストールしましょう。

```
# プロジェクトを作成
$ mkdir mstdn_cli
$ cd mstdn_cli
$ npm init -y
# マストドンのライブラリをインストール
$ npm i --save mastodon-api
```

第4章　フロントエンド開発 - Electron と React Native

ここでは、Electron を使ってクライアントアプリを作るので、ついでに、Electron と React のモジュールも一緒にインストールしてしまいましょう。

```
$ npm i --save readline-sync
$ npm i --save-dev electron
$ npm i --save-dev react react-dom
$ npm i --save-dev babel-core babel-preset-es2015 babel-preset-react
$ npm i --save-dev webpack babel-loader
```

手順（1）　アプリをインスタンスに登録しよう

まずは、クライアントアプリを作るにあたって、アプリをインスタンスに登録しなくてはなりません。マストドンでは、アプリの登録すら、API 経由で行うことができるので、とても便利です。

ここでは、次のようなアプリ申請プログラムを作りました。このプログラムを実行すると、指定のインスタンスにアプリを申請します。すると、API 側では、「client_id」と「client_secret」の情報を返してきますので、その情報を「cli-app.json」というファイルに保存します。

● file: src/ch4/mstdn_cli/1_create_app.js

```
// Web API経由でアプリをサーバーに登録する
const Mastodon = require('mastodon-api')
const fs = require('fs')
const path = require('path')

const instanceUri = 'https://pawoo.net'
const clientName = 'MasdonCli'
const savefile = path.join(__dirname, 'cli-app.json')

// Web APIを呼びだす
Mastodon.createOAuthApp(instanceUri+'/api/v1/apps', clientName)
  .catch(err => console.error(err))
  .then(res => {
    console.log(res)
    fs.writeFileSync(savefile, JSON.stringify(res))
  })
```

このプログラムを実行するには、次のコマンドを実行します。すると、情報が返されます。

```
$ node 1_create_app.js
{ id: 108001,
  redirect_uri: 'urn:ietf:wg:oauth:2.0:oob',
  client_id: '9b922bda6ea4d5806a208dc4a8fd32337...32ba',
  client_secret: '016195ff084aea18aff970628023ab34...dcb8'}
```

227

手順（2）　アクセストークンを取得しよう

　次に、ユーザーのアカウントを認証し、アクセストークンを取得しましょう。アクセストークンの取得は、Web ブラウザー上で行います。

　次のプログラムを実行すると、認証先の URL が表示されるので、その URL にアクセスして認証コードを取得します。その後、コードをコマンドラインに入力すると、アクセストークンを取得できます。

●file: src/ch4/mstdn_cli/2_auth.js

```javascript
const Mastodon = require('mastodon-api')
const fs = require('fs')
const path = require('path')
const readlineSync = require('readline-sync')
const file_cli_app = path.join(__dirname, 'cli-app.json')
const file_user = path.join(__dirname, 'token.json')
const instanceUri = 'https://pawoo.net'

// ファイルからクライアント情報を読み込む
const info = JSON.parse(fs.readFileSync(file_cli_app))

// 認証用URLを取得する
Mastodon.getAuthorizationUrl(
    info.client_id,
    info.client_secret,
    instanceUri)
  .then(url => {
    console.log("以下のURLにアクセスしてコードを取得してください。")
    console.log(url)
    // コマンドラインからコードを取得
    const code = readlineSync.question('コード: ')
    // アクセストークンを取得する
    return Mastodon.getAccessToken(
      info.client_id,
      info.client_secret,
      code,
      instanceUri)
  })
  .then(token => {
    console.log('アクセストークン: ', token)
    fs.writeFileSync(file_user, token)
  })
```

　プログラムを実行するには、次のコマンドを実行します。

```
$ node 2_auth.js
```

すると、以下のように認証用の URL が表示されます。これをコピーして、Web ブラウザーでアクセスします。

認証用の URL が表示されます

　Web ブラウザーで URL にアクセスし、マストドンのユーザーでログインし、承認ボタンを押しましょう。すでにログインしている場合には、ログインすることなく「承認」ボタンが表示されます。ログインするユーザーは、API 利用先のインスタンスにアカウントを持っている必要があります。ここでは、pawoo.net を使うので、そこにアカウントがなければ、先に、アカウントを作ってから、ログインしましょう。

ログインし認証ボタンを押します

　ブラウザーに表示された認証コードを、コマンドラインに入力すると、アクセストークンが取得され「token.json」という名前でファイルに保存されます。

手順（3）タイムラインを取得してみよう

　これで API を使う準備は完了です。次は、タイムラインの取得と、発言するプログラムを紹介します。
　前述の手順で得た、アクセストークンを利用します。
　タイムラインを取得するには、以下のようなプログラムを作ります。

●file: src/ch4/mstdn_cli/3_get_timeline.js

```javascript
const Mastodon = require('mastodon-api')
const fs = require('fs')
const path = require('path')
const instanceUri = 'https://pawoo.net'

// ファイルから情報を読み込む
const token = fs.readFileSync(path.join(__dirname, 'token.json'))

// マストドンのAPIクライアントを作成
const M = new Mastodon({
  access_token: token,
  timeout_ms: 60 * 1000,
  api_url: instanceUri + '/api/v1/'
})

// タイムラインを読む --- (※1)
M.get('timelines/home', {})
  .then(res => {
    const data = res.data
    console.log(data)
  })
```

このプログラムを実行するには、次のコマンドを実行します。

```
$ node 3_get_timeline.js
```

　プログラムを実行すると、ホームのタイムラインが表示されます。もし、ホームに何もなければ、プログラムの (※ 1)の部分を「timelines/home」から「timelines/public」に変えれば、公開タイムラインを取得できます。なお、タイムラインには、/home、/local、/public、/hashtag、/mentions があります。

第4章　フロントエンド開発 - Electron と React Native

ホームのタイムライン

発言してみよう

　次に、発言するプログラムです。以下に挙げるようなプログラムになります。ここでは「TEST TEST TEST by cli」と発言してみます。

●file: src/ch4/mstdn_cli/4_toot.js

```
const Mastodon = require('mastodon-api')
const fs = require('fs')
const path = require('path')
const instanceUri = 'https://pawoo.net'

// ファイルから情報を読み込む
const token = fs.readFileSync(path.join(__dirname, 'token.json'))

// マストドンのAPIクライアントを作成
const M = new Mastodon({
  access_token: token,
  timeout_ms: 60 * 1000,
  api_url: instanceUri + '/api/v1/'
})
```

231

```
// 発言(Toot)する
M.post('statuses',
  {status: 'TEST TEST TEST by cli'},
  (err, data, res) => {
    if (err) {
      console.error(err)
      return
    }
    console.log(res)
  })
```

プログラムを実行してみましょう。以下のコマンドを実行します。

```
$ node 4_toot.js
```

プログラムから発言（トゥート）するには、API クライアントを作成し、API の「statuses」に発言内容をポストします。実行すると、以下のように、発言が書き込まれます。

コマンドラインのアプリから発言したところ

Electronのアプリに仕上げよう

これで、マストドンのクライアントアプリを作る準備は整いました。

これらの準備を元に、Electronでクライアントアプリを作っていきましょう。ここでは、アクセストークンを取得しているという前提で作ります。Electronアプリを実行する前に前述した手順で認証しておいてください。

先に、プログラムの実行例を紹介します。起動すると、マストドンのホームタイムラインが表示されます。そして、画面上部のテキストボックスにメッセージを入力し「トゥート」のボタンを押すと、発言が書き込まれます。

作成したマストドンのクライアント

書き込みが反映されたところ

まずメインプログラムから確認してみましょう。Electronがアクティブになったら、BrowserWindowを生成し、index.htmlを読み込むという単純なものです。

●file: src/ch4/mstdn_cli/main.js

```javascript
const electron = require('electron')
const path = require('path')
const url = require('url')
const app = electron.app
const BrowserWindow = electron.BrowserWindow

// Electronのライフサイクル
let mainWindow
app.on('ready', createWindow)
app.on('window-all-closed', () => app.quit())
app.on('activate', () => {
  if (mainWindow === null) createWindow()
```

```
})

// ウィンドウを作成
function createWindow () {
  mainWindow = new BrowserWindow({width: 600, height: 800})
  mainWindow.loadURL(url.format({
    pathname: path.join(__dirname, 'index.html'),
    protocol: 'file:',
    slashes: true
  }))
  mainWindow.on('closed', function () {
    mainWindow = null
  })
}
```

　読み込まれる index.html ですが、これは、Webpack によってパックされた、out/index.js を読み込みます。

●file: src/ch4/mstdn_cli/index.html

```
<!DOCTYPE html>
<html><head>
  <meta charset='utf-8' />
</head><body>
  <div id='root'></div>
  <script src='out/index.js'></script>
</body></html>
```

　そして、Webpack 変換前のメインコンポーネントが次のプログラムです。

●file: src/ch4/mstdn_cli/src/index.js

```
import React, { Component } from 'react'
import ReactDOM from 'react-dom'
import fs from 'fs'
import path from 'path'
import Mastodon from 'mastodon-api'
import {styles} from './styles.js'

// コンポーネントを定義 --- （※1）
export default class App extends Component {
  constructor (props) {
    super(props)
    this.apiUri = 'https://pawoo.net/api/v1/'
    this.loadInfo()
    this.state = {
      tootdata: '',
```

234

第 4 章　フロントエンド開発 - Electron と React Native

```javascript
      timelines: []
    }
  }
  // コンポーネントのマウント時の処理 --- (※2)
  componentWillMount () {
    this.loadTimelines()
    setInterval(() => {
      this.loadTimelines()
    }, 1000 * 30) // 30秒に1回リロード
  }
  // APIクライアントの生成 --- (※3)
  loadInfo () {
    // アクセストークンを取得
    const f = path.join('token.json')
    try {
      fs.statSync(f)
    } catch (err) {
      window.alert('先にアクセストークンを取得してください')
      window.close()
      return
    }
    this.token = fs.readFileSync(f)
    // APIクライアントを生成
    this.mstdn = new Mastodon({
      access_token: this.token,
      timeout_ms: 60 * 1000,
      api_url: this.apiUri
    })
  }
  // タイムラインの読み込み --- (※4)
  loadTimelines () {
    this.mstdn.get('timelines/home', {})
      .then(res => {
        this.setState({timelines: res.data})
      })
  }
  // テキストボックスが更新されたときの処理
  handleText (e) {
    this.setState({tootdata: e.target.value})
  }
  // 発言処理 --- (※5)
  toot (e) {
    this.mstdn.post(
      'statuses',
      {status: this.state.tootdata},
      (err, data, res) => {
        if (err) {
          console.error(err)
```

235

```
        return
      }
      this.setState({tootdata: ''})
      this.loadTimelines()
    }
  )
}
// 描画 --- (※6)
render () {
  return (<div>
    <div style={styles.editorPad}>
      <h1 style={styles.title}>マストドンのクライアント</h1>
      <textarea
        style={styles.editor}
        value={this.state.tootdata}
        onChange={e => this.handleText(e)} />
      <div>
        <button onClick={e => this.toot(e)}>トゥート</button>
      </div>
    </div>
    <div style={{marginTop: 120}} />
    {this.renderTimelines()}
  </div>)
}
// タイムラインの部分を生成 --- (※7)
renderTimelines () {
  const lines = this.state.timelines.map(e => {
    console.log(e)
    // ブーストがあった時の処理 --- (※8)
    let memo = null
    if (e.reblog) {
      memo = (<p style={styles.reblog}>
        {e.account.display_name}さんがブーストしました
        </p>)
      e = e.reblog
    }
    // トゥートごとの描画内容 --- (※9)
    return (<div key={e.id} style={styles.content}>
      <img style={styles.avatar}
        src={e.account.avatar} />
      <div style={styles.ctext}>
        {memo}{e.account.display_name}
        <span dangerouslySetInnerHTML={{
          __html: e.content}} />
      </div>
      <div style={{clear: 'both'}} />
    </div>)
  })
```

第 4 章　フロントエンド開発 - Electron と React Native

```
    return (<div>
      <h2 style={styles.title}>タイムライン</h2>
      {lines}</div>)
  }
}

// DOMを書き換え
ReactDOM.render(<App />,
  document.getElementById('root'))
```

　プログラムを確認してみましょう。プログラムの (※ 1) で、メインコンポーネントの App を定義します。そして (※ 2) の部分では、コンポーネントがマウントした時の処理を記述します。ここでは、初回にタイムラインを読み込み、その後、setInterval() を利用して、30 秒に 1 回タイムラインをリロードするように設定します。プログラム (※ 3) の部分では、ファイルからアクセストークンを読み込んで、API クライアントを生成します。

　プログラム (※ 4) の部分では、タイムラインを読み込みます。先ほど (※ 3) で生成した API クライアントを利用して、タイムラインを取得します。もし API から応答があれば、それを状態 (state) に設定します。状態が変化すれば、自動的に render() メソッドが呼びだされ、画面にタイムラインの状態が反映されます。

　プログラム (※ 5) の部分では、発言 (トゥート) の処理です。メッセージを「statuses」API にポストします。そして、書き込みが終わったところで、タイムラインを更新します。

　プログラム (※ 6) の部分では、render() メソッドで描画内容を指定します。描画内容の前半部分では、発言用のテキストボックスと「トゥート」ボタンを配置するものです。別ファイルで、styles というスタイルオブジェクトを定義しており、これを、div など各 JSX 要素の style プロパティに設定することで、画面レイアウトを行っています。

　プログラム (※ 7) では、タイムラインの部分を生成します。API から返された配列データを元に、描画データを返します。ここでは、通常投稿のほかに、ブースト (他の投稿の再投稿、Twitter でいうリツイート) を表示できるように考慮しています。(※ 8) の部分では、ブーストがあったときに、誰がブーストしたかを明示します。

　(※ 9) の部分では、各トゥートの描画内容を指定します。ここで注目したいのが、発言内容のテキスト (e.content) を JSX に埋め込んでいる部分です。コンソールで e.content の内容を出力してみると分かるのですが、HTML タグが含まれています。各テキストは「<p> テキスト </p>」のように <p> タグで囲まれています。React では、最初から HTML タグはエスケープされているので、HTML タグまで画面に表示してしまいます。そこで、dangerouslySetInnerHTML を利用して、HTML を直接、span 要素に指定します。

　レイアウトや色情報など、要素のスタイルを表すオブジェクトを定義したのが、以下の JavaScript ファイルです。

237

●file: src/ch4/mstdn_cli/src/styles.js

```javascript
const mainColor = '#89C9FA'
export const styles = {
  title: {
    borderBottom: '1px solid silver',
    backgroundColor: mainColor,
    color: 'white',
    fontSize: '1em',
    padding: 4
  },
  editor: {
    width: 600 - 24,
    padding: 4,
    font: '1em',
    backgroundColor: '#F0F0FF'
  },
  editorPad: {
    position: 'fixed',
    top: 0,
    width: 600 - 16,
    height: 120,
    backgroundColor: 'white'
  },
  content: {
    margin: 8,
    borderBottom: '1px solid silver'
  },
  avatar: {
    float: 'left',
    width: 120
  },
  ctext: {
    float: 'left',
    width: 430,
    padding: 8
  },
  reblog: {
    backgroundColor: mainColor
  }
}
```

　こちらは CSS の要素を定義しただけのものです。素の CSS では、width プロパティを指定するのに、文字列を指定する必要がありますが、JavaScript でスタイルを指定する場合、数値を直接指定できるので、計算を記述できたり変数が使えたりと、便利な部分が多いと感じることでしょう。

238

マストドンのクライアントアプリを実行しよう

　Reactなどをコンパイルするために、Webpackの設定ファイル「webpack.config.js」を用意しましょう。今回は、紙面節約のため、ディレクトリ構成を前節とまったく同じ構成にしましたので、webpack.config.jsの内容は、前回を参照してください。

　次のようにコマンドを打ち込むと、アプリをビルドして実行します。

```
$ npm run build
$ npm start
```

　無事、アプリを実行できたら、書き込みなどして、アプリの動きを確かめてみてください。

　このように、Electronを使えば、Webの技術を用いて手軽にデスクトップアプリを開発できます。また、Reactを使うことで、コンポーネントごとにパーツを開発できるので、保守性の高いアプリを開発できます。

　今回のプログラムでは、紙面の関係でユーザー認証処理（トークンの取得処理）を省略しました。しかし、Reactでログイン画面のコンポーネントを追加作成することで、完全なマストドンのクライアントアプリを作ることができます。なお、画面の切り替え処理などは、5章のReact Routerの節が参考になるでしょう。

まとめ

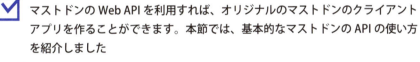
マストドンのWeb APIを利用すれば、オリジナルのマストドンのクライアントアプリを作ることができます。本節では、基本的なマストドンのAPIの使い方を紹介しました

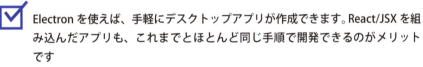
Electronを使えば、手軽にデスクトップアプリが作成できます。React/JSXを組み込んだアプリも、これまでとほとんど同じ手順で開発できるのがメリットです

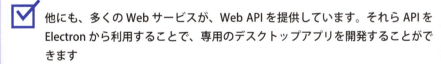
他にも、多くのWebサービスが、Web APIを提供しています。それらAPIをElectronから利用することで、専用のデスクトップアプリを開発することができます

04 React Nativeでスマホアプリを作ってみよう（Android編）

ここで学ぶこと
- React Nativeについて
- スマホアプリの作り方

使用するライブラリー・ツール
- React Native
- Android Studio
- Android SDK

React Nativeを使うと、スマホアプリを作ることができます。ほとんど同じコードで、AndroidとiOSの両方のOSに対応しています。ここでは、React Nativeのセットアップの方法を主に扱います。

ReactとReact Nativeの違い

「React Native」は、名前にReactが入っていることからもわかるように、スマートフォン向けのReactです。しかし、まったく同じなのかというとそうでもありません。始める前に、何が違うのかを確認しておきましょう。

根本的な違いとして、React NativeはWebブラウザー向けのHTML5で実装するわけではありません。React Nativeでは、スマートフォンの性能を考慮し、OSネイティブで用意されているパーツを利用してUIを構築するようになっています。

しかし、Reactを習得していれば、React Nativeを扱うのは簡単です。テキストボックスや画像表示用の部品など、各OSで共通で利用できるコンポーネントが用意されているので、ほとんど同じコードで、Android用とiOS用のアプリをリリースすることができるというのが最大の魅力です。

React NativeのWebサイトを見ると、React Nativeを使って作成されたアプリの一覧が掲載されています。多くのアプリが、iOS/Androidの両方に対応しているのがわかります。

React Nativeで作成されたアプリの一覧

```
React Nativeで作られたアプリの一覧（React Native > Showcase）
[URL] https://facebook.github.io/react-native/showcase.html
```

ただし、iOSのアプリを作るためにはmacOSが必要になります。そこで、本書では、最初に、Androidの開発環境のセットアップ方法について紹介し、次節でiOSの開発環境のセットアップ方法を紹介します。

Androidの開発環境のセットアップ

Androidの開発を行うには、最初にAndroidのビルド環境を整える必要があります。そのために、Android Studioをインストールします。

手順 (1) Android StudioとSDKをインストール

次のURLからAndroid Studioのインストーラーをダウンロードし、インストールします。インストーラーを起動し、指示に従って「Next」ボタンを数回押すだけでセットアップが完了します。

Android StudioのWebサイト

```
Android Studio
[URL] https://developer.android.com/studio/index.html
```

手順 (2) 環境変数に ANDROID_HOME を登録

続いて、コマンドラインから Android SDK が利用できるように、環境変数に ANDROID_HOME に、Android SDK のパスを設定します。

Android SDK のパスを調べるには、Android Studio を起動します。

初回に Android Studio を起動したときは、Welcome ダイアログが出ます。そこで、「Start a new Android Studio project」をクリックして、適当にプロジェクトを作成します。

Android Studio を最初に起動すると Welcome ダイアログが表示される

次に、メインメニューから [Tools > Android > SDK Manager] をクリックします。

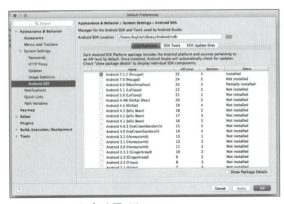

Android SDK のパスを調べる

Android SDK のパスが分かったら、環境変数を OS に登録しましょう。

【macOS の場合】

macOS では、~/.bashrc に、以下の一行を追記します。「=」より右側の部分に、実際に Android SDK がインストールされているパスを指定します。

```
# export ANDROID_HOME=(実際のパス)
export ANDROID_HOME=/Users/ユーザー名/Library/Android/sdk
```

【Windowsの場合】

Windowsでは「コントロールパネル > システムとセキュリティ > システム > システムの詳細設定 > 環境変数」で環境変数を表示して、ANDROID_HOMEを設定します。

環境変数ANDROID_HOMEを設定します

手順(3) Android 6.0(API 23)以上をインストール

先ほどAndroid StudioのSDK ManagerでSDKのパスを確認しましたが、今度は、インストールされているSDKプラットフォームのバージョンを確認してみましょう。React Nativeでは、Android 6.0(API 23)以上のSDKをインストールしておく必要があります。もし、SDKがインストールされていない、あるいは古いバージョンならば、SDK Managerの画面で、Android 6.0(API 23)以上のSDKを選んでインストールしておきましょう。

手順(4) Androidの実行環境を準備しよう

もし、Android実機を持っていない場合は、AVD Managerを使って、Androidエミュレータを作成します。Android StudioのAVD Managerは、メニューから [Tools > Android > AVD Manager] で起動できます。

Android実機を使う場合は、Androidの開発者メニューを有効にします。その方法ですが、Androidの設定アプリを開いて「端末情報 > ソフトウェア情報」とタップし、表示された「ビルド番号」を7回連続でタップします。すると、設定アプリに「開発者向けオプション」という項目が表示されます。開発者オプションをONにし、USBデバッグをオンにしてから、USBでAndroid実機とPCを接続します。

ビルド番号を7回タップすると開発者向け
オプションが表示されます

開発者向けオプションが有効になった瞬間

開発者向けオプションが表示されているのを確認できます

手順 (5)　Android 実機と PC で通信を行うよう設定

　USB で PC と Android 実機をつないだ後、デバッグができるように、次のコマンドを実行しましょう。adb とは、Android Debug Bridge の略であり、PC から Android 端末を操作するためのコマンドラインツールです。

adb は先ほど指定した環境変数 ANDROID_HOME のパス以下、platform-tools にあります。次のコマンドを実行すると、PC 側と Android 側で 8081 番ポートで通信できるようになります。adb が見つからずエラーが出る場合には、ANDROID_HOME にパスを通すか、絶対パスで指定してください。

```
$ adb reverse tcp:8081 tcp:8081
```

手順 (6)　ReactNative をインストールしよう

macOS では、Homebrew を利用して、Node.js と watchman をインストールしておく必要があります。Node.js はすでにインストール済みと思いますので、次のように、watchman をインストールします。

```
$ brew install watchman
```

Windows では、Python2 と JDK のインストールが必要になります。インストールには、コマンドラインからパッケージがインストールできる Chocolatey を使います。

```
Chocolatey
[URL] https://chocolatey.org/
```

上記の Web サイトより、Chocolatey をダウンロードし、インストールしてください。インストールが完了したら、コマンドラインからコマンドをタイプしてインストールを行いましょう。

```
> choco install nodejs.install
> choco install python2
> choco install jdk8
```

そして、次のコマンドを実行して、React Native をインストールしましょう。

```
$ npm install -g react-native-cli
```

続いて、プロジェクトを作成しましょう。以下のコマンドを実行すると「TestNative」というプロジェクトを作成し、自動的に必要なモジュールがインストールされます。

```
$ react-native init TestNative
$ cd TestNative
```

そして、次のコマンドを実行して React Native のサンプルを実行しましょう。

```
$ react-native run-android
```

以上の手順で、Android 端末に次のような画面が表示されます。

Android で React Native が実行されたところ

　もし、エラーが出て動かない場合は、Android SDK が正しく設定できていないので、手順を最初から一つずつ確認してください。また、Android 端末に上記の画面ではなく、真っ赤な画面が出た場合も、実行がうまくいっていません。

　うまくいかない場合には、環境変数が有効になっていなかったり、USB デバイスが認識されていないなどの問題が考えられます。PC を再起動してから挑戦してみてください。

手順 (7)　Wi-Fi 経由でリモートデバッグできるようにしよう

　最初のアプリインストールは、USB 経由で実行するしかありませんが、2 回目以降は、Wi-Fi 経由でデバッグすることができます。

　Android 端末をシェイクするとメニューが表示されるので、そのメニューから「Dev Settings > Debug server host & port for device」をタップし、そこに、デバッグしている PC の IP アドレスを指定し、再度メニューから「Reload」をタップします。

プログラムを書き換えてみよう

React Native のメインプログラムは、プロジェクトのディレクトリにある「index.android.js」です。このファイルを書き換えてみましょう。

●file: src/ch4/TestNative/index.android.js

```javascript
// 必要なモジュールを読み込む --- (※1)
import React, { Component } from 'react'
import {
  AppRegistry, StyleSheet, Text, View
} from 'react-native'

// メインコンポーネントの定義 --- (※2)
export default class TestNative extends Component {
  render() {
    const msg =
      '石を捨てるのに時があり\n' +
      '石を集めるのに時がある'
    return (
      <View style={styles.base}>
        <Text style={styles.title}>{msg}</Text>
      </View>
    )
  }
}

// スタイルの設定 --- (※3)
const styles = StyleSheet.create({
  base: {
    flex: 1,
    justifyContent: 'center',
    alignItems: 'center',
    backgroundColor: '#F0F0FF'
  },
  title: {
    fontSize: 46
  }
})

// アプリにコンポーネントを登録 --- (※4)
AppRegistry.registerComponent('TestNative', () => TestNative)
```

Android 端末を振ってメニューを出したら「Reload」をタップすると画面が以下のように書き換わります。また「Enable Live Reload」を実行すると、プログラムを書き換えただけで、自動的に更新されるようになります。

プログラムを書き換えて実行したところ

　プログラムを確認してみましょう。プログラムの (※ 1) では、必要なモジュールを読み込みます。ここで、Text や View という要素が使えるように指定している部分に注目しましょう。これらは、React Native が用意している UI コンポーネントです。

　プログラムの (※ 2) では、メインコンポーネントを定義しています。ここで定義したコンポーネントを (※ 4) の registerComponent() メソッドで登録します。

　このコンポーネントでは、View 要素とその内側に Text 要素を定義し、格言を一つ表示するだけという簡単なものです。また、各コンポーネントの見栄えを指定するには、(※ 3) で定義しているスタイルシートを利用します。

　プログラムの (※ 3) のスタイルシートは、HTML の CSS に似た名前のものもありますが、異なるものも多くあります。そのため、実際にどんな要素を指定できるかは、React Native のマニュアルを参照する必要があります。

アプリを配布しよう

　さて、アプリが完成した時のために、どのように配布できるかを確認しておきましょう。
　Android アプリを配布するには、生成した APK ファイルを、Google Play に登録するか、Web にアップロードするだけです。ただし、Web にアップロードされている APK ファイルをインストールするには、Android 側の設定アプリから「セキュリティ > 提供元不明のアプリ」をオンにしておく必要があります。

248

第4章　フロントエンド開発 - Electron と React Native

それでは、APK ファイルを作成しましょう。一般的に配布用の APK ファイルには、固有のキーを利用して署名を行うことになっています。

鍵ファイルを作成する

署名を行うために、keytool を利用して鍵ファイルを作成します。keytool は、以下のパスにあります。

```
[Windows] C:¥Program Files¥Java¥jdk****¥bin
[macOS]  /usr/bin/keytool
```

次に挙げるコマンドを実行して鍵ファイルを作成します。コマンドを実行すると、パスワードなどの入力を求められますので、パスワードを決めて入力します。

```
$ keytool -genkey -v -keystore my-release-key.keystore -alias my-key-
alias -keyalg RSA -keysize 2048 -validity 10000
キーストアのパスワードを入力してください：**** ← パスワードを入力
新規パスワードを再入力してください：*** ←再度、同じパスワードを入力
... ←その後、数回Enterキーを押す
[my-release-key.keystoreを格納中]
```

このようにすると、「my-release-key.keystore」という鍵ファイルが作成されます。そこで、この鍵ファイルを、プロジェクトの android/app ディレクトリにコピーします。

続いて、Android のビルドコマンドの Gradle の設定を行います。パソコンのホームディレクトリ「~/.gradle/gradle.properties」をテキストエディターで作成します。

内容は、次のようなものにします。(**** の部分は、先ほど指定したパスワードに置き換えてください。)

```
MYAPP_RELEASE_STORE_FILE=my-release-key.keystore
MYAPP_RELEASE_KEY_ALIAS=my-key-alias
MYAPP_RELEASE_STORE_PASSWORD=****
MYAPP_RELEASE_KEY_PASSWORD=****
```

gradle の設定を書き換える

続いて、android/app/build.gradle ファイルを書き換えましょう。

249

```
...
android {
    ...
    defaultConfig { ... }
    /* 以下を追加 */
    signingConfigs {
        release {
            if (project.hasProperty('MYAPP_RELEASE_STORE_FILE')) {
                storeFile file(MYAPP_RELEASE_STORE_FILE)
                storePassword MYAPP_RELEASE_STORE_PASSWORD
                keyAlias MYAPP_RELEASE_KEY_ALIAS
                keyPassword MYAPP_RELEASE_KEY_PASSWORD
            }
        }
    }
    buildTypes {
        release {
            ...
            signingConfig signingConfigs.release /* この行を追加 */
        }
    }
}
...
```

そして、APK ファイルを生成するために、次のコマンドを実行します。

```
$ cd android && ./gradlew assembleRelease
```

すると、「(プロジェクトルート)/android/app/build/outputs/apk/app-debug.apk」に、APK ファイル
が生成されます。

また、Android 実機で、完成したアプリをテストするには、以下のようにします。このとき、以前イ
ンストールしたテストアプリは一度アンインストールしておく必要があります。これは、鍵ファイル
が変更されたため、同名のアプリをインストールできないからです。

```
$ react-native run-android --variant=release
```

実機開発のメモ

筆者の経験則ですが、ビルドはうまくいっているのに実機に転送がうまくできない場合、Android 実
機をつないでいる USB を何度か抜き差しすると、うまく実機を認識できます。あるいは、既にそのア
プリがインストールされている場合には、一度、該当アプリをアンインストールしておくと良いで
しょう。

250

第 4 章　フロントエンド開発 - Electron と React Native

- React Native を使うと、iOS と Android 双方に対応したスマホアプリを作ることが可能です
- React Native を使えば、React の作法でスマホアプリの開発ができます
- 各 OS のネイティブコンポーネントを利用できるので、高速に動作します

05 React Nativeでスマホアプリを作ってみよう(iOS編)

ここで学ぶこと
- React Nativeについて
- iPhone/iPadなどiOSアプリの作り方

使用するライブラリー・ツール
- React Native
- Xcode

前節では、React Native を使って Android アプリを作る方法を紹介しました。本節では、iOS 向けのアプリを作る方法を紹介します。基本的な部分は Android 版と同じなので、iOS 向けのセットアップ方法を中心に紹介します。

iOS 開発のための React Native のインストール

iOS のアプリを作るためには、macOS が必要になります。したがって、インストールの方法も、macOS があるという前提で進めていきます。まずは、必要となるライブラリをインストールします。

```
$ brew install watchman
$ npm install -g react-native-cli
```

次に、iOS の開発環境の Xcode をインストールします。App Store から無料でインストールできます。

```
Xcode
[URL] https://itunes.apple.com/us/app/xcode/id497799835?mt=12
```

Xcode の案内ページ

Xcode をインストールすると、iOS シミュレータとビルドに必要なツール一式がインストールされます。

　次いで、Xcode Command Line Tools が必要なので、これもインストールしましょう。インストール方法ですが、Xcode のメインメニューから「Preferences...」をクリックします。次いで、Locations タブをクリックし、Command Line Tools をインストールします。以下の図のように、Command Line Tools に最新の Xcode のバージョンを指定します。

コマンドラインツールの項目を設定する必要があります

React Native プロジェクトの作成

それでは、React Native のプロジェクトを作成しましょう。

```
$ react-native init TestNative
$ cd TestNative
```

そして、サンプルプロジェクトを iOS 用に実行しましょう。

```
$ react-native run-ios
```

　すると、おもむろに iOS シミュレータが起動され、プロジェクトのビルドが始まります。正しくビルドが行われると、以下のような画面が表示されます。

253

React Native のサンプルが iOS シミュレータで実行されたところ

サンプルプロジェクトを書き換えよう

　iOS 用のメインファイルは、「index.ios.js」です。ここでは、次のようにプログラムを書き換えてみましょう。Android 用のメインファイルとほとんど同じコードですが、配列を元にして複数の Text コンポーネントを配置してみましょう。

●file: src/ch4/TestNative/index.ios.js

```
// 必要なモジュールの宣言
import React, { Component } from 'react'
import {
  AppRegistry, StyleSheet, Text, View
} from 'react-native'

// メインコンポーネントの宣言 --- (※1)
export default class TestNative extends Component {
  render () {
    // 配列データを定義 --- (※2)
    const lines = [
      '生まれるのに時あり', '死ぬのに時がある', '---',
      '泣くのに時があり', '笑うのに時がある', '---',
      '黙っているのに時があり', '話すのに時がある'
    ]
    // 配列データを元に複数のコンポーネントを生成 --- (※3)
    const textLines = lines.map((e, i) => {
      return <Text
        style={styles.line}
```

```
        key={e + i} children={e} />
    })
    return (
      <View style={styles.container}>
        {textLines}
      </View>
    )
  }
}

// スタイルシートを宣言
const styles = StyleSheet.create({
  container: {
    flex: 1,
    justifyContent: 'center',
    alignItems: 'center',
    backgroundColor: '#F5FCFF'
  },
  line: {
    fontSize: 20,
    textAlign: 'center',
    margin: 10
  }
})

// メインコンポーネントを登録 --- (※4)
AppRegistry.registerComponent('TestNative', () => TestNative)
```

iOS シミュレータ上で、[command]+[R] キーを押すと、次のように画面が更新されます。

サンプルを書き換えてみたところ

また、[command]+[D] キーを押すとメニューが表示されます。[Enable Live Reload] をタップしておくと、プログラムを書き換えただけで、画面が更新されるようになります。

メニューが表示されたところ

　それでは、プログラムを確認してみましょう。プログラムの (※1) では、メインコンポーネントを宣言し、(※4) の部分で、コンポーネントを登録します。プログラムの (※2) では、配列データを定義し、(※3) の部分では、配列データを元に、複数の Text コンポーネントを作成します。

iOS 実機で実行する方法

　次に iOS 実機で動作確認してみましょう。無料で開発者アカウントを作成すれば、実機でアプリをテストすることができます。
　ただし、コマンドラインからは実行できません。プロジェクトの ios ディレクトリの中に、Xcode のプロジェクト「(プロジェクト名).xcodeproj」が入っています。これをダブルクリックして Xcode で起動します。

iOS ディレクトリに Xcode のプロジェクトがあります

第 4 章　フロントエンド開発 - Electron と React Native

そして、USB ケーブルで iOS 端末と PC を接続します。画面の左上に [TestNative>iPhone **] という表示があるので、そこをクリックして、USB で接続した iOS 端末の名前を選択します。実行ボタンを押すと、iOS 端末でアプリが実行できる準備が整います。ただし、iOS 端末ではロックを解除して、ホーム画面を出した状態にしておく必要があります。

iOS 端末の名前を選択

ここまでの手順で、実行準備が整いましたが、実機で実行することはできません。Apple ID を指定する必要があります。もし、Apple ID がなければ取得しましょう。

次いで、メインメニューの「Preferences...」をクリックします。[Accounts] のタブを表示し、画面左下にある [+] をクリックして、[Add Apple ID...] から、開発者用の Apple ID を追加します。さらに、[Manage Certificates...] をクリックし、左下の [+] から [iOS Development] を追加します。

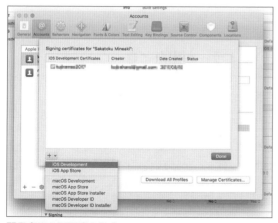

開発者用の証明書を作成

次に、Xcode の左側にあるファイル名の一覧から、プロジェクトファイル「TestNative」をクリックします。そして、右側でプロジェクトの設定をするのですが、[General] のタブをクリックします。続いて、TARGETS にある「TestNative」をクリックします。

257

以下のような画面になるので、Identity の Bundle Identifier の項目に他と被らないユニークな ID を指定します。例えば、「(自分の持っているドメイン名).TestNative」などにします。さらに、Signing で、Automatically manage signing にチェックを入れて、Team の項目に先ほど作成したアカウントを指定します。すると、自動的に署名関連のファイルが生成されます。

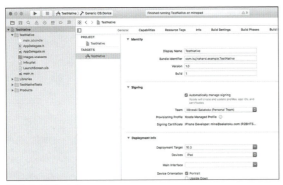

設定を変更します

　再度、実行ボタンを押すと、アプリが iOS 実機にインストールされます。iOS 実機のホーム画面でタップしてアプリを実行しようとすると「信頼されていない開発元」というダイアログが出ます。そこで、[設定] アプリを起動し、「一般 > デバイス管理 > デベロッパ APP > (Apple ID)」をタップします。そして「(Apple ID) を信頼」というボタンをタップします。改めてアプリを起動すると、正しく実行できます。

　無料の開発者アカウントですと、アプリ開発者の認証作業があり、若干面倒ですが、実機でテストすることができます。

Node のバイナリが見つからないというエラーが出たとき

　Xcode で実行したときに、「error: Can't find 'node' binary to build React Native bundle」というエラーが出た場合、プロジェクトの設定を変更する必要があります。これは、Node のバイナリファイルが見つからない場合に出るエラーです。

　再度、Xcode で Project ファイルを選択し、TARGETS の下の「TestNative」をクリックします。そして、[Build Phases] タブを開き、「Bundle React Native code and image」の項目で指定している NODE_BINARY の部分を変更します。ターミナルで「which node」というコマンドを実行し、node のパスを調べて、そのパスを指定します。

```
export NODE_BINARY=node
       ↓
export NODE_BINARY=(Nodeバイナリのパス)
```

エラーがなく実行できると、以下の画面のように実機上で動作を確認することができます。

iPad でアプリを実行したところ

App Store で配布しよう

iOS アプリが完成したら、アプリを配布しましょう。iOS アプリを配布するには、Apple AppStore にアプリを登録する必要があります。そのためには、Apple Developer Program を購入しなくてはなりません。原稿執筆時点で、登録料は年間 11,800 円です。以下のサイトにアクセスし、登録を行います。

```
Apple Developer（開発者用サイト）
[URL] https://developer.apple.com/
```

まとめ

 React Native で iOS アプリを作るには、macOS が必要です

 iOS シミュレータがあるので、実機がなくてもアプリの開発が可能です

 アプリを iOS 実機でテストするだけならば無料ですが、AppStore で公開するためには、有料の Apple Developer Program を購入する必要があります。

06 スマホ用マストドンクライアントを作ってみよう

ここで学ぶこと
- React Nativeで実用的なアプリの制作

使用するライブラリー・ツール
- React Native
- Xcode または Android Studio

ここまでの手順で、React Native の基本的な使い方をマスターできました。ここでは、React Native の実用的な例としてマストドンのクライアントアプリに挑戦してみましょう。

ここで作るプログラム

　本節では、React Native の実践的な利用例として、マストドンのクライアントアプリを作ってみましょう。React Native では、React Native 独自のコンポーネントを組み合わせて作ります。そのため、HTML5(Electron) で作ったのとは、少し、構造が異なるものとなります。本節で作った Electron のクライアントとプログラムを比べてみるのも面白いでしょう。

マストドンのクライアントを作ります - iOS で実行したところ

Android で実行したところ

また、React Nativeでは、できるだけOSが提供する標準コントロールを利用してUIを構築するため、同じプログラムから生成したアプリであっても、iOSとAndroidで、少し雰囲気が変わるのも特徴です。

React Nativeのプロジェクトを作成しよう

前節までの手順も参考にして、React Nativeのプロジェクトを作成しましょう。まずは、以下のコマンドを実行して、ひな型を作ります。

```
$ react-native init native_mstdn
$ cd native_mstdn
```

そして、一度、サンプルプロジェクトをビルドしてみましょう。この部分は、OSに応じた方法で実行してください。以下、簡単な抜粋です。

```
# iOSの場合
$ react-native run-ios
# ---
# Android(実機)の場合
$ adb reverse tcp:8081 tcp:8081
$ react-native run-android
```

この部分は、前節と同じですが、コマンドを実行すると、iOSであれば、シミュレーターが実行され、以下のような画面が表示されます。

サンプルが実行されたところ

261

うまくサンプルプログラムが実行されたら、マストドンのクライアントアプリ制作に取りかかりましょう。

React Native 用マストドンのクライアント

すでに、3節でElectronを利用して、マストドンのクライアントを作りました。紙面も限られていますので、ここで作るクライアントでも、アクセストークンを取得した状態で、動作するアプリを作ってみます。トークンについては4章3節を参照してください。

p.228で紹介したスクリプトを実行して、トークンを取得し、次に挙げるプログラム(※1)の変数「mstdnToken」のトークンの指定部分を書き換えましょう。以下のプログラムは、クライアントのメイン・コンポーネントの定義です。

●file: src/ch4/native_mstdn/MastodonClient.js

```
// 利用するコンポーネントを列挙する
import {
  StyleSheet, Text, TextInput, View, Image,
  Button, WebView, FlatList
} from 'react-native'
import React, { Component } from 'react'

// マストドンの設定を以下に記述(トークンは書き換えてください) --- (※1)
const mstdnToken = 'f65e1d0182f57b7b06d...2b9f42c24f5'
const apiUrl = 'https://pawoo.net/api/v1/'

// マストドンのAPIを利用する関数を定義 --- (※2)
function callAPI (uri, options, callback) {
  options.headers = {
    'Authorization': 'Bearer ' + mstdnToken,
    'Content-Type': 'application/json'
  }
  console.log(options)
  fetch(apiUrl + uri, options)
    .then((response) => response.json())
    .then(data => {
      console.log(data)
      callback(data)
    })
    .catch((error) => {
      console.error(error)
    })
}
```

第 4 章　フロントエンド開発 - Electron と React Native

```
// マストドンのクライアントアプリのメインコンポーネント --- (※3)
export default class MastodonClient extends Component {
  constructor (props) {
    super(props)
    this.state = {
      token: mstdnToken,
      timelines: [],
      tootdata: ''
    }
    this.loadTimelines()
  }
  // APIを呼びだしてタイムラインを読む --- (※4)
  loadTimelines () {
    callAPI('timelines/home', {method: 'GET'}, e => {
      this.setState({timelines: e})
    })
  }
  // メイン画面を描画 --- (※5)
  render () {
    return (
      <View style={styles.container}>
        {this.renderEditor()}
        <FlatList
          keyExtractor={item => item.id}
          data={this.state.timelines}
          renderItem={e => this.renderTimelines(e)}
          />
      </View>
    )
  }
  // エディタ部分 --- (※6)
  renderEditor () {
    return (
      <View style={styles.inputview}>
        <TextInput
          style={styles.input}
          value={this.state.tootdata}
          onChangeText={e =>
            this.setState({tootdata: e})}
          placeholder='今、何してる?'
          />
        <Button title='トゥート'
          style={styles.tootButton}
          onPress={e => this.toot(e)} />
      </View>
    )
  }
```

263

```
// タイムラインの各アイテムを描画 --- (※7)
renderTimelines (item) {
  const e = item.item
  const src = {uri: e.account.avatar}
  // 表示名の確認 --- (※8)
  let name = e.account.display_name
  if (!name) name = e.account.acct
  return (
    <View style={styles.item} key={e.id}>
      <View style={styles.avatar}>
        <Image source={src}
          style={styles.avatarImage} />
      </View>
      <View style={styles.itemText}>
        <Text style={styles.name}>{name}</Text>
        <WebView style={styles.body}
          automaticallyAdjustContentInsets={false}
          source={{html: e.content}}
        />
      </View>
    </View>
  )
}
// 発言処理 --- (※9)
toot (e) {
  const options = {
    'method': 'POST',
    'body': JSON.stringify({
      'status': String(this.state.tootdata)
    })
  }
  callAPI('statuses', options, e => {
    console.log(e)
    this.loadTimelines()
    this.setState({'tootdata': ''})
  })
}
}

// スタイルの指定 --- (※10)
const styles = StyleSheet.create({
  container: {
    flex: 1,
    justifyContent: 'center',
    alignItems: 'center',
    backgroundColor: 'white'
  },
```

```
  inputview: {
    justifyContent: 'center',
    alignItems: 'center',
    height: 100,
    margin: 8,
    padding: 8,
    backgroundColor: '#fff0f0'
  },
  input: {
    width: 330,
    height: 40,
    backgroundColor: '#f0f0f0'
  },
  tootButton: {
    color: '#841584',
    padding: 4,
    margin: 4
  },
  item: {
    flex: 1,
    flexDirection: 'row',
    borderBottomColor: 'gray',
    borderBottomWidth: 2,
    marginBottom: 8
  },
  avatar: {
    height: 120,
    width: 100
  },
  itemText: {
    flexDirection: 'column',
    width: 250
  },
  avatarImage: {
    width: 100,
    height: 100
  },
  name: {
    padding: 4,
    margin: 4,
    fontSize: 14,
    backgroundColor: '#f0ffff'
  },
  body: {
    padding: 4,
    margin: 4,
    backgroundColor: 'transparent'
  }
})
```

React Native では、OS ごとに実行されるメインプログラムが異なりますが、この程度のプログラムであれば、iOS も Android もまったく同じ内容で大丈夫です。

●file: src/ch4/native_mstdn/index.android.js

```
import { AppRegistry } from 'react-native'
import MastodonClient from './MastodonClient.js'
AppRegistry.registerComponent('native_mstdn', () => MastodonClient)
```

●file: src/ch4/native_mstdn/index.ios.js

```
import { AppRegistry } from 'react-native'
import MastodonClient from './MastodonClient.js'
AppRegistry.registerComponent('native_mstdn', () => MastodonClient)
```

プログラムを実行するには、改めて、この実行コマンドを実行します。プログラムが正しく実行されると、ユーザーの Home タイムラインが表示されます。そして、テキストを入力して「トゥート」ボタンを押すと、その内容が書き込まれます。

テキストを書き込んで「トゥート」のボタンを押すと……

書き込んだ内容がタイムラインに表示されます

プログラムのポイントを確認しよう

それでは、プログラムを確認してみましょう。プログラムの (※ 1) では、マストドンのインスタンス URL とアクセストークンを指定します。ここは、利用の際に書き換えが必要です。

プログラムの (※ 2) では、マストドンの API を呼びだす関数を定義しています。ここでは、XMLHttpRequest と同じように、非同期通信を行うことができる fetch API を利用しています。この API を呼び出し、結果を callback 関数に返すようにしています。

プログラムの (※ 3) の部分では、メイン・コンポーネントを定義します。(※ 4) の部分では、API を呼びだしてタイムラインを表示します。

プログラムの (※ 5) では、メイン画面を描画します。(※ 6) ではエディター部分、(※ 7) ではタイムラインの各アイテムを描画する部分を指定します。タイムラインの描画には、FlatList コンポーネントを利用します。FlatList では、data プロパティに配列データを、renderItem プロパティをどのように描画するかを指定します。(※ 8) では、表示名を確認します。display_name プロパティは空である可能性があるので、空の場合、acct プロパティを表示するようにします。

プログラムの (※ 9) では、トゥートボタンが押された時の処理を記述します。API を呼びだして、書き込みを行います。

タイムラインの描画には、(※ 5) で指定している通り、FlatList コンポーネントを 利用します。FlatList では、data プロパティに配列データを指定します。そして、renderItem プロパティにはどのように描画するか描画関数を指定します。flexDirection には、"column" か "row" を指定して、どのように、コンポーネントを配置するかを指定します。flexDirection に "column" を指定するとコンポーネントを縦方向に配置し、"row" を指定するとコンポーネントを横方向に配置します。flex プロパティには、各コンポーネントの割合を指定します。

ここまでの手順で、マストドンクライアントの作り方を解説してきました。前回作ったものと同じく認証画面を作っていませんので、ログイン画面を追加して、アプリを完成させると良いでしょう。その際は、AsyncStorage などの API を利用して、取得したトークンを端末内に保存する必要があるでしょう。

React Native には、さまざまなプラグインがあり、それらを追加することで、より完成されたアプリを制作できます。いろいろなアイディアを盛り込んで、楽しいアプリを作ってください。

まとめ

 React Native を使うと、さまざまなクライアント・アプリを、比較的手軽に作ることができます

 iOS と Android 両対応のアプリを作るのはそれほど難しくありません。しかし、OS ネイティブのコントロールを利用するため、見た目の雰囲気は変わります

 JSX の View コンポーネントを利用して、画面レイアウトを作っていきます。そのため、上手に画面をレイアウトするには、flex/flexDirection 等のプロパティをどう設定するかが鍵となります

第5章

SPA のためのフレームワーク

5章では、SPA開発に欠かせないフレームワークやノウハウを紹介します。React の使い方をさらに広げる、さまざまなライブラリの使い方や考え方を学んでいきましょう。

01 SPA——Webサーバーと Reactの役割分担

ここで学ぶこと

- SPAについて
- WebサーバーとReactの役割分担

使用するライブラリー・ツール

- React/JSX

SPA(Single Page Application)とは、単一のWebページで構成されるアプリです。本節では、SPAを実現する技術について、また、従来のWebアプリとどう違うのかについてまとめてみます。

SPA について

SPA(Single Page Application)はその名の通り単一のWebページによって、1つのアプリを構築しようというものです。HTML/JavaScriptでUIを実装します。かつて、Webの表現力を補うために、FlashやSilverlightといった技術が使われてきました。その後、AjaxやHTML5、スマホの普及によって、SPAが用いられるようになりました。それにより、HTML5の表現力は、デスクトップアプリに勝るとも劣らないレベルになってきました。

実際には、SPAといっても単一のWebページだけですべてが閉じているわけではありません。必要に応じて、Webサーバーと相互に通信しながら処理を進めていきます。

それでは、従来のWebアプリと、SPAによるアプリは、何が異なっているのでしょうか。

従来の Web アプリとの違い

従来のWebアプリは、HTTPのリクエストとレスポンスの繰り返しで成り立っています。つまり、何か画面の表示を変更するたびに、Webサーバーと通信する必要がありました。それに対して、SPAでは、HTML5でかなりの部分を処理できるので、必要な時だけWebサーバーと通信します。Webサーバーとの通信が減れば、それだけ、使い勝手や操作性が良くなります。

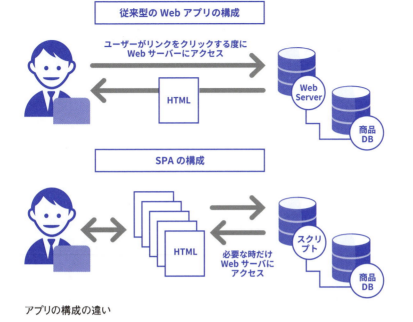

アプリの構成の違い

SPAの欠点

SPAも良いことばかりではありません。

SPAでは、多くの場合複数モジュールを読み込むので、初回の読み込みに時間がかかります。また、画面を構成するため、最初のレンダリングにも時間がかかります。一度読み込んでしまえば、快適に使えるのですが、読み込みに時間がかかってしまいます。

少し前までは、SPAは、従来型のWebアプリよりも、SEO的に弱くなるとも言われていました。これについては、現在ではReactで作ったサイトも、しっかりと検索エンジンのクローラーに拾ってもらえることがわかっています。そのため、従来と同様に検索エンジン向けのSEO対策を行えば良いでしょう。

WebサーバーとReactの役割分担

この節の冒頭に挙げたSPAの構成図にあるように、ユーザーはアプリをダウンロードした後は、必要な時以外サーバーと通信することはありません。そのため、ユーザーは操作のたびにWebサーバーからの応答を待つ必要はありません。しかし、昨今のアプリでは、Webサーバーと通信する必要のないケースは少ないでしょう。そのため、SPAではWebサーバーと上手に役割分担を行うことが必要になってきます。

本書は、React を中心にした解説本ですので、SPA の作成例に React を利用します。このとき、React がユーザーとの対話を担当します。もちろん、必要な時だけサーバーと通信を行うようにします。サーバー側は、React に対して必要な API を提供します。API(Application Programming Interface) というのは、ソフトウェアの機能やデータなどを、外部のプログラムから呼び出して利用するための機能です。

React を使わない場合でも SPA でアプリを作成すると、Web サーバーとクライアントアプリの役割分担は同じようなものになります。React を使えば、Virtual DOM やコンポーネントなどの仕組みにより、効率的にアプリを作ることができます。

掲示板アプリで考えてみる

簡単な掲示板を例に出してみましょう。従来型の掲示板では、ユーザーがサーバーにアクセスすると、サーバー側で掲示板の画面をデータをレンダリングして、結果をユーザーに送信するようにしていました。

これに対して、React を使う場合にはユーザーは React にアクセスします。そして、React はサーバーに対して「書き込みの一覧が欲しい」と依頼します。サーバーは要求通り、書き込みの一覧を React に返します。React では、その一覧を元に画面を生成します。

ユーザーが掲示板に書き込みたい場合には、React でテキストエディターをユーザーに示し、テキストを入力してもらいます。そして、ユーザーが書き込みボタンを押した時点で、はじめて React 側からサーバー側に書き込み依頼を出します。

つまり、掲示板を作る場合、サーバー側では、以下の API を定義することになります。

エントリーポイント	説明
/getItems	掲示板に書き込まれている投稿一覧を取得する
/write	掲示板に投稿する

Web サーバー側で API を定義し、それに React 側からアクセスすると決めておけば、役割分担が容易になります。サーバー側とクライアント側で担当者を分けるのも容易ですし、一人で両方を作る場合にも、明確に作業を分担できるので、混乱せずに済みます。

272

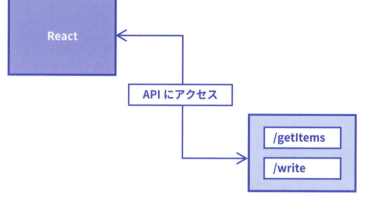

APIを介してサーバーと連携する

この図を実装した掲示板アプリを、以降の節で紹介します。

> まとめ
> SPAは1ページで1つのアプリを作ることです
> Reactを使ってSPAの作成を行うことができます
> SPAでは、サーバーとSPA側でしっかり役割分担することで、分業が容易になります

COLUMN

そもそもWebアプリフレームワークとは？

　1章では、フレームワークを使わずNode.jsでWebサーバーと簡単なWebアプリを作ってみました。しかし、実際にNode.jsでWebアプリを作る場合には、実用的なWebフレームワークを利用するのが一般的です。ここでは、Node.jsの主要なWebフレームワークについて紹介します。

● Web フレームワーク紹介
　Webフレームワークは多数ありますが、Node.jsに限って見ると、それほどたくさんあるわけではありません。そこで、ここでは、Expressと、その他のフレームワークについて広く浅く紹介します。

● Express - 最も利用されているフレームワーク

　Expressは、Node.js で最も利用されているフレームワークです。Web アプリを開発する上で、必要となる機能が一通り揃っています。例えば、URI のルーティングからセッション管理など、Web アプリを作る際に必要となる、さまざまな機能を利用することができます。

```
Express
[URL] https://expressjs.com/
```

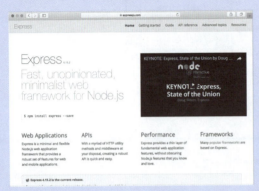

▲ Express の Web サイト

● Koa - JS 最新機能を利用したフレームワーク

　Koa は、Express の開発陣によって新たに開発されている Web フレームワークです。Express の後継フレームワークとも言えます。JavaScript の最新の機能を利用して作られており、async/await を利用して、JavaScript のコールバック地獄を回避する仕組みで作られています。

```
Koa
[URL] http://koajs.com
```

▲ Koa の Web サイト

● Meteor - フルスタックのフレームワーク

　Meteor は、Web アプリの開発を素早く行うためのフルスタックのフレームワークです。Meteor は、クライアントからサーバーまで JavaScript で開発できることのメリットを活かしています。サーバーとクライアントの両方で使うコードの共有が簡単にできます。エディターでソースコードを更新すると、すぐにアプリ画面に反映されるなど、リアルタイムに開発を行うことができます。

　また、Meteor で使用可能なパッケージを配布している Atmosphere という Web サイトも用意されています。この Web サイト自身が Meteor で作られており、その威力を実感することのできる作りとなっています。

▲ Meteor の Web サイト

```
Meteor
[URL] https://www.meteor.com
---
Atmosphere
[URL] https://atmospherejs.com
```

●もっとも利用されているのは Express

他にもたくさんの Web フレームワークがありますが、本書では、最も利用されている Express にフォーカスして紹介しています。

02 Webアプリ用フレームワーク Express

ここで学ぶこと

● Expressの使い方

使用するライブラリー・ツール

● Express
● body-parser
● multer

Express は Node.JS の世界で最も利用されている Web アプリ開発用フレームワークです。ここでは、Express の基本的な使い方を紹介します。SPA の節で紹介した、React と共に使う場合には、サーバーは API を提供することになりますので、その点にフォーカスして紹介します。

Express のインストール

Express をインストールするには、プロジェクトのディレクトリを作って、npm を使ってインストールします。

```
# プロジェクトのディレクトリを作成
$ mkdir express_test
$ cd express_test
$ npm init -y
# Expressのインストール
$ npm install --save express
```

Hello World を作ろう

次に、Express を利用して、画面に「Hello, World!」と表示するプログラムを作ってみましょう。

● file: src/ch5/express_test/hello.js

```
// Expressのモジュールを取り込んで生成 ---（※1）
const express = require('express')
const app = express()
const portNo = 3000
```

```
// アクセスがあった時 --- (※2)
app.get('/', (req, res, next) => {
  res.send('Hello World!')
})

// サーバーを起動 --- (※3)
app.listen(portNo, () => {
  console.log('起動しました', `http://localhost:${portNo}`)
})
```

プログラムを実行するには、次のようにコマンドを実行し、指定された URL に Web ブラウザーでアクセスします。

```
$ node hello.js
起動しました http://localhost:3000
```

Express を使った簡単なサンプル

　結果だけを見ると、1 章で見た、Express を使わないプログラムとそれほど変わらないように思えます。

　具体的に見てみましょう。プログラムの (※1) では、Express のモジュールを取り込み、オブジェクトを生成します。そして、(※2) の部分で、アクセスがあったときにどのように反応するかを指定します。ここでは、リクエストが「/」(ルート) にあった時の処理を関数オブジェクトで指定します。そして、(※3) の部分で、サーバーを起動し、起動が完了したらメッセージを表示するという処理になっています。

いろいろなパスに対応しよう

　ただし、このプログラムは、サーバーのルート (/) へのアクセスのみが実装されている状態です。そのため、ルート以外の URL「/index」や「/hoge」、「/fuga/fuga」などにアクセスした場合は、404 エラーを返します。

そこで、いろいろな URL に対応したサーバーを作ってみましょう。本書の1章では、サイコロを作りましたので、これを改めて、Express でも作ってみましょう。「/dice/6」にアクセスした時は6面体のサイコロ、「/dice/12」にアクセスした時は12面体のサイコロの値を返します。

●file: src/ch5/express_test/dice.js

```javascript
// Expressのモジュールを取り込んで生成
const express = require('express')
const app = express()
const portNo = 3000

// URLに応じた処理を行う
// ルートへのアクセス
app.get('/', (req, res) => {
  res.send(
    '<p><a href="/dice/6">6面体のサイコロ</a><br />' +
    '<a href="/dice/12">12面体のサイコロ</a></p>')
})
// サイコロへのアクセス
app.get('/dice/6', (req, res) => {
  res.send('今回の値は...' + dice(6))
})
app.get('/dice/12', (req, res) => {
  res.send('今回の値は...' + dice(12))
})
function dice(n) {
  return Math.floor(Math.random() * n) + 1
}

// 待ち受ける
app.listen(portNo, () => {
  console.log('起動しました', `http://localhost:${portNo}`)
})
```

プログラムを実行するには、次のコマンドを実行し、指定された URL に Web ブラウザーでアクセスします。

```
$ node dice.js
起動しました http://localhost:3000
```

第 5 章　SPA のためのフレームワーク

Express を使ったサイコロ

6 面体にアクセスしたところ

12 面体にアクセスしたところ

　Express を使ったおかげで、1 章のプログラムと比べるとずいぶんスッキリとしました。

URL のパターンマッチを利用しよう

　また、Express では、URL のパスを指定する際に、正規表現を使ったり、特定のパターンを認識することができます。例えば、この例では、「/dice/(何面体か)」のような URL を指定していますが、6 面体と 12 面体しか認識しません。
　これを、「/dice/:num」と記述することで、req.params.num としてアクセスできるようになり、何面体であるかを簡単に取得できます。プログラムを少し書き換えてみましょう。

●file: src/ch5/express_test/dice-ex.js

```
const express = require('express')
const app = express()
const portNo = 3000

// ルートへのアクセス
app.get('/', (req, res) => {
  res.send(
    '<p><a href="/dice/6">6面体のサイコロ</a><br />' +
    '<a href="/dice/12">12面体のサイコロ</a></p>')
})
```

279

```
//  サイコロへのアクセス --- （※1）
app.get('/dice/:num', (req, res) => {
  res.send('今回の値は...' + dice(req.params.num))
})

function dice(n) {
  return Math.floor(Math.random() * n) + 1
}

app.listen(portNo, () => {
  console.log('起動しました', `http://localhost:${portNo}`)
})
```

　どうでしょうか。プログラムが短くなったのに、どんな面数を持つサイコロにも対応できるようになりました。ポイントは、なんと言っても、（※1）の部分です。/dice/:num と書くことで、URL の :num に相当する部分を取得できるのです。

URL パラメーターのクエリー文字列を取得しよう

　また、URL に ?key1=value1&key2=value2&key3=value3... のような、URL パラメーター（クエリー文字列）を指定した場合は、req.query.key1 や req.query.key2 のようにして、値を取得できます。
　次に挙げるプログラムは、URL パラメーターで取得するように書き換えたものです。req.query.q の値を元にして、サイコロが何面体かを決定します。

●file: src/ch5/express_test/dice-q.js

```
const express = require('express')
const app = express()
const portNo = 3000

// ルートへのアクセス
app.get('/', (req, res) => {
  if (!req.query.q) {
    res.send(
      '<p><a href="?q=6">6面体のサイコロ</a><br />' +
      '<a href="?q=12">12面体のサイコロ</a></p>')
  } else {
    const q = parseInt(req.query.q, 10)
    res.send(
      '今回の値は...' + dice(q))
  }
})
```

第5章 SPAのためのフレームワーク

```javascript
function dice(n) {
  return Math.floor(Math.random() * n) + 1
}

app.listen(portNo, () => {
  console.log('起動しました', `http://localhost:${portNo}`)
})
```

POSTメソッドを受け付けるには？

次に、Expressで POST メソッドを受け取る方法について見ていきましょう。フォームデータの投稿や、ファイルのアップロードなど、POST メソッドを利用する場面は多いものです。POST メソッドを受け付けるには、post() を実装します。get() と同じような感じで記述できます。

●file: src/ch5/express_test/post-test.js

```javascript
// Expressを起動
const express = require('express')
const app = express()
app.listen(3000, () => {
  console.log('起動しました - http://localhost:3000')
})
// GETメソッドならWebフォームを表示
app.get('/', (req, res) => {
  res.send('<form method="POST">' +
    '<textarea name="memo">テスト</textarea>' +
    '<br /><input type="submit" value="送信">' +
    '</form>')
})
// POSTメソッドを受け付ける
app.post('/', (req, res) => {
  res.send('POSTされました')
})
```

プログラムを実行してみましょう。コマンドでサーバーを起動します。

```
$ node post-test.js
起動しました - http://localhost:3000
```

281

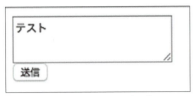

POSTメソッドを受け付けるプログラム

そして、Webブラウザーで「http://localhost:3000」にアクセスします。「送信」ボタンを押すと、POSTメソッドを受け取った旨が表示されます。

POSTされたデータを表示しよう

実際にPOSTされたデータを取得するためにはこれだけでは不十分で、「body-parser」というライブラリを別途インストールしなければなりません。コマンドを実行して、npmでインストールしましょう。

```
$ npm install --save body-parser
```

そして、POSTメソッドで投稿したデータを表示するプログラムは以下のようになります。

●file: src/ch5/express_test/post-show.js

```js
// Expressを起動
const express = require('express')
const app = express()
// body-parserを有効にする
const bodyParser = require('body-parser')
app.use(bodyParser.urlencoded({extended: true}))

app.listen(3000, () => {
  console.log('起動しました - http://localhost:3000')
})
// GETメソッドならWebフォームを表示
app.get('/', (req, res) => {
  res.send('<form method="POST">' +
    '<textarea name="memo">テスト</textarea>' +
    '<br /><input type="submit" value="送信">' +
    '</form>')
})
// POSTメソッドを受け付ける
app.post('/', (req, res) => {
  const s = JSON.stringify(req.body)
  res.send('POSTを受信: ' + s)
})
```

コマンドラインからプログラムを実行して、表示される URL に Web ブラウザーでアクセスしてみましょう。

```
$ node post-show.js
```

ブラウザーが起動したら「送信」ボタンを押してみましょう。POST メソッドで送信したデータが JSON 形式で表示されます。

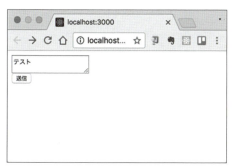

Web ブラウザーで URL にアクセスしたところ

POST メソッドでフォームを投稿したところ

プログラムを見るとわかりますが、req.body で POST されたフォームの値を取得することができます。

アップロードされたファイルを受け取ろう

次に、アップロードされたファイルを Express で受け取る方法について見てみましょう。ファイルを受け取るには「multer」というモジュールを利用します。コマンドラインで以下のコマンドを実行して、モジュールをインストールしましょう。

```
$ npm install --save multer
```

ファイルのアップロードを受け取るプログラムは、次のようになります。

●file: src/ch5/express_test/post-upload.js
```
// Expressを起動
const express = require('express')
const app = express()

// multerの準備 --- (※1)
const multer = require('multer')
const path = require('path')
```

```js
// どこにアップロードするか指定 --- （※2）
const tmpDir = path.join(__dirname, 'tmp')
const pubDir = path.join(__dirname, 'pub')
const uploader = multer({dest: tmpDir})
// 待ち受け開始
app.listen(3000, () => {
  console.log('起動しました - http://localhost:3000')
})
// アップロードフォームを表示 --- （※3）
app.get('/', (req, res) => {
  res.send(
    '<form method="POST" action="/" enctype="multipart/form-data">' +
    '<input type="file" name="aFile" /><br />' +
    '<input type="submit" value="アップロード" />' +
    '</form>')
})
// 静的ファイルは勝手に返すようにする --- （※4）
app.use('/pub', express.static(pubDir))
// アップロードを受け付ける --- （※5）
app.post('/', uploader.single('aFile'), (req, res) => {
  console.log('ファイルを受け付けました')
  console.log('オリジナルファイル名:', req.file.originalname)
  console.log('保存したパス:', req.file.path)
  // MIMEでファイル形式のチェック --- （※6）
  if (req.file.mimetype !== 'image/png') {
    res.send('PNG画像以外はアップロードしません')
    return
  }
  // TODO: 本当にPNGかここでチェックする --- （※7）
  // ファイルを移動する --- （※8）
  const fname = req.file.filename + '.png'
  const des = pubDir + '/' + fname
  const fs = require('fs')
  fs.rename(req.file.path, des)
  // HTMLを出力
  res.send('ファイルを受信しました<br/>' +
      `<img src="/pub/${fname}" />`)
})
```

プログラムをコマンドラインから起動しましょう。

```
$ node post-upload.js
```

そして、指示された URL に Web ブラウザーでアクセスします。

ファイルを指定してアップロードします

アップロードされたファイルが表示されます

　このプログラムは、少し長いので詳しく説明しましょう。プログラムの (※ 1) では、アップロードを処理する multer モジュールを取り込みます。(※ 2) では、multer のオブジェクトを生成します。その際、どこにファイルをアップロードするのかを指定します。

　プログラムの (※ 3) では、GET メソッドでアクセスがあったときに、アップロードフォームを表示します。ファイルのアップロードを行う際は、form 要素に、method="POST" と、enctype="multipart/form-data" を指定する必要があります。

　プログラムの (※ 4) では、/pub に対するリクエストに対しては、静的ファイルを自動的に返すように設定します。つまり、アップロードしたファイルに対するリクエストには、自動でファイルを送信するように指定します。

　プログラムの (※ 5) では、フォームからのアップロードを受け付けます。app.post() メソッドの第 1 引数にはパスを、第 2 引数に、multer のオブジェクトを第 3 引数に、アップロードされた時の処理をコールバック関数で指定します。

　ここで受信したファイルの情報は、コールバック関数の引数 req.file にオブジェクト型で得られます。req.file.originalname には、元々のオリジナルファイル名、req.file.path はアップロードされたファイル名が設定され、req.file.mimetype には MIME タイプがそれぞれ設定されます。

　プログラム (※ 6) では、MIME タイプを確認して、画像でなければ、ファイルを公開ディレクトリに移動しないようにしています。ただし、MIME タイプは、Web ブラウザーが付与するものなので、偽装が可能です。(※ 7) では、TODO とのみ記していますが、実際にアップロードされたファイルの内容をバイナリレベルで確認し、正しい画像形式なのかをチェックすると安全です。例えば、PNG 画像ならば、冒頭の 8 バイトが、必ず 89 50 4E 47 0D 0A 1A 0A になるので、それを確認します。

　そして、最後 (※ 8) の部分で、一時ディレクトリから公開ディレクトリにファイルを移動します。

285

> **COLUMN**
>
> ## アップロードファイルのセキュリティ
>
> ファイルのアップロード処理のサンプルで、アップロードされたファイルをそのまま公開してしまう例を見かけますが、安全性の面で不安があります。このプログラムで紹介しているように、アップロードされたファイルについては検証を行い、その後に公開ディレクトリに移動するようにすべきです。また、実際にプログラムの(※7)でも指摘していますが、アップロードされたファイルに問題ないか、ファイル形式を正しく検証すべきでしょう。

自動的にファイルを返すには？

さて、先ほどファイルのアップローダーを作った時にも紹介しましたが、任意のディレクトリにあるファイルを自動的に返信するには、express.static を利用します。

まず、プログラムをテストするために、html ディレクトリを用意し、そこに適当な HTML ファイルを配置しましょう。そして、Web サーバーを実現する static.js ファイルを作成します。以下のような構成を用意します。

```
.
├── html
│   ├── fuga
│   │     └── index.html
│   ├── hoge.html
│   └── index.html
└── static.js
```

次のプログラムは、html ディレクトリにあるファイルに自動的にアクセスするものです。

● file: src/ch5/express_test/static.js

```javascript
// Expressを起動
const express = require('express')
const app = express()
// 待ち受け開始
app.listen(3000, () => {
  console.log('起動しました - http://localhost:3000')
})
// 静的ファイルを自動的に返すよう設定
app.use('/', express.static('./html'))
```

286

プログラムを実行するには、以下のコマンドを打ち、Web ブラウザーで指定された URL にアクセスしてみましょう。

```
$ node static.js
```

すると、index.html を自動的にブラウザーに返すようになります。次に、アドレスバーで、/hoge.html や /fuga/index.html を指定してアクセスしてみましょう。この場合も、自動的に hoge.html や /fuga/index.html の内容が表示されます。つまり、express.static を指定すると、特定のディレクトリ以下のファイルをすべて公開することになります。

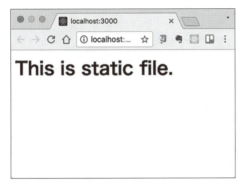

静的ファイルを自動で返します

この仕組みを使えば、基本的に、Node.js のプログラムで自動生成した結果を返しますが、特定のパスへのアクセスは、静的ファイルを返すようにするという使い分けが可能になります。

> **まとめ**
> - ☑ Express を使うと、手軽に Node.js で Web サーバーを書くことができます
> - ☑ Express では、特定のパスに対するアクションを、JavaScript のコールバック関数で指定できます
> - ☑ また、Multer モジュールを使えば、ファイルのアップロードも手軽に記述できます

03 Fluxの仕組みを理解しよう

ここで学ぶこと

- Fluxについて
- ReactをFluxの仕組みで使おう

使用するライブラリー・ツール

- React
- Flux

React は、そもそも画面表示を担当するライブラリです。そのため、本格的なアプリを作り始めたとき、React だけで作っていくと、非常に複雑なコードになってしまいます。そこで、活用したいのが、Flux です。本節では、Flux について紹介します。

React に Flux が必要な理由

React を使った開発では、アプリをコンポーネントの組み合わせで作っていきます。

まず、ルートとなる親コンポーネントを作ります。そして、ヘッダーやフッター、また、フォームなど、子となる複数のコンポーネントを追加します。フォームを構成するコンポーネントであればボタンや選択ボックスなどの、さらに子となるコンポーネントを配置します。つまり、複雑なアプリケーションでは、それだけ、コンポーネントがネストすることになり、深い階層を構築することになってしまいます。

すでに紹介した通り、子となるコンポーネントから親となるコンポーネントへ何かしらのアクションを通知するには、onClick などのイベントを通じてコールバックを行うことになります。もし、孫、ひ孫となるコンポーネントから親へアクションを通知しようと思ったときには、ひ孫から孫、孫から親と、深い階層を順番にたどって通知しなければなりません。これでは、余計な手間がかかり非効率です。

そこで登場するのが、Flux という仕組みです。Flux では各機能ごとにアプリを分割します。そして、情報が上から下へと各機能に伝わるように、流れをスッキリと定義したものです。

Flux に登場する役者たち

Flux は、一般的なアプリが持つであろう機能を4つの役割に分担します。それは、次の4つです。英語のままだとピンと来ないかもしれないと思いますので、筆者が勝手に意訳を付けてみました。

- **Action(実行委員)**
- **Dispatcher(連絡係)**

288

- Store(記録係)
- View(表示係)

それでは、ひとつずつ、この役割を確認しておきましょう。

Action(実行委員)

『Action(実行委員)』の働きは、必要に応じて、何かしらの行動を起こすことです。ただし、Action は続く各機能に行動するよう命じるだけで、それを実際に処理することはしません。

学校の運動会を例に取ってみましょう。実行委員というのは、「運動会で玉入れを企画したいのだけど、どうしたら良い？」という相談を受け、それを企画して、別の担当者にお願いする役割を担っています。実際にすべての企画を自分たちだけでやっていたのでは身体がいくらあっても足りません。Action の働きも同じです。Action からすべての処理が始まりますが、実際に処理するのは、その後に続く機能です。それぞれが担う役割以上のことをすると、途端に Flux の機構が破綻してしまいますので気をつけましょう。

Dispatcher(連絡係)

英語の dispatcher の意味は、発送係とか通信指令係を意味します。Flux における Dispatcher は、Action から依頼された仕事を、記録係である Store に伝達する役割を果たします。先ほどの運動会の玉入れを企画する例であれば、実行委員から頼まれて、玉入れの担当係を探して、どんな作業をすれば良いのかを伝える係に相当します。

Store(記録係)

英語の Store は蓄えや貯蔵を意味する単語です。Flux で Store はアプリの各状態を記録する役割を果たします。ここで言う状態というのは、アプリが利用するデータ全般のことです。例えば、信号機のアプリであれば、どの色が点灯しているか、また、あと何秒で次の色に変更するのかといった情報です。TODO アプリであれば、アイテムの内容そのものに加えて、今どのアイテムを完了にしたか、どのアイテムを編集している最中か、などのアプリの状態全般を指します。

そして、アプリの状態を表す Store の状態が変化した時には、画面の見た目も変換するものです。そのため、Store が変化したら、画面の再描画を行うよう View が更新されます。

View(表示係)

『View(表示係)』の仕事は、Storeの状態に応じて、画面を表示します。信号機を表すアプリであれば、Storeを見て、点灯中の色が青であれば、その通り、青色を画面に表示します。Fluxでは、Viewに相当するのが、Reactになります。

役者同士の情報伝達の流れについて

ここで紹介した四人の役者は、それぞれ、お互いが勝手に情報交換をしないように決められています。Fluxでは、常に情報の流れは一方通行と決まっています。

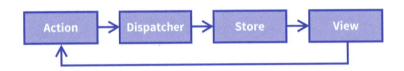

Fluxで情報伝達の流れ

情報は、この図のように、Action-->Dispatcher-->Store-->Viewと順に流れるようにしなければなりません。Viewというのは画面表示に関する部分です。

数を数えるカウンターのアプリの例でいうと、カウントボタンを押した時に、Actionが発生します。ボタンが押されたというActionです。そして、DispatcherがそのことをStoreに伝達します。Storeでは、現在の値をひとつ加算します。Storeの変更はViewに伝えられ、画面に現在のカウンターの値が表示されるという流れです。

Fluxでは必ずActionから物事が始まるようにします。Viewでボタンが押されたのだからと、勝手にViewの中でStoreのカウンターを加算するのはNGで、越権行為となります。

画面上の要素を少し変更する際にも、必ずActionへ話を通す必要があるのです。

なぜ、このように面倒な決まりがあるのでしょうか。それは、JavaScriptで、より高度で複雑なアプリを作る場合、どこで何が行われているのかを把握するのが、非常に困難だからです。

Fluxの流儀に沿って作るなら、どのファイルで、どんな処理がどのように行われているのかを把握するのが容易になります。特に、複数人で共同開発する場合などに威力を発揮します。どこに、どんなコードが書かれているのかがすぐに分かるので、メンテナンス性が向上し、バグも減り、結果的に、開発効率が向上します。

具体的なプログラムで確認しよう

それでは、具体的なプログラムでFluxの仕組みを確認してみましょう。ここでは、名前を入力して、登録ボタンをクリックすると、挨拶メッセージを表示するという簡単なアプリを、Fluxで実践してみましょう。次のようなアプリです。

名前を入力し登録ボタンを押します

挨拶メッセージが表示されます

もともとは、Facebookで提唱されたFluxですが、これ自体は設計思想のことを指しています。Reactと一緒に使える具体的なライブラリには、Reduxを代表としたさまざまな実装があります。FacebookもFluxのモジュールを公開しているのですが、最低限の機能しかありません。しかしながら、Fluxの概念を理解するには十分なので、ここではFacebookのFluxモジュールを利用してみます。

今回のプログラムでは、3章で用意したReactのプロジェクトと同じ構造になっていますので、package.jsonおよび、webpack.config.jsをコピーした上で、Fluxのモジュールをインストールしましょう。

```
# package.jsonに基づいて必要モジュールをインストール
$ npm install
# Fluxをインストール
$ npm install --save flux
```

その上で、この挨拶アプリに、どんな要素が必要なのかを考えましょう。特に、アプリの状態を表すために、有用なStoreはなんでしょうか。先にReactについて知っていれば、要素を列挙するのが容易になるでしょう。

ここでは、どんなStoreやActionがどの局面で必要になるのか考えました。まず、名前を入力するので、名前の変更アクションが必要です。名前データを保持する「nameStore」と、名前変更のアクション「CHANGE_NAME」を定義します。そして、登録ボタンを押した時に挨拶メッセージを表示するので、メッセージを保持する「messageStore」と登録ボタンを押すアクション「SUMIBT_NAME」を定義します。

```
// 今回利用するStoreを用意
const nameStore = {name: '', onChange: null}
const messageStore = {message: '', onChange: null}

// 今回利用するActionを準備
const ActionType = {
  CHANGE_NAME: 'CHANGE_NAME',
  SUBMIT_NAME: 'SUBMIT_NAME'
}
```

次に、この Action と Store を結びつけるために、Dispatcher を利用します。各 Store で onChange を定義しているのは、Store と View を結びつけるために用意しました。

ここまでの部分を図にすると、以下のような構造になります。

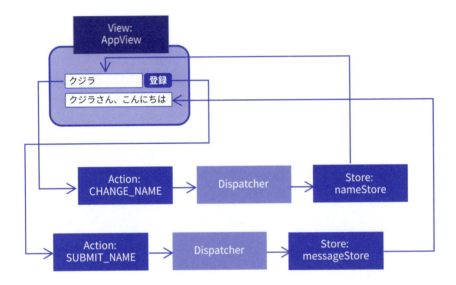

Flux でクリックしてメッセージを表示するアプリの構造

それでは、これを実際のプログラムに起こしてみましょう。図の構造をそのままプログラムにしたものですが、以下のようになります。

最初に Dispatcher を定義しましょう。これは、Facebook が提供している Dispatcher を生成しているだけです。

●file: src/ch5/flux_test/src/appDispatcher.js

```
import {Dispatcher} from 'flux'

// Dispatcherの生成
export const appDispatcher = new Dispatcher()
```

第5章 SPA のためのフレームワーク

次に、Store を定義しましょう。先ほど紹介した Store の定義に加えて、Action と Store を結びつけるように、Dispatcher にコールバック関数を登録します。

● file: src/ch5/flux_test/src/stores.js

```javascript
import {appDispatcher} from './appDispatcher.js'
import {ActionType} from './actions.js'

// 今回利用するStoreを用意
export const nameStore = {name: '', onChange: null}
export const messageStore = {message: '', onChange: null}

// ActionとStoreを結びつける
appDispatcher.register(payload => {
  if (payload.actionType === ActionType.CHANGE_NAME) {
    nameStore.name = payload.value
    nameStore.onChange()
  }
})
appDispatcher.register(payload => {
  if (payload.actionType === ActionType.SUBMIT_NAME) {
    messageStore.message = nameStore.name + 'さん、こんにちは。'
    messageStore.onChange()
  }
})
```

基本的に、Facebook が提供する Dispather は単純な構造で、dispatch() メソッドが実行されると、register() メソッドで登録したコールバック関数をすべて実行するだけです。そのため、上記のように、コールバック関数の中で、Action の種類を判別し、Store にデータを保存する処理を自分で記述する必要があります。

次に、Action の定義を行っている部分を見てみましょう。前半では、このアプリで利用する Action を ActionType として定義し、後半では、任意の ActionType を Dispatcher に投げるための各種メソッドを定義しています。

● file: src/ch5/flux_test/src/actions.js

```javascript
import {appDispatcher} from './appDispatcher.js'

// 今回利用するActionを準備
export const ActionType = {
  CHANGE_NAME: 'CHANGE_NAME',
  SUBMIT_NAME: 'SUBMIT_NAME'
}

// Actionの生成 ... Dispatcherに情報を投げる
export const Actions = {
```

293

```javascript
  changeName: (name) => {
    if (name === null) return
    appDispatcher.dispatch({
      actionType: ActionType.CHANGE_NAME,
      value: name})
  },
  submitName: () => {
    appDispatcher.dispatch({
      actionType: ActionType.SUBMIT_NAME})
  }
}
```

　先ほど言及したように、Dispatcher は、dispatch() で登録されたコールバック関数をすべて実行します。このとき、dispatch() に与えた引数が、コールバック関数に与えられます。そのため、アクション名や、Store に保存したいデータを含んだオブジェクトを引数に指定します。

　最後に、View 部分のプログラムです。ここは、React そのままとなります。

●file: src/ch5/flux_test/src/index.js

```javascript
import React from 'react'
import ReactDOM from 'react-dom'
import {Actions} from './actions.js'
import {nameStore, messageStore} from './stores.js'

// Viewの定義
class AppView extends React.Component {
  constructor (props) {
    super(props)
    this.state = {name: '', message: ''}
    // ViewとStoreを結びつける
    nameStore.onChange = () => {
      this.setState({name: nameStore.name})
    }
    messageStore.onChange = () => {
      this.setState({message: messageStore.message})
    }
  }
  // ViewではActionを投げる
  render () {
    console.log('View.render')
    return (<div>
      <div>
        <input
          value={this.state.name}
          onChange={(e) => Actions.changeName(e.target.value)} />
        <button onClick={(e) => Actions.submitName()}>登録</button>
```

294

```
      </div>
      <div>{this.state.message}</div>
    </div>)
  }
}

// DOMを書き換える
ReactDOM.render(
  <AppView />,
  document.getElementById('root')
)
```

プログラムを実行するには、プロジェクトのディレクトリで以下のコマンドを実行します。そして、指示された URL に Web ブラウザーでアクセスします。

```
$ npm run build
$ npm start
```

まとめ

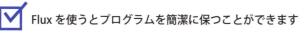 Flux を使うとプログラムを簡潔に保つことができます

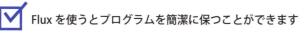 Flux では、Action-->Dispatcher-->Store-->View と情報を一方向に流します

 Flux の各処理では、それぞれが、役割を超えた処理をしないように実装します

04 少し複雑なアプリを作るには React Router

ここで学ぶこと

● React Routerについて

使用するライブラリー・ツール

● React
● React Router
● create-react-app

ここまで React を使ったアプリは、いずれも単純な構造のものでした。しかし、もう少し本格的なアプリを作る場合、複数のページを切り替えるような仕組みが必要となります。それを手軽に実現するのが、React Router です。

React Router とは？

React Router は、複数のページを持つアプリを作る時に役立ちます。

「router」とは、発送係とかモノを送る経路（道筋）を決める人を意味しています。React で最も有名なルーティングのためのライブラリ React Router はアプリのページ遷移をどのように行うかを定義できます。ページ全体を遷移させることもできますし、与えられた URL に応じて、ページの一部だけを書き換えるといった細かい定義もできます。

ところで、React Router は、Web 向けの「react-router-dom」と、React Native 向けの「react-router-native」に分かれています。ここでは、Web 向けの「react-router-dom」を解説しますが、基本的にどちらも同じように使うことができます。

```
React RouterのWebサイト
 [URL] https://reacttraining.com/react-router/
```

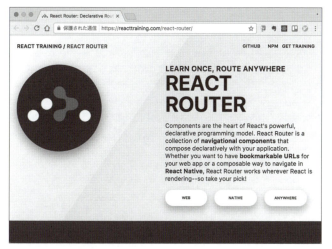

React Router の Web サイト

React Router のインストール

React Router は、他のライブラリと同様、npm を使ってインストールできます。

```
$ npm install --save react-router-dom
```

なお、React Router は、バージョンごとに使い方が大きく変わってしまいます。本書では、原稿執筆時の最新版である 4.1.1 を利用します。もし、上記のインストールで、正しく動かなければ、「npm install --save react-router-dom@4.1.1」のようにバージョンを指定してインストールしてください。

プロジェクトの準備をしよう

ここでは、create-react-app を利用して環境を構築しましょう。次のコマンドを実行して、プロジェクトを作成します。

```
# create-react-appをインストール
$ npm install -g create-react-app
# プロジェクトのディレクトリを作成
$ create-react-app router_test
$ cd router_test
# React Router(Web版)をインストール
$ npm install --save react-router-dom
# 開発サーバーを起動
$ npm start
```

すると、create-react-app のひな型アプリが表示されます。ここに手を加えていきましょう。

最も簡単なサンプル

それでは、React Router を使った簡単なサンプルを作ってみましょう。以下は、URL に応じて複数の
コンポーネントを切り替えて表示します。ここでは、日本語・英語・中国語で、挨拶を表示するだけ
のコンポーネントを定義します。

● file:src/ch5/router_test/src/HelloApp.js

```javascript
import React from 'react'
import {
  BrowserRouter as Router,
  Route,
  Link
} from 'react-router-dom'

// React Routerを使ったメインコンポーネントの定義 --- （※1）
const HelloApp = () => (
  <Router>
    <div style={{margin: 20}}>
      <Route exact path='/' component={Home} />
      <Route path='/ja' component={HelloJapanese} />
      <Route path='/en' component={HelloEnglish} />
      <Route path='/cn' component={HelloChinese} />
    </div>
  </Router>
)

// ホーム画面を表すコンポーネントを定義 --- （※2）
const Home = () => (
  <div>
    <h1>Hello App</h1>
    <p>言語を選択してください</p>
    <ul>
      <li><a href='/ja'>日本語</a></li>
      <li><a href='/en'>英語</a></li>
      <li><a href='/cn'>中国語</a></li>
    </ul>
  </div>
)

// 日本語画面を表すコンポーネントを定義 --- （※3）
const HelloJapanese = () => (
```

第5章　SPAのためのフレームワーク

```
  <div>
    <h1>こんにちは</h1>
    <p><a href='/'>戻る</a></p>
  </div>
)

// 英語画面を表すコンポーネントを定義 --- （※4）
const HelloEnglish = () => (
  <div>
    <h1>Hello</h1>
    <p><a href='/'>Back</a></p>
  </div>
)

// 中国語画面を表すコンポーネントを定義 --- （※5）
const HelloChinese = () => (
  <div>
    <h1>你好</h1>
    <p><a href='/'>返回</a></p>
  </div>
)

export default HelloApp
```

続いて、ReactのメインファイルでこのHelloAppコンポーネントを表示するように修正します。

●file: src/ch5/router_test/src/index.js

```
import React from 'react';
import ReactDOM from 'react-dom';
import HelloApp from './HelloApp';
import registerServiceWorker from './registerServiceWorker';
import './index.css';

ReactDOM.render(<HelloApp/>, document.getElementById('root'));
registerServiceWorker();
```

　create-react-appでは、ソースコードを修正する仕組みになっています。そのため、プログラムを書き換えるだけで、結果がブラウザー画面に反映されることでしょう。

　次のような画面が表示されたら、リンクをクリックしてみてください。基本的には、HelloApp.jsというファイルをひとつ用意しただけなのに、リンクをクリックすることにより、複数のページを再現できているという点が確認できます。

React Router の簡単なサンプル

いろいろな言語で挨拶を表示します

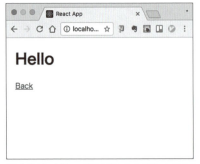
戻るボタンを使って別のリンクをクリックできます

　改めて、プログラムを確認してみましょう。ポイントとなるのが、プログラムの (※1) の部分です。ここでは <Route> コンポーネントを利用して、どのパスにどのコンポーネントを割り当てるかを指定します。このようにパスとコンポーネントの対応を一カ所で指定できるので、非常に見通しが良くなります。

　プログラムの (※2) から (※5) までの部分は、それぞれのページで表示するコンポーネントを定義しています。const とアロー演算子を利用していますが、これは、関数定義を利用したコンポーネントの定義です。

固定ヘッダーとフッターを利用しよう

　React Router を使うと便利なのが、URL に応じてページの一部だけを切り替えたいという場合です。特に、全てのページでまったく同じヘッダーとフッターを利用する場合、ページを書き換えたいのは、メインコンテンツ部分だけとなります。

第 5 章　SPA のためのフレームワーク

　ここでは、先ほど同じ手順で「router_test2」プロジェクトを作成しましょう。そして、HelloApp.js
を以下のように書き換えてみましょう。

●file: src/ch5/router_test2/src/HelloApp2.js

```
import React from 'react'
import {
  BrowserRouter as Router,
  Route,
  Link
} from 'react-router-dom'

// React Routerを使ったメインコンポーネントの定義 --- (※1)
const HelloApp2 = () => (
  <Router>
    <div style={{margin: 20}}>
      <HelloHeader />
      <div>
        <Route exact path='/' component={HelloJapanese} />
        <Route path='/ja' component={HelloJapanese} />
        <Route path='/en' component={HelloEnglish} />
        <Route path='/cn' component={HelloChinese} />
      </div>
      <HelloFooter />
    </div>
  </Router>
)

// 固定ヘッダーの定義 --- (※2)
const HelloHeader = () => (
  <div>
    <h3 style={styleHeader}>HelloApp v2</h3>
    <p>
      [<a href='/ja'>日本語</a>]
      [<a href='/en'>英語</a>]
      [<a href='/cn'>中国語</a>]
    </p>
  </div>
)
// 固定フッターの定義
const HelloFooter = () => (
  <div style={styleHeader}>
    挨拶をいろいろな言語で表示するアプリです。
  </div>
)
// 日本語画面を表すコンポーネントを定義 --- (※3)
const HelloJapanese = () => (
  <div><h1>こんにちは</h1></div>
```

301

```
)
// 英語画面を表すコンポーネントを定義  --- (※4)
const HelloEnglish = () => (
  <div><h1>Hello</h1></div>
)
// 中国語画面を表すコンポーネントを定義  --- (※5)
const HelloChinese = () => (
  <div><h1>你好</h1></div>
)
// スタイルの定義
const styleHeader = {
  backgroundColor: 'orange',
  color: 'white',
  padding: 8
}

export default HelloApp2
```

先ほど同じ手順で、index.js も変更してみましょう。すると、以下のような画面が表示されます。

今度は固定ヘッダーとフッターを利用

英語のリンクをクリックしたところ

中国語のリンクをクリックしたところ

プログラムを確認してみましょう。プログラムの (※ 1) の部分で、ルーティングの設定を行います。前回とほとんど同じですが、HelloHeader コンポーネントと HelloFooter コンポーネントの定義を、Router コンポーネントの子要素に指定しています。このように定義することで、HelloHeader と HelloFooter を常時表示することができます。

プログラムの (※ 2) では、固定ヘッダー・フッターの定義、(※ 3) から (※ 5) では、各言語のコンテンツのためのコンポーネントを定義しています。

パラメーターを利用しよう

React Router では、パスにパラメーターを指定して、コンポーネント側で、パラメーターを受けることができるようになっています。

例えば、顧客名簿を管理するアプリで、顧客一覧から一人を選んでクリックしたら、その顧客の情報を表示するようなものを考えてみます。この場合、path に「/users/:id」のようなパスを指定おくと、コンポーネントの this.props.match.params.id で :id の部分を取得できるという仕組みです。

先ほどと同様に、create-react-app でプロジェクトを作成します。

```
$ create-react-app router_params
$ cd router_params
$ npm install --save react-router-dom
```

それでは、シンプル顧客名簿アプリを作って試してみましょう。以下のアプリは、「/」などにアクセスすると 顧客一覧が表示され、「/user/2」のような URL にアクセスすると顧客の詳細情報が表示されるというものです。

顧客一覧の画面

一覧から一人選ぶと、詳細情報が表示されます

まずは、メインコンポーネント CustomerApp を定義してみましょう。

●file: src/ch5/router_params/src/CustomerApp.js

```
import React from 'react'
import {
  BrowserRouter as Router,
  Route,
  Link,
  Switch
} from 'react-router-dom'

// ユーザーの情報
const users = [
  {id: 1, name: '山田太郎', info: 'Web制作課 係長'},
  {id: 2, name: '佐々木次郎', info: 'Web制作課 部長'},
  {id: 3, name: '吉田三郎', info: 'Web制作課 デザイナー'}
]

// メインコンポーネントの定義 --- (※1)
const CustomerApp = () => (
  <Router>
    <div style={{margin: 20}}>
      <div>
        <Switch>
          <Route path='/user/:id' component={UserCard} />
          <Route component={UserList} />
        </Switch>
      </div>
    </div>
  </Router>
)

// ユーザー一覧を表示するコンポーネント --- (※2)
class UserList extends React.Component {
  render () {
    const ulist = users.map(e => (
      <li key={e.id}>
        <Link to={'/user/' + e.id}>{e.name}</Link>
      </li>
    ))
    return (<ul>{ulist}</ul>)
  }
}

// ユーザーの詳細を表示するコンポーネント --- (※3)
class UserCard extends React.Component {
  render () {
    const {params} = this.props.match
    const id = parseInt(params.id, 10)
```

304

第5章　SPA のためのフレームワーク

```
      const user = users.filter(e => e.id === id)[0]
      return (
        <div>
          <div>{id}: {user.name} - {user.info}</div>
          <div><Link to='/'>→戻る</Link></div>
        </div>
      )
    }
}

export default CustomerApp
```

その他、index.js も書き換えます。

●file: src/ch5/router_params/src/index.js

```
import React from 'react';
import ReactDOM from 'react-dom';
import CustomerApp from './CustomerApp';
import registerServiceWorker from './registerServiceWorker';
import './index.css';

ReactDOM.render(<CustomerApp />, document.getElementById('root'));
registerServiceWorker();
```

　変更をして、以下のコマンドを実行すると、自動的にブラウザーが起動し、顧客名簿アプリが表示されます。

```
$ npm start
```

　プログラムを確認してみましょう。プログラム (※1) の部分では、React Router を利用して、メインコンポーネントを宣言します。ここで、Route を指定して、/user/:id のようなパスが指定されたら、UserCard コンポーネントの表示を指定しています。

　なお、ここでは、Switch を使ってみました。Switch を利用すると、URL のパスがいずれにも当てはまらなかった時の挙動を指定できます。例えば、以下のようにルーティングを指定します。

```
<Switch>
  <Route path="/about" component={ About } />
  <Route path="/memo" component={ Memo } />
  <Route component={ NotFound } />
</Switch>
```

305

この時、/about や /memo のどちらにもマッチしない URL が指定された場合、NotFound コンポーネントを表示するという意味になります。

　次に、プログラムの (※ 2) の部分を見てみましょう。これは顧客一覧データを元にして、一覧画面を生成する UserList コンポーネントを定義しています。ここでは、各顧客を描画するとき、<Link to="path">...</Link> タグを利用してリンクを記述しています。もちろん、この部分を、<a> タグに置き換えても問題なく動かすことができます。ただし、Link を使うと、ブラウザー履歴 (history) に追加することなく URL の移動を可能にするなど細かい制御を行うことができます。

　プログラムの (※ 3) の部分では、顧客の詳細情報を表示するコンポーネント UserCard を定義します。(※ 1) の Route で「/user/:id」のパスにマッチしていれば、UserCard コンポーネントが表示されます。このとき、this.props.match.params.id が React Router によって設定されますので、これを利用して、どの顧客を表示すべきなのかを特定できます。

React Router の詳しいマニュアルについて

　ここまで見たように、React Router の使い方は、それほど難しいものではありません。しかし、React Router にはもっと多くの機能が用意されています。

　紙面ではその全てを紹介できないため、最後に、公式マニュアルを紹介します。公式マニュアルは英語であるものの、サンプルコードを中心とした読みやすい構成となっています。また、サンプルとコードをすぐに試すことができるよう配慮されています。

```
React Routerのマニュアル
 [URL] https://reacttraining.com/react-router/web/guides/
```

まとめ

 React Router を使うと、手軽に画面の切り替え（画面遷移）を記述することができます

 React Router では、固定ヘッダーやフッターを指定することができます

 URL パラメーターを指定することで、パラメーターを元にして、コンポーネントの描画内容を変更できます

05 React+Expressで掲示板を作ろう

ここで学ぶこと
- ReactとExpressを使った簡単なアプリ開発の実践

使用するライブラリー・ツール
- Node.js
- Express
- React
- NeDB / SuperAgent

実践的なアプリの開発例として、ReactとExpressを利用して、簡単な掲示板を作成してみましょう。ReactとExpressの役割分担やアプリの設計方法について考えてみましょう。

ここで作る掲示板について

ここで作る掲示板は、名前と本文を書き込むだけという、とても簡単な掲示板です。簡単と言えど、Webサーバーにログを書き込めますし、Webアプリの基本的なものと言えます。ここでは、ReactからWebサーバーのAPIを通して、サーバー側とクライアント側を連携します。プログラムの構造は、本章の冒頭で紹介した図の通りです。

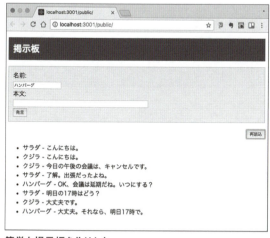

簡単な掲示板を作ります

掲示板を作るに当たって、Web サーバーには、Express を利用します。前節で見たように、Express を使えば、手軽に高機能な Web サーバーを実装できます。

そして、掲示板なので、書き込まれたログデータを保存する必要があります。データの保存には、NeDB を利用します。この NeDB は、Node.js と一緒に使われることの多い NoSQL のデータベース「MongoDB」の API と互換性があり、また、ファイルベースの簡易データベースであるため、特別なセットアップが不要というのがメリットです。

React 側ですが、3 章で紹介した、SuperAgent を利用します。SuperAgent を使って、Web サーバー側の API にアクセスします。

プロジェクトを作成しよう

ここでは、以下のように、npm を利用して、必要なモジュールをインストールしました。

```
# プロジェクトのディレクトリを作成
$ mkdir bbs
$ cd bbs
$ npm init -y
# Express(Webサーバー)のインストール
$ npm install --save express
# NeDB(データベース)のインストール
$ npm install --save nedb
# SuperAgent(Ajax)のインストール
$ npm install --save superagent
# WebpackとReactをインストール
$ npm i --save react react-dom
$ npm i --save-dev webpack
$ npm i --save-dev babel-loader babel-core
$ npm i --save-dev babel-preset-es2015 babel-preset-react
```

長いですね。じつは、本書のプログラムを試すだけなら、このような長いコマンドを打ち込む必要はなく、本プロジェクトのディレクトリに移動した後で、次のようにコマンドを実行するだけで、package.json に基づいて、必要なライブラリがインストールされます。

```
$ npm install
```

プロジェクトのファイル構成も確認しておきましょう。

```
.
├── package.json
```

```
├── bbs-server.js --- Webサーバーのメインプログラム
├── bbs.db   --- 書き込んだログが保存されるDB
├── public --- クライアント側のプログラム
│    ├── bundle.js
│    └── index.html
├── src --- クライアント側の元プログラム
│    └── index.js
└── webpack.config.js
```

　ここでは、以下のような Webpack の設定ファイルを作りました。これは、/src/index.js に書いた
React のプログラムが、public/bundle.js に出力される設定です。

● file: src/ch5/bbs/webpack.config.js

```
const path = require('path')
module.exports = {
  entry: path.join(__dirname, 'src/index.js'),
  output: {
    path: path.join(__dirname, 'public'),
    filename: 'bundle.js'
  },
  devtool: 'inline-source-map',
  module: {
    rules: [
      {
        test: /.js$/,
        loader: 'babel-loader',
        options: {
          presets: ['es2015', 'react']
        }
      }
    ]
  }
}
```

　プログラムを実行するには、コマンドラインから次のコマンドを実行します。

```
# Webpackを実行したクライアント側をビルド
$ npm run build
# Webサーバーを実行
$ node bbs-server.js
```

　Web サーバーが実行されると、コンソールに URL が出力されるので、Web ブラウザーで、その URL
にアクセスします。

テキストボックスに本文を書き込んで「発言」ボタンを押すと……

Webサーバーに発言を書き込みます

Web サーバー側のプログラム

　次に挙げるプログラムが、Web サーバーを実現するプログラムです。/public に対するアクセスは、自動的にファイルを返すようにし、/api/xxx に対するアクセスをそれぞれ実装しています。

第5章 SPAのためのフレームワーク

●file: src/ch5/bbs/bbs-server.js

```javascript
// --------------------------------------------------------
// 掲示板アプリのWebサーバー側
// --------------------------------------------------------
// データベースに接続 --- (※1)
const NeDB = require('nedb')
const path = require('path')
const db = new NeDB({
  filename: path.join(__dirname, 'bbs.db'),
  autoload: true
})

// サーバーを起動 --- (※2)
const express = require('express')
const app = express()
const portNo = 3001
app.listen(portNo, () => {
  console.log('起動しました', `http://localhost:${portNo}`)
})

// publicディレクトリ以下は自動的に返す --- (※3)
app.use('/public', express.static('./public'))
// トップへのアクセスを/publicへ流す
app.get('/', (req, res) => {
  res.redirect(302, '/public')
})

// apiの定義
// ログの取得API --- (※4)
app.get('/api/getItems', (req, res) => {
  // データベースを書き込み時刻でソートして一覧を返す
  db.find({}).sort({stime: 1}).exec((err, data) => {
    if (err) {
      sendJSON(res, false, {logs: [], msg: err})
      return
    }
    console.log(data)
    sendJSON(res, true, {logs: data})
  })
})

// 新規ログを書き込むAPI --- (※5)
app.get('/api/write', (req, res) => {
  const q = req.query
  // URLパラメーターの値をDBに書き込む
  db.insert({
    name: q.name,
```

311

```
      body: q.body,
      stime: (new Date()).getTime()
    }, (err, doc) => {
      if (err) {
        console.error(err)
        sendJSON(res, false, {msg: err})
        return
      }
      sendJSON(res, true, {id: doc._id})
    })
})

function sendJSON (res, result, obj) {
  obj['result'] = result
  res.json(obj)
}
```

　プログラムを確認してみましょう。プログラムの (※ 1) の部分では、データベースの NeDB に接続します。NeDB は、ファイルベースで手軽に使えるのが良い点です。また、生成されたデータベースファイル「bbs.db」を開いてみると分かるのですが、JSON に似たデータ形式のファイルになっています。NeDB については、後ほど使い方を紹介します。

　プログラムの (※ 2) の部分では、Web サーバーを起動します。プログラム (※ 3) の部分では、自動的に、/public/xxx に来たアクセスに対して、./public/xxx のファイルを返すように指定しています。また、ルートへのアクセスであれば、/public にリダイレクトするようにもしています。

　プログラムの (※ 4) 以下の部分では、API を定義します。/api/getItems へのアクセスに対しては、データベースに書き込まれた全てのログデータを日付でソートして返すようにしています。そして、(※ 5) の部分では、/api/write に対しては、URL パラメーターで name と body の値をデータベースに挿入します。

クライアント側 (React) のプログラム

　続いて、クライアント側 (React) のプログラムを見てみましょう。React を用いて、掲示板のログを表示し、発言を書き込みます。Web サーバーにアクセスする際には、SuperAgent モジュールを利用しています。

●file: src/ch5/bbs/src/index.js

```javascript
import React from 'react'
import ReactDOM from 'react-dom'
import request from 'superagent'

// 書き込みフォームのコンポーネントを定義 --- （※1）
class BBSForm extends React.Component {
  constructor (props) {
    super(props)
    this.state = {
      name: '',
      body: ''
    }
  }
  // テキストボックスの値が変化した時の処理
  nameChanged (e) {
    this.setState({name: e.target.value})
  }
  bodyChanged (e) {
    this.setState({body: e.target.value})
  }
  // Webサーバーに対して書き込みを投稿する --- （※2）
  post (e) {
    request
      .get('/api/write')
      .query({
        name: this.state.name,
        body: this.state.body
      })
      .end((err, data) => {
        if (err) {
          console.error(err)
        }
        this.setState({body: ''})
        if (this.props.onPost) {
          this.props.onPost()
        }
      })
  }
  render () {
    return (
      <div style={styles.form}>
        名前:<br />
        <input type='text' value={this.state.name}
          onChange={e => this.nameChanged(e)} /><br />
        本文:<br />
        <input type='text' value={this.state.body} size='60'
```

```
              onChange={e => this.bodyChanged(e)} /><br />
          <button onClick={e => this.post()}>発言</button>
      </div>
    )
  }
}

// メインコンポーネントを定義 --- （※3）
class BBSApp extends React.Component {
  constructor (props) {
    super(props)
    this.state = {
      items: []
    }
  }
  // コンポーネントがマウントされたらログを読み込む
  componentWillMount () {
    this.loadLogs()
  }
  // APIにアクセスして掲示板のログ一覧を取得 --- （※4）
  loadLogs () {
    request
      .get('/api/getItems')
      .end((err, data) => {
        if (err) {
          console.error(err)
          return
        }
        this.setState({items: data.body.logs})
      })
  }
  render () {
    // 発言ログの1つずつを生成する ---- （※5）
    const itemsHtml = this.state.items.map(e => (
      <li key={e._id}>{e.name} - {e.body}</li>
    ))
    return (
      <div>
        <h1 style={styles.h1}>掲示板</h1>
        <BBSForm onPost={e => this.loadLogs()} />
        <p style={styles.right}>
          <button onClick={e => this.loadLogs()}>
          再読込</button></p>
```

314

第5章　SPA のためのフレームワーク

```
        <ul>{itemsHtml}</ul>
      </div>
    )
  }
}

const styles = { // スタイルを定義
  h1: {
    backgroundColor: 'blue',
    color: 'white',
    fontSize: 24,
    padding: 12
  },
  form: {
    padding: 12,
    border: '1px solid silver',
    backgroundColor: '#F0F0F0'
  },
  right: {
    textAlign: 'right'
  }
}

// DOMにメインコンポーネントを書き込む
ReactDOM.render(
  <BBSApp />,
  document.getElementById('root'))
```

　プログラムの (※ 1) の部分では、書き込みフォームをコンポーネントとして定義しています。この
コンポーネントは、名前と本文の input 要素などを表示するものです。発言ボタンをクリックしたとき
には、post() メソッドを実行します。

　プログラムの (※ 2) の部分では、URL パラメーターをつけて /api/write メソッドを呼びだします。API
へのアクセスは、SuperAgent の get() メソッドで行います。うまく投稿できたら、本文の入力欄をクリ
アします。

　プログラムの (※ 3) の部分では、メインコンポーネント BBSApp を定義します。書き込みフォーム
の部分を、BBSForm コンポーネントとして分離させているので、ここでは、ログを表示する処理に集中
できます。

　プログラムの (※ 4) の部分では、Web サーバー側の API にアクセスするために、SuperAgent を利用
して、/api/getItems にアクセスしています。結果を取得できたら、setState() メソッドで items に値を
設定します。すると、render() メソッドが自動的に呼びだされます。(※ 5) の部分では、発言ログの一
つずつを、map() メソッドで生成しています。

315

COLUMN

JSON 形式の簡単データベース NeDB

　掲示板のログを書き込むために、NeDB を利用しました。ここで、NeDB の使い方を簡単に紹介します。NeDB は、データベースと言っても、JSON 形式でデータが保存されますし、1 データベースが 1 ファイルというシンプルな構成で、使い勝手が良いものです。並べ替えや、データの抽出も手軽にできるのが良い点です。また、NeDB は、すべて JavaScript で記述されているので、外部のバイナリに依存せずに利用できる点も便利です。

　データベースを開始するには、以下のようなコードを記述します。最初にモジュールを取り込んだら、new でオブジェクトを作成することでデータベースを開始します。その際に、ファイル名や autoload(自動でデータを読み込むか) を指定します。

```
// モジュールの取り込み
const Datastore = require('nedb')

// データベースと接続する
const db = new Datastore({
  filename: "ファイル名",
  autoload: true
})
```

　なお、ファイルからの読み込みは、非同期で行われるため、もし、ファイルを読み込んだ直後に何かの操作を行いたい場合には、明示的に、loadDatabase() メソッドを呼ぶ必要があります。

```
const Datastore = require('nedb')
const db = new Datastore({filename: 'ファイル名'})
db. loadDatabase((err) => {
    // ここにファイルを読み込んだ直後の処理
})
```

　データベースにオブジェクトを挿入するには、以下のように、insert() メソッドを使います。データを挿入すると、自動的にオブジェクトに固有の ID が振られ、_id プロパティに設定されます。

```
// 挿入したいデータを用意する
const doc = {
  name: "xxx",
  body: "xxx"
}
// データを挿入する
db.insert(doc, function (err, newDoc) {
  console.log(newDoc._id)
})
```

第5章　SPAのためのフレームワーク

　挿入したデータを抽出するには、find() メソッドを使います。第1引数に空のオブジェクト
を指定すれば、無条件に全てのデータを抽出します。ここに、{name:'hoge'} のように指定す
ると、name フィールドに 'hoge' が入ったデータを抽出します。

```
db.find({ }, function (err, docs) {
    // ここで抽出したデータdocsを処理する
})
```

　もし、数値データで、特定の値以上のデータが必要な場合には、以下のようにオペレー
タ ($lt, $lte, $gt, $gte, $in, $nin, $ne, $exists, $regex) を指定して、find() メソッドを指定し
ます。

```
// priceが5000以上のものを抽出
db.find({ "price": { $gt: 5000 } }, function (err, docs) {
    // ここで抽出したデータdocsを処理する
})
```

　並べ替えと抽出個数の制限も指定できます。並べ替えを行う場合は、sort() メソッドを、
抽出個数の制限は limit() メソッドを呼びだします。なお、skip() メソッドを指定することで、
ページング処理を実現できます。

```
// 値段(price)順に並べ替え、最大5個抽出する
db.find({}).sort({price: 1}).limit(5).exec(function (err, docs) {
    // ここで抽出したデータdocsを処理する
})
```

　そして、値を更新するには、update() メソッドを利用します。このメソッドは、以下の書
式で利用します。

```
［書式］
db.update(検索クエリー，更新内容，オプション，コールバック)
```

　名前 (name) が Taro さんの年齢を 25 に修正する例です。

```
db.update(
  { name: 'Taro' },              // ---- 検索条件
  { name: 'Taro', age: 25 },     // ---- 修正内容
  {},
  function (err, numReplaced) {
    // ここにデータ変更後の処理
  })
```

317

まとめ

 本節では、簡単な掲示板アプリを作ってみました

 自分だけでなく、他の人とデータを共有する場合には、Webサーバーにデータを保存する必要があります。ここでも、Webサーバー側と、Reactでクライアント側の両方の処理を作成しました

 サーバーとクライアントで役割をうまく分割するなら、双方のプログラムも簡潔に記述できるようになります

 NeDBを使えば、ファイル1つで、1つのデータベースを実現できて便利です

06 リアルタイムチャットを作ろう

ここで学ぶこと

● Socket.IOを利用したリアルタイムチャットの作り方

使用するライブラリー・ツール

● Node.js / Express
● React
● Socket.IO / WebSocket

HTTP の仕組み上、クライアント側からサーバー側へデータを送信することは可能ですが、その逆を行うには、WebSocket などの仕組みを利用する必要があります。ここでは、React でリアルタイムチャットを作ってみましょう。

WebSocket とは？

WebSocket は、サーバー側とクライアント側での双方向通信を行うための仕組みです。リアルタイム性の高い Web アプリを作るときには、欠かせない技術です。そもそも、WebSocket は、Ajax 技術の根幹を担う XMLHttpRequest の欠点を解決する技術として開発されました。

Ajax を使えば、クライアントからサーバーへリクエストを投げ、データをリアルタイムに取得できます。しかし、Ajax も所詮は HTTP 通信の一種であり、その通信は、クライアント→サーバー --> クライアントという一方通行でした。これを解消するため、Comet やロングポーリングといった技術が登場しました。この技術は、擬似的にサーバーとクライアントの双方向通信を可能にしました。しかし、これは、HTTP コネクションを長時間占有するので、効率の悪いものでした。

そこで、これに代わる手段として、WebSocket が提案されました。これにより、効率の良いサーバーとクライアントの双方向通信が可能になりました。以前は WebSocket を実装した Web ブラウザーが少なく、「WebSocket だとつながらない」というケースも多く見られました。しかし、現在使われている Web ブラウザーは、ほとんどが WebSocket をサポートしています。そのため、普通に WebSocket を使っても問題はあまりなくなりました。

WebSocket で通信する場合、WebSocket サーバーを起動する必要があります。このとき、HTTP 通信では「http://xxx」と暗号化された「https://xxx」という URI スキームが使われますが、WebSocket の場合は「ws://xxx」と暗号化された「wss://xxx」というスキームが使われます。

ここで作るアプリ - リアルタイムチャット

　WebSocket を利用するのに便利なライブラリが、Socket.IO です。今回は、Socket.IO を使ってリアルタイムチャットを作ってみます。

リアルタイムに反映されるチャットを作ります

　Socket.IO を使うと他にも良いことがあります。それは、万が一 WebSocket プロトコルでうまくサーバーと接続できなかった場合でも、代わりに、既存の HTTP 通信のロングポーリングや Comet を利用して、擬似的な双方向通信を実現してくれることです。また、WebSocket が意図せず切断してしまった場合にも、Socket.IO が自動的に再接続を試みてくれます。

プロジェクトを作成しよう

　それでは、プロジェクトを作成しましょう。以下は、ゼロから今回のプロジェクトを作成する場合です。

```
# プロジェクトのディレクトリを作成
$ mkdir chat
$ cd chat
$ npm init -y
# Expressのインストール
$ npm i --save express
# Socket.IO(サーバー版/クライアント版)のインストール
$ npm i --save socketio
$ npm i --save socket.io-client
```

第5章 SPAのためのフレームワーク

```
# WebpackとReactをインストール
$ npm i --save react react-dom
$ npm i --save-dev webpack babel-loader babel-core
$ npm i --save-dev babel-preset-es2015 babel-preset-react
```

次に、React のコンパイル設定を行う webpack.config.js を用意します。これは、/src/index.js に保存
した React のプログラムを、Webpack により変換して、/public/bundle.js に保存するように指定するも
のです。

●file: src/ch5/chat/webpack.config.js

```
const path = require('path')
module.exports = {
  entry: path.join(__dirname, 'src/index.js'),
  output: {
    path: path.join(__dirname, 'public'),
    filename: 'bundle.js'
  },
  devtool: 'inline-source-map',
  module: {
    rules: [
      {
        test: /.js$/,
        loader: 'babel-loader',
        options: {
          presets: ['es2015', 'react']
        }
      }
    ]
  }
}
```

プロジェクトのファイル構造は、次のようになっています。

```
.
├── package.json
├── chat-server.js  --- チャットサーバー
├── public --- HTTP通信で公開するディレクトリ
│   ├── bundle.js --- 生成されたReactコンポーネントとモジュール
│   └── index.html --- メインHTML
├── src --- 変換元ディレクトリ
│   └── index.js --- 変換前のReactコンポーネントのソースコード
```

321

プログラムを実行する方法

　本書のサンプルプログラムを用いる場合は、次の1行を実行するだけで、ライブラリがインストールされます。

```
$ npm install
```

プログラムを実行するには、Reactのクライアントをビルドして、その後サーバーを実行します。

```
# Reactをビルド
$ npm run build
# サーバーを起動
$ node chat-server.js
```

すると、URLが表示されるので、Webブラウザーで指定されたURLにアクセスします。

メッセージを書き込んで送信ボタンを押すと...

メッセージがすべてのクライアントに送信されます

WebSocketで通信が始まるまで

ところで、リアルタイムチャットを作るために、WebSocketで通信を行いたいのですが、Webブラウザーを利用する限り、その通信を始める前には、まず、通常のWebサーバーにアクセスし、WebSocket通信を行うクライアントアプリをダウンロードする必要があります。そのため、WebSocketの通信が始まる前には、以下のようなやりとりがあります。

WebSocketの通信が始まるまでの図

プログラム - チャット・サーバー側

それでは、サーバー側のプログラムを確認してみましょう。上で説明したように、WebSocketサーバーに加えて、HTTPサーバーも起動する必要があります。HTTPサーバーには、Expressモジュールを利用し、WebSocketサーバーには、Socket.IOモジュールを利用します。

● file: src/ch5/chat/chat-server.js

```
// ------------------------------------------------------
// リアルタイムチャットのサーバー
// ------------------------------------------------------

// HTTPサーバーを作成(アプリを送信するため) --- (※1)
const express = require('express')
const app = express()
const server = require('http').createServer(app)
const portNo = 3001
server.listen(portNo, () => {
  console.log('起動しました', 'http://localhost:' + portNo)
})
// publicディレクトリのファイルを自動で返す --- (※2)
app.use('/public', express.static('./public'))
app.get('/', (req, res) => { // ルートへのアクセスを/publicへ。
  res.redirect(302, '/public')
})

// WebSocketサーバーを起動 --- (※3)
const socketio = require('socket.io')
const io = socketio.listen(server)
// クライアントが接続したときのイベントを設定 --- (※4)
```

```
io.on('connection', (socket) => {
  console.log('ユーザーが接続:', socket.client.id)
  // メッセージ受信時の処理を記述 --- (※5)
  socket.on('chat-msg', (msg) => {
    console.log('メッセージ', msg)
    // 全てのクライアントに送信 --- (※6)
    io.emit('chat-msg', msg)
  })
})
```

　プログラムを確認してみましょう。(※1) の部分では、HTTP サーバーを作成します。これは、React によるチャット・クライアントを、ユーザーに届けるために必要です。

　プログラムの (※2) の部分ですが、プロジェクトのファイル一覧でも紹介した通り、/public 以下の公開ディレクトリにクライアントアプリがあるので、それを、HTTP 経由で送信します。

　プログラムの (※3) の部分では、WebSocket サーバーを起動します。このために、Socket.IO モジュールを利用します。Socket.IO では、もし WebSocket が使えない場合、HTTP で擬似的な双方向通信を行うため、Socket.IO のサーバーオブジェクトを生成する際、HTTP サーバーのオブジェクトを与えることになっています。

　プログラムの (※4) の部分では、WebSocket クライアントが接続してきた時の処理を記述します。続けて、(※5) の部分では、接続した WebSocket クライアントで、'chat-msg' という種類のメッセージを受信した時の処理を記述しています。このメッセージの種類は、自分で独自の種類を定義できます。そして、(※6) の部分で、『io.emit(メッセージ種類 , データ)』メソッドを使っています。このメソッドを呼ぶと、すべてのクライアントに同じメッセージを一斉配信できます。

　ここで、改めて、サーバー側 Socket.IO の使い方をまとめてみましょう。以下のように、まず、WebSocket を起動したら、クライアントが接続してきた時の処理を記述します。そして、クライアントが接続した時に、どの種類のメッセージに対して、どんな処理を行うかを実装します。

```
// WebSocketのサーバーを起動
const socketio = require('socket.io')
const io = socketio.listen(server)

// WebSocketクライアントが接続してきた時の処理
io.on('connection', (socket) => {
  // クライアントがメッセージを受信した時の処理
  socket.on(メッセージ種類, (msg) => {
    // 特定のメッセージを受信したときの処理をここに記述
  })
})
```

第5章　SPAのためのフレームワーク

プログラム - チャット・クライアント側

　続いて、クライアント側のプログラムを見ていきましょう。Reactを使って、チャットクライアントを作成しています。プログラムの上半分では、主に、書き込みフォームのコンポーネント ChatForm を定義し、下半分では、受信したチャットメッセージを表示するメインコンポーネント ChatApp を定義しています。

● file: src/ch5/chat/src/index.js

```javascript
import React from 'react'
import ReactDOM from 'react-dom'
import styles from './styles.js'

// Socket.IOでWebSocketサーバーに接続する --- (※1)
import socketio from 'socket.io-client'
const socket = socketio.connect('http://localhost:3001')

// 書き込みフォームのコンポーネント --- (※2)
class ChatForm extends React.Component {
  constructor (props) {
    super(props)
    this.state = { name: '', message: '' }
  }
  nameChanged (e) {
    this.setState({name: e.target.value})
  }
  messageChanged (e) {
    this.setState({message: e.target.value})
  }
  // サーバーに名前とメッセージを送信 --- (※3)
  send () {
    socket.emit('chat-msg', {
      name: this.state.name,
      message: this.state.message
    })
    this.setState({message: ''}) // フィールドをクリア
  }
  render () {
    return (
      <div style={styles.form}>
        名前:<br />
        <input value={this.state.name}
          onChange={e => this.nameChanged(e)} /><br />
        メッセージ:<br />
        <input value={this.state.message}
          onChange={e => this.messageChanged(e)} /><br />
```

325

```javascript
        <button onClick={e => this.send()}>送信</button>
      </div>
    )
  }
}

// チャットアプリのメインコンポーネント定義 --- (※4)
class ChatApp extends React.Component {
  constructor (props) {
    super(props)
    this.state = {
      logs: []
    }
  }
  // コンポーネントがマウントされたとき --- (※5)
  componentDidMount () {
    // リアルタイムにログを受信するように設定
    socket.on('chat-msg', (obj) => {
      const logs2 = this.state.logs
      obj.key = 'key_' + (this.state.logs.length + 1)
      console.log(obj)
      logs2.unshift(obj) // 既存ログに追加
      this.setState({logs: logs2})
    })
  }
  render () {
    // ログひとつずつの描画内容を生成 --- (※6)
    const messages = this.state.logs.map(e => (
      <div key={e.key} style={styles.log}>
        <span style={styles.name}>{e.name}</span>
        <span style={styles.msg}>: {e.message}</span>
        <p style={{clear: 'both'}} />
      </div>
    ))
    return (
      <div>
        <h1 style={styles.h1}>リアルタイムチャット</h1>
        <ChatForm />
        <div>{messages}</div>
      </div>
    )
  }
}

// DOMにメインコンポーネントを書き込む
ReactDOM.render(
  <ChatApp />,
  document.getElementById('root'))
```

第5章 SPAのためのフレームワーク

プログラムを確認してみましょう。(※1) の部分では、Socket.IO モジュールを利用して、WebSocket サーバーに接続します。サーバー側のモジュール名が「socket.io」であるのに対して、クライアント側のモジュール名は「socket.io-client」となっています。

プログラムの (※2) の部分では、書き込みフォームのコンポーネントを定義します。このコンポーネントでは、名前 (name) とメッセージ (message) という2つの input 要素を操作します。そのため、constructor() メソッドの中で、その2つの状態 (state) も初期化します。

プログラムの (※3) の部分では、「送信」ボタンを押した時の処理を記述します。ここでは、WebSocket サーバーに対して、'chat-msg' という独自メッセージを送信します。それは、name と message のプロパティを持つオブジェクトです。

そして、プログラムの (※4) の部分では、チャットアプリのメインコンポーネント ChatApp を定義しています。メインコンポーネントでは、チャットのログを表示する処理を主に扱うため、状態 (state) では、logs プロパティを初期化します。

プログラムの (※5) の部分では、コンポーネントが DOM にマウントされた時の処理を記述します。その処理は、WebSocket サーバーからのメッセージを受信するものです。'chat-msg' という種類のメッセージを受信したときの処理を記述します。ここでは、メッセージを受信したら、状態 (state) の logs を更新します。このとき、チャットログのひとつひとつのメッセージを判別するために、key というプロパティを追加しています。この key は独自のユニークなものである必要があるため、チャットログが届くたびに、ログの数を ID のように振っています。

プログラムの (※6) の部分では、チャットログの状態 (state.logs) に基づいて、画面に表示する内容を決定します。

SPA 実装のポイント

本章では、React を使って SPA を作る手法について掘り下げてきました。

SPA といっても、基本的な構成要素は、Web サーバーとクライアントであることには変わりありません。そのため、この両者をいかに連携させるのかがポイントとなります。

まずは、Web サーバーとクライアントで担う役割を明確にすることが大切です。この両者は相互に API を通してデータをやりとりするため、サーバーとクライアント、それぞれを実装する際に、お互いにどのようなデータをやりとりするのかを決めて簡単な仕様書を作っておくと、円滑に相互をつなげることができるでしょう。

本章では、具体的な連携例として、掲示板とチャットの作り方を紹介しました。データのやりとりのため、掲示板の方では Ajax(非同期通信) を利用し、チャットの方では WebSocket(Socket.IO) を利用して通信を行いました。共に通信方法が異なるだけで、実装方法に、それほど違いがないことも分かったでしょう。

6章では、もう少し複雑な Web アプリを SPA で実装していきます。

327

まとめ

 リアルタイムチャットを作るには、サーバーとクライアント間の双方向通信が必要です

 双方向通信を行うには、WebSocket の技術が便利です

 Socket.IO モジュールを使うと、WebSocket を簡単に実現できるだけでなく、もしも、WebSocket が利用できない場合に、HTTP による擬似的な双方向通信に切り替えてくれます

第6章

実践アプリ開発！

6章では、実践的なアプリの作り方を紹介します。実践的なアプリの例として、Wikiシステムと、ユーザー認証を持つSNS、機械学習アプリを作ります。それぞれ、Reactを主軸においた、SPAとなっています。それぞれ、サーバー側とクライアント側をどのように実装しているのか、大きな枠組みから把握するなら理解しやすくなります。

01 誰でもページを編集できる Wikiシステムを作ってみよう

ここで学ぶこと

● PEG.jsやNeDBを利用してWikiシステムを作ってみよう

使用するライブラリー・ツール

● Node.js / Express
● React / React Router
● NeDB / SuperAgent
● PEG.js

マニュアルの共同執筆などに使われる Wiki システムを作ってみましょう。基本的には 5 章で作った掲示板に近い構成ですが、もう少し本格的なアプリでは、どのように作れば良いのかを考えます。データベースの「NeDB」やパーサージェネレータの「PEG.js」を利用します。

Wiki システムについて

Wiki は、Web ブラウザーで、任意のページの内容を表示させたり、書き換えたりできるシステムのことです。共同でマニュアルを執筆するのに向いています。世界最大の Wiki は言わずと知れた「Wikipedia」ですが、これも基本的には同じシステムです。

Wikipedia は世界中の人が自由に編集できる百科事典で、MediaWiki という Wiki システムを用いて作られています。

ここで作る Wiki システムは、MediaWiki のように本格的なものではありませんが、自由に新規ページを作ったり、編集することができるものにします。

また、Wiki を記述する際には、Wiki 記法やマークダウン記法でページを作成できるのが一般的で、HTML を直接書くよりも手軽にページを編集できるのがメリットです。

ここでは、パーサージェネレータの PEG.js を利用して、Wiki 記法をパースし、タイトルやリストなどを表現できるものにします。

(注意) データベースの「NeDB」について

NeDB は VirtualBox 上の Ubuntu で動作しないようです。解決方法もありますが、手順が複雑なので、本項のプログラムは、Windows/macOS でテストしてみてください。

第 6 章　実践アプリ開発！

WIKI を作ります

WIKI 記法を記述して保存すると…

テキストが整形されて表示されます

Wiki アプリの構成

　Wiki アプリは、次の図のような構成にします。

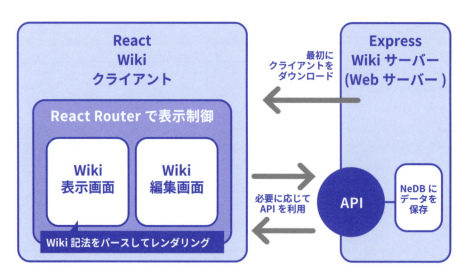

Wikiアプリの構成

　サーバーとクライアントに機能を分割し、クライアント側はReactで作り、サーバー側はExpressで作ります。クライアントとサーバーは、必要に応じてAPIを通じて非同期通信(Ajax)を行います。

　ReactのWikiクライアントは、表示画面と編集画面を持ち、これをReact Routerで表示切り替えを行います。また、表示画面では、ただテキストを画面に表示するのではなく、Wiki記法をパースして、必要な装飾を加えます。

　Wikiサーバーでは、NeDBにWikiのテキストデータを保存し、APIを通じて、データを参照、追加・更新できるようにします。

プロジェクトを作成する

それでは、プロジェクトを作成してみましょう。

```
# プロジェクトを作成
$ mkdir wiki
$ cd wiki
$ npm init -y
# 必要なモジュールをインストール
$ npm i --save react react-dom react-router-dom
$ npm i --save express body-parser nedb superagent
$ npm i --save-dev webpack babel-loader babel-core
$ npm i --save-dev babel-preset-es2015 babel-preset-react
$ npm i --save-dev pegjs
```

第6章 実践アプリ開発！

本書のサンプルプログラムを使う場合は、コマンドラインで次のようにコマンドを実行することで、package.json に基づいて、必要なライブラリがインストールされます。

```
$ npm install
```

プロジェクトのファイル構成

プロジェクトは、次のようなファイル構成にしました。

```
.
├── package.json
├── public      --- 静的なファイルを配置
│   ├── bundle.js
│   ├── default.css
│   └── index.html      --- メインHTML
├── src     --- ソースコード → /public/bundle.jsにコンパイルされる
│   ├── index.js      --- メインコンポーネント
│   ├── styles.js     --- スタイル一覧
│   ├── wiki_parser.pegjs      --- Wikiパーサーの元
│   ├── wiki_parser.js     --- Wikiパーサー（PEG.jsによって生成されたもの）
│   ├── wiki_edit.js      --- 編集画面のコンポーネント
│   └── wiki_show.js      --- 表示画面のコンポーネント
├── webpack.config.js
├── wiki-server.js      --- サーバー
└── wiki.db     --- Wikiのデータ
```

プログラムを実行しよう

始める前に、プログラムの実行方法を紹介します。コマンドラインから次のようにコマンドを実行します。

```
# Wikiパーサーを生成
$ npm run build:parser
# Reactをビルド
$ npm run build
# Webサーバーを実行
$ npm start
```

Web サーバーを実行すると、URL が表示されるので、Web ブラウザーでアクセスします。すると、Wiki アプリが実行されます。

333

画面の右下にある「→このページを編集」をクリックすると、WIKI の編集画面になります。文章を書き込んで「保存」ボタンをクリックすると、文書が保存されます。

Web サーバー側のプログラム - Wiki サーバー

それでは、Wiki の Web サーバーを確認していきましょう。5 章で作成した掲示板のように、Web サーバー側では、API を用意して、React クライアントが API にアクセスすることで、Wiki データを管理する仕組みになっています。ここで用意したのは、取得と保存の 2 つの API です。

APIのURL	メソッド	説明
/api/get/:wikiname	GET	wikinameに応じたWikiのデータを取得
/api/put/:wikiname	POST	wikinameにWikiのデータを保存

それでは、API を定義した Web サーバーの実際のプログラムを見てみましょう。

● file: src/ch6/wiki/wiki-server.js

```
// --------------------------------------------------------
// WikiのWebサーバー
// --------------------------------------------------------
// データベースに接続 --- (※1)
const path = require('path')
const NeDB = require('nedb')
const db = new NeDB({
  filename: path.join(__dirname, 'wiki.db'),
  autoload: true
})

// WEBサーバーを起動 --- (※2)
const express = require('express')
const app = express()
const portNo = 3001
// body-parserを有効にする
const bodyParser = require('body-parser')
app.use(bodyParser.urlencoded({extended: true}))
app.listen(portNo, () => {
  console.log('起動しました', `http://localhost:${portNo}`)
})

// APIの定義
// Wikiデータを返すAPI --- (※3)
app.get('/api/get/:wikiname', (req, res) => {
  const wikiname = req.params.wikiname
```

334

```
  db.find({name: wikiname}, (err, docs) => {
    if (err) {
      res.json({status: false, msg: err})
      return
    }
    if (docs.length === 0) {
      docs = [{name: wikiname, body: ''}]
    }
    res.json({status: true, data: docs[0]})
  })
})

// Wikiデータを書き込むAPI --- （※4）
app.post('/api/put/:wikiname', (req, res) => {
  const wikiname = req.params.wikiname
  console.log('/api/put/' + wikiname, req.body)
  // 既存のエントリーがあるか確認
  db.find({'name': wikiname}, (err, docs) => {
    if (err) {
      res.json({status: false, msg: err})
      return
    }
    const body = req.body.body
    if (docs.length === 0) { // エントリーがなければ挿入
      db.insert({name: wikiname, body})
    } else { // 既存のエントリーを更新
      db.update({name: wikiname}, {name: wikiname, body})
    }
    res.json({status: true})
  })
})

// publicディレクトリを自動で返す --- （※5）
app.use('/wiki/:wikiname', express.static('./public'))
app.use('/edit/:wikiname', express.static('./public'))
app.get('/', (req, res) => {
  res.redirect(302, '/wiki/FrontPage')
})
```

　プログラムの(※1)の部分では、NeDBのデータベースに接続します。このデータベースに、Wikiの
データを保存します(NeDBについては、5章5節の掲示板の項をご覧ください)。

　プログラムの(※2)の部分では、Webサーバーを起動します。GETの他に、POSTメソッドのデータ
も取得するので、body-parserモジュールを利用します(body-parserについては、5章2節のExpressの
項をご覧ください)。

続く、(※ 3) 以降の部分で、API を定義します。「/api/get/:wikiname」の形式のアクセスがあれば、それは Wiki データの取得を行う API として処理します。NeDB の find() メソッドを利用して、該当するエントリーを取得します。もし、見つからなければ、空のデータを返します。

プログラムの (※ 4) の部分では、Wiki データを NeDB に保存します。そのために、既存のエントリーがあるかどうかを調べ、エントリーがなければ、insert() メソッドで挿入し、既存エントリーがあれば、update() メソッドで内容を更新します。

プログラムの (※ 5) の部分は、API ではなく、通常の Web アクセスをどのように処理するかを指定します。「/wiki/:wikiname」と「/edit/:wikiname」のような URL へのアクセスであれば、public ディレクトリ以下にある静的なファイルを自動的に返すようにします。つまり、これは、React のクライアントアプリをブラウザーへ送出する処理です。そして、ルート「/」へのアクセスであれば「/wiki/FrontPage」へリダイレクトするようにします。

Wiki クライアントアプリ

次に、クライアント側のプログラムを確認しましょう。まずは、メインコンポーネントの定義です。今回、プログラムが長くなったので、コンポーネントを別ファイル (wiki_edit.js と wiki_show.js) に分割しています。そこで、ファイルを 1 つずつ確認していきましょう。

●file: src/ch6/wiki/src/index.js

```javascript
import React from 'react'
import ReactDOM from 'react-dom'
import {
  BrowserRouter as Router,
  Route, Switch
} from 'react-router-dom'
import WikiEdit from './wiki_edit'
import WikiShow from './wiki_show'

const WikiApp = () => (
  <Router>
    <div>
      <Route path='/wiki/:name' component={WikiShow} />
      <Route path='/edit/:name' component={WikiEdit} />
    </div>
  </Router>
)

// DOMにメインコンポーネントを書き込む
ReactDOM.render(
  <WikiApp />,
  document.getElementById('root'))
```

第6章 実践アプリ開発！

React Router を利用して、アクセスされた URL に応じて、表示するコンポーネントを変更するようにしています。例えば、「/wiki/hoge」という URL へのアクセスであれば、WikiShow コンポーネントを表示しますし、「/edit/hoge」へのアクセスであれば、WikiEdit コンポーネントを表示します。このとき、Wiki 名 (name) がコンポーネントのプロパティ (props.match.params.name) に設定されます。

Wiki クライアント - 編集画面コンポーネント

次に、編集画面を担当するコンポーネント WikiEdit を見ていきましょう。最初に、Web サーバーから現在のテキストを読み出し、テキストエディター内に表示します。テキストが変更されて「保存」ボタンが押されると、サーバーにテキストをポストします。

●file: src/ch6/wiki/src/wiki_edit.js

```javascript
import React, {Component} from 'react'
import request from 'superagent'
import {Redirect} from 'react-router-dom'
import styles from './styles'

// 編集画面コンポーネント --- (※1)
export default class WikiEdit extends Component {
  // コンポーネントの初期化 --- (※2)
  constructor (props) {
    super(props)
    const {params} = this.props.match
    const name = params.name // --- (※3)
    this.state = {
      name, body: '', loaded: false, jump: ''
    }
  }
  // Wikiの内容を読み込む --- (※4)
  componentWillMount () {
    request
      .get(`/api/get/${this.state.name}`)
      .end((err, res) => {
        if (err) return
        this.setState({
          body: res.body.data.body,
          loaded: true
        })
      })
  }
  // 本文をサーバーにポストする --- (※5)
  save () {
    const wikiname = this.state.name
    request
```

337

```
      .post('/api/put/' + wikiname)
      .type('form')
      .send({
        name: wikiname,
        body: this.state.body
      })
      .end((err, data) => {
        if (err) {
          console.log(err)
          return
        }
        this.setState({jump: '/wiki/' + wikiname})
      })
  }
  bodyChanged (e) {
    this.setState({body: e.target.value})
  }
  // 編集画面を表示 --- (※6)
  render () {
    if (!this.state.loaded) { // --- (※7)
      return (<p>読み込み中</p>)
    }
    if (this.state.jump !== '') {
      // メイン画面にリダイレクト --- (※8)
      return <Redirect to={this.state.jump} />
    }
    const name = this.state.name
    return (
      <div style={styles.edit}>
        <h1><a href={`/wiki/${name}`}>{name}</a></h1>
        <textarea rows={12} cols={60}
          onChange={e => this.bodyChanged(e)}
          value={this.state.body} /><br />
        <button onClick={e => this.save()}>保存</button>
      </div>
    )
  }
}
```

　プログラムの (※1) 以下が、コンポーネントの定義です。外部ファイルでコンポーネントを定義する場合には、export 宣言をつけます。これで、import を使って読み込むことができるようになります。

　プログラムの (※2) の部分では、コンポーネントの初期化を行います。ここでは、主に状態 (state) の初期化を行います。状態 (state) には、名前 (name) のほか、Wiki 本文 (body)、読み込みが完了したか (loaded)、任意の URL にジャンプするか (jump) の値を利用します。

　そして、(※3) の部分では、プロパティから Wiki の名前を取り出しています。これは、URL に基づいて決定されるもので、React Router によって設定されたものです。

第6章　実践アプリ開発！

プログラムの(※4)は、コンポーネントがマウントされる直前に実行されるメソッドで、サーバーの API にアクセスして、SuperAgent の非同期通信で、Wiki の内容を取得するものです。内容を取得すると、状態 (state) の body を更新し、読み込み完了を表す、loaded を true に設定します。

プログラムの(※5)の部分では、編集したテキストをサーバー API にポストします。この処理にも SuperAgent を利用し、Wiki 名 (name) と本文 (body) を送信します。無事送信が完了したら、状態 (state) の jump に、Wiki の表示用 URL を設定します。これにより、表示画面にリダイレクトします。

プログラムの(※6)の部分では、編集画面を表示します。(※7) では loaded が true になるまでは、編集画面を表示しないようにしています。(※8) では、(※5) で保存処理が完了した時に、表示画面にリダイレクトするようにします。

Wiki クライアント - Wiki 画面表示コンポーネント

画面表示コンポーネント WikiShow を見ていきましょう。こちらも、サーバーの API にアクセスし、Wiki の表示内容を読み出して、画面に表示します。その際、Wiki パーサーを通して、テキストを装飾します。

● file: src/ch6/wiki/src/wiki_show.js

```javascript
import React from 'react'
import request from 'superagent'
import WikiParser from './wiki_parser'
import styles from './styles'

// Wikiメイン画面表示コンポーネント
class WikiShow extends React.Component {
  constructor (props) {
    super(props)
    const {params} = this.props.match
    this.state = {
      name: params.name, body: '', loaded: false}
  }
  // Wikiの内容を読み込む ---(※1)
  componentWillMount () {
    request
      .get(`/api/get/${this.state.name}`)
      .end((err, res) => {
        if (err) return
        this.setState({
          body: res.body.data.body,
          loaded: true
        })
      })
  }
```

339

```
   //  画面の表示処理
   render () {
     if (!this.state.loaded) return (<p>読み込み中</p>)
     const name = this.state.name
     const body = this.state.body
     const html = this.convertText(body)
     return (
       <div>
         <h1>{this.state.name}</h1>
         <div style={styles.show}>{html}</div>
         <p style={styles.right}>
           <a href={`/edit/${name}`}>→このページを編集</a>
         </p>
       </div>
     )
   }
   // Wiki記法をReactオブジェクトに変換する --- (※2)
   convertText (src) {
     // Wiki記法をパースして配列データに変換
     const nodes = WikiParser.parse(src)
     // 各要素をReactの要素に変換
     const lines = nodes.map((e, i) => {
       if (e.tag === 'ul') { // リスト
         const lis = e.items.map(
           (s, j) => <li key={`node${i}_${j}`}>{s}</li>
         )
         return <ul key={`node${i}`}>{lis}</ul>
       }
       if (e.tag === 'a') {
         return (<div key={`node${i}`}>
           <a href={`/wiki/${e.label}`}>→{e.label}</a>
         </div>)
       }
       return React.createElement(
         e.tag, {key: 'node' + i}, e.label)
     })
     return lines
   }
}
export default WikiShow
```

　プログラムの(※1)の部分で、サーバーからWikiのテキストを取得します。テキストの取得が完了しないうちは、画面に「読み込み中」と表示します。このために、状態(state)のloadedプロパティを利用します。この辺りの処理は、編集画面コンポーネントと同じです。

（※2）の部分で、サーバーから読み出した、Wiki記法で書かれたテキストを、Reactのオブジェクトに変換します。

Wikiパーサー - PEG.jsでパーサーを作ろう

今回、Wiki記法をReactのオブジェクトに変換するのに、独自のWikiパーサーを定義して、利用しました。これは、PEG.jsというパーサージェネレータを利用すると、独自のパーサーを簡単に作れるからです。

```
PEG.jsのサイト
[URL] https://pegjs.org/
```

PEG.jsは、JavaScriptのためのパーサージェネレータであり、オンライン上でリアルタイムに使える、パーサー定義エディターが用意されています。画面左にパーサーの定義を書くと、画面右側でそのパーサーをリアルタイムにテストできるという優れものです。

PEG.jsのオンラインエディター

実際にPEG.jsのソースコードを読む前に、簡単に、Wikiパーサーの規則について紹介しましょう。ここで定義したWiki記法は非常に簡単なものです。

基本的に改行2つ分で各要素が区切られます。そして、要素の先頭が「*」であればタイトル、「-」であればリスト、「>」であれば引用、「@」であればリンクです。

例えば、以下のようなWiki記法のテキストを書いてみます。

```
* タイトル

- リスト1
- リスト2
- リスト3

> 引用テキスト

@リンク
```

すると、以下のように変換されて表示されます。

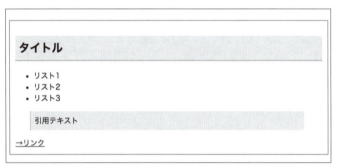

Wiki 記法を変換したところ

そして、この Wiki 記法を、PEG 文法で表したものが、以下のソースコードとなります。

●file: src/ch6/wiki/src/wiki_parser.pegjs

```
start
  = sentence*

sentence
  = title
  / list
  / blockquote
  / link
  / nop
  / text
  / eos

title
  = "*" label:$(!EOL .)+ EOL
  { return {tag: "h2", label} }

list
  = items:list_item+
```

```
    { return {tag:"ul", items} }

list_item
  = "-" label:$([^\n]*) "\n"
    { return label }

blockquote
  = ">" label:$(!EOL .)+ EOL
    { return {tag:"blockquote", label} }

link
  = "@" label:$([^\n]+) "\n"
    { return {tag: "a", label} }

text
  = label:$(!EOL .)+ EOL
    { return {tag: "p", label} }

nop
  = "\n"+ { return {tag: "p", label:''} }

eos
  = label:$(.+)
    { return {tag: "p", label} }

EOL = "\n" "\n"
```

この PEG.js 用のソースコードを JavaScript に変換するには、コマンドラインで以下のように実行します。すると、src/wiki_parser.pegjs から、src/wiki_parser.js というファイルが生成されます。

```
$ npm run build:parser
```

生成されたパーサーを利用するには、以下のコードを記述します。

●file: src/ch6/wiki/test-parser.js

```
// パーサーを取り込む
const WikiParser = require('./src/wiki_parser.js')
// ソースコードをパース
const src = '*title\n\n-list1\n-list2\n\nhoge'
const nodes = WikiParser.parse(src)
console.log(nodes)
```

このプログラムを実行すると、次のように表示されます。

```
$ node test-parser.js
[ { tag: 'h2', label: 'title' },
  { tag: 'ul', items: [ 'list1', 'list2' ] },
  { tag: 'p', label: '' },
  { tag: 'p', label: 'hoge' } ]
```

PEG.js でソースコードをパースすると、このように、配列で各要素を得ることができます。

PEG.js の記述方法

PEG 文法は非常に単純です。PEG 文法の基本は、次の通りです。

```
ルール名 = ルール
```

そして、このルールの部分に、複数のルールが記述できます。以下のように書くと、ルール A、ルール B、ルール C の、どのルールが適用されるかを、前から順に試していきます。

```
ルール名 = ルールA / ルールB / ルールC
```

また、ルールの直後に { … } と書くことにより、そのルールに対して、どのような JavaScript のコードを返すかを指定します。

```
ルール名 = ルール { return 対応するJSコード }
```

PEG 文法は、正規表現とよく似ています。例えば「[0-9]+」のように書くと、0-9 の文字の連続という意味になります。そのため、整数の数字を取り出そうと思ったら、以下のように記述できます。

```
int = [0-9]+
```

特定の 1 文字は、"A" のように記述し、任意の文字 1 字は「ドット (.)」です。

各ルールの一部にラベルを付けることができます。以下のように書くと、郵便番号のハイフンの左側 (left) と右側 (right) をそれぞれのラベルを使って取得できます。

```
zipcode = left:$[0-9]+ "-" right:$[0-9]+ { return {left, right} }
```

この規則に対して、「111-2222」という文字列を与えると、次のような結果が得られます。ここで、パターンの前に $ をつけると、連続する文字列として取得します。$ をつけないと、一文字ずつの配列が得られます。

344

```
{
    "left": "111",
    "right": "2222"
}
```

　また、PEG 文法では、先読みを行うことができます。そして、先読みした値に応じた処理を記述できます。例えば、「!(先読みパターン)」のように書くと、先読みパターン以外にマッチする際に、実際にその後のパターンを読み進めるという意味になります。そのため、「(![0-9] .)+」と書くなら、数字以外の一文字の連続という意味になります。

まとめ

 これまで学んだ React Router や NeDB などを利用して、Wiki アプリを作成してみました

 Express と React-Router を組み合わせて使うときは、どの URL にどの機能を割り振るかを、しっかりと分けておく必要があります

 PEG.js を使うと、手軽にパーサーを作成できます。紙面に限りがあるため、非常に簡単な Wiki 記法しか定義していませんが、もう少し手を加えるなら、Markdown 記法なども定義できるでしょう

02 じぶんのSNSを作ろう

ここで学ぶこと
- ユーザー認証やSNSの仕組みを学ぼう

使用するライブラリー・ツール
- Node.js / Express
- React / React Router
- NeDB / SuperAgent

SNSとは、Web上に社会的ネットワークを構築するWebサービスのことです。代表的なSNSには、FacebookやInstagram、mixiなどがあります。SNSを実現するためには、ユーザーを認証し、相互にリンクする機能が必要です。

ここで作るSNSの機能

一般的なSNSが持つ機能としては、プロフィール機能、メッセージ送受信、タイムライン、日記機能、コミュニティ機能などがあります。

しかし、これらの機能を実装するだけで、一冊の本になってしまいますので、ここでは、ユーザー認証の仕組みと、タイムラインの機能を実装してみます。具体的には、ユーザーの一覧から友達を追加し、友達のタイムラインを表示する仕組みを作ってみます。

ログイン画面 - ユーザーは最初にログインします

タイムラインの画面 - 友達のタイムラインが表示されます

346

第 6 章 実践アプリ開発！

ユーザー一覧の画面 - ユーザーの一覧から任意のユーザーを友達に追加できます

プロジェクトの作成

ここでは、次のような手順でプロジェクトを作成します。

```
$ mkdir sns
$ cd sns
$ npm init -y
$ npm i --save react react-dom react-router-dom
$ npm i --save express nedb superagent
$ npm i --save-dev webpack babel-loader babel-core
$ npm i --save-dev babel-preset-es2015 babel-preset-react
```

本書のサンプルプログラムをそのまま利用する場合は、次の 1 行のコマンドを実行すると、package.json に基づいて必要なモジュールがインストールされます。

```
$ npm install
```

プロジェクトのファイル一覧

プロジェクトのファイル構成は、次のリストの通りです。

```
.
├── package.json
├── sns-server.js    ---    Webサーバーのプログラム
├── public    ---    静的なファイル
│   ├── bundle.js
│   ├── default.css
│   ├── index.html
│   └── user.png
├── server    ---  サーバーで使うモジュールとデータベースファイル
│   ├── database.js
│   ├── timeline.db
│   └── user.db
├── src    ---  クライアント側のコンポーネント一覧
│   ├── index.js    ---  メインコンポーネント
│   ├── sns_login.js    ---    ログイン画面のコンポーネント
│   ├── sns_timeline.js    ---    タイムライン画面のコンポーネント
│   ├── sns_users.js    ---    ユーザー一覧のコンポーネント
│   └── styles.js
└── webpack.config.js
```

プログラムを実行する方法

プログラムを実行するには、コマンドラインから次のようにコマンドを実行します。

```
# Reactクライアントをビルド
$ npm run build
# サーバーを開始する
$ npm start
```

URL が表示されるので、その URL に Web ブラウザーでアクセスします。

最初にログイン画面が出るので、ユーザー名とパスワードを入力して、「ユーザー登録 (初回)」の
ボタンを押してください。すると、次のようなタイムライン画面が出るので、適当なコメントを書き
込んでみましょう。

(注意) データベースの「NeDB」について

NeDB は VirtualBox 上の Ubuntu で動作しないようです。解決方法もありますが、手順が複雑なの
で、本項のプログラムは、Windows/macOS でテストしてみてください。

第 6 章　実践アプリ開発！

ユーザー登録した直後のタイムラインの画面

　そして、画面下部にある「→友達を追加する」をクリックして、任意のユーザーを友達に追加し、再び、タイムラインの画面に戻ると、友達のタイムラインを見ることができます。

友達を追加した後のタイムライン画面

サーバー側 - SNS サーバー

最初に Web サーバー側のプログラムを見ていきましょう。SNS の肝とも言えるソーシャル機能を実現するために、表のような API を作りました。ここで用意した API は、次の通りです。

URL	必要なパラメーター	APIの説明
/api/adduser	userid, passwd	新規ユーザーを追加
/api/login	userid, passwd	ユーザー認証して、認証トークンを返す
/api/add_friend	userid, token, friendid	ユーザーに友達を追加する
/api/get_allusers	なし	すべてのユーザーを列挙して返す
/api/add_timeline	userid, token, comment	自分のタイムラインにコメントを書き込む
/api/get_friends_timeline	userid, token	自分と友達のタイムラインを返す
/api/get_user	userid	ユーザーの情報(友達一覧)を返す

ログインの仕組み

API だけを見ても、よく分からないと思うので、肝要な機能である、ログインの仕組みを図で確認しましょう。この図にあるように、クライアント側がパスワードをサーバーに送信するのは一度だけで、その後は、ログイン時に生成した認証トークン (token) を用いて、処理を行うようにします。このようにトークンを用いると、毎回パスワードを送信しなくて済みます。また、生のパスワードをブラウザーに保存するというリスクを排除することもできます。

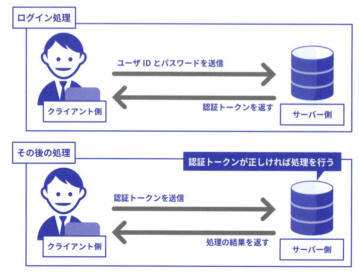

ログインの仕組み

サーバー側 メインプログラム

　今回、ユーザーを作成したり、認証機能を作り込んだりと、少しプログラムが大きくなってしまったので、ファイルを機能ごとに分割しました。メインとなる Web サーバーのための機能と、データベースとのやりとりの機能です。それでは、サーバーのメインプログラムから見ていきましょう。

● file: src/ch6/sns/sns-server.js

```javascript
// -------------------------------------------------------
// SNSサーバー
// -------------------------------------------------------
// データベースに接続 --- （※1）
const db = require('./server/database')

// WEBサーバーを起動 --- （※2）
const express = require('express')
const app = express()
const portNo = 3001
app.listen(portNo, () => {
  console.log('起動しました', `http://localhost:${portNo}`)
})

// APIの定義
// ユーザー追加用のAPI - ユーザーを追加する --- （※3）
app.get('/api/adduser', (req, res) => {
  const userid = req.query.userid
  const passwd = req.query.passwd
  if (userid === '' || passwd === '') {
    return res.json({status: false, msg: 'パラメーターが空'})
  }
  // 既存ユーザーのチェック
  db.getUser(userid, (user) => {
    if (user) { // すでにユーザーがいる
      return res.json({status: false, msg: 'すでにユーザーがいます'})
    }
    // 新規追加
    db.addUser(userid, passwd, (token) => {
      if (!token) {
        res.json({status: false, msg: 'DBのエラー'})
      }
      res.json({status: true, token})
    })
  })
})
// ユーザーログイン用のAPI - ログインするとトークンを返す --- （※4）
app.get('/api/login', (req, res) => {
  const userid = req.query.userid
```

351

```javascript
    const passwd = req.query.passwd
    db.login(userid, passwd, (err, token) => {
      if (err) {
        res.json({status: false, msg: '認証エラー'})
        return
      }
      // ログイン成功したらトークンを返す
      res.json({status: true, token})
    })
})
// 友達追加API --- (※5)
app.get('/api/add_friend', (req, res) => {
  const userid = req.query.userid
  const token = req.query.token
  const friendid = req.query.friendid
  db.checkToken(userid, token, (err, user) => {
    if (err) { // 認証エラー
      res.json({status: false, msg: '認証エラー'})
      return
    }
    // 友達追加
    user.friends[friendid] = true
    db.updateUser(user, (err) => {
      if (err) {
        res.json({status: false, msg: 'DBエラー'})
        return
      }
      res.json({status: true})
    })
  })
})
// 自分のタイムラインに発言 --- (※6)
app.get('/api/add_timeline', (req, res) => {
  const userid = req.query.userid
  const token = req.query.token
  const comment = req.query.comment
  const time = (new Date()).getTime()
  db.checkToken(userid, token, (err, user) => {
    if (err) {
      res.json({status: false, msg: '認証エラー'})
      return
    }
    // タイムラインに追加
    const item = {userid, comment, time}
    db.timelineDB.insert(item, (err, it) => {
      if (err) {
        res.json({status: false, msg: 'DBエラー'})
        return
```

第6章　実践アプリ開発！

```javascript
      }
      res.json({status: true, timelineid: it._id})
    })
  })
})
// ユーザーの一覧を取得 --- (※7)
app.get('/api/get_allusers', (req, res) => {
  db.userDB.find({}, (err, docs) => {
    if (err) return res.json({status: false})
    const users = docs.map(e => e.userid)
    res.json({status: true, users})
  })
})
// ユーザー情報を取得 --- (※8)
app.get('/api/get_user', (req, res) => {
  const userid = req.query.userid
  db.getUser(userid, (user) => {
    if (!user) return res.json({status: false})
    res.json({status: true, friends: user.friends})
  })
})
// 友達のタイムラインを取得 --- (※9)
app.get('/api/get_friends_timeline', (req, res) => {
  const userid = req.query.userid
  const token = req.query.token
  db.getFriendsTimeline(userid, token, (err, docs) => {
    if (err) {
      res.json({status: false, msg: err.toString()})
      return
    }
    res.json({status: true, timelines: docs})
  })
})

// 静的ファイルを自動的に返すようルーティングする --- (※10)
app.use('/public', express.static('./public'))
app.use('/login', express.static('./public'))
app.use('/users', express.static('./public'))
app.use('/timeline', express.static('./public'))
app.use('/', express.static('./public'))
```

　プログラムの (※1) では、データベースに接続し、データベースとのやりとりを行うモジュールを読み込みます。続く、(※2) では、Web サーバーを起動します。

　そして、(※3) 以降の部分では、API の定義を行います。(※3) の /api/adduser では、新規ユーザーの追加処理を行います。このユーザーの追加処理では、userid を調べ、その ID を持ったユーザーがいないかを確認し、問題なければ、ユーザーを追加するという処理になっています。

353

プログラムの (※4) では、ユーザーのログイン処理を行います。ログイン処理では、ユーザーID(userid) とパスワード (passwd) を調べて合致していれば、認証トークン (token) を返す処理となっています。

(※5) では、友達を追加します。その際、認証トークンを調べ、トークンが正しければ、ユーザー情報の友達情報を更新するという処理になっています。

(※6) では、タイムラインにコメントを書き込みます。こちらも、トークンが正しいか確認し、正しければ、タイムラインに書き込むという処理にしています。

(※7) では、登録しているすべてのユーザー情報を返します。ここでは、全てのユーザーを返します。また、(※8) ではユーザーの情報を返し、(※9) では友達（と自分）のタイムラインを時系列の新しい順に取得します。

(※10) では、静的ファイルを自動的に返すようにルーティングします。

サーバー側 データベースのモジュール

次に、データベースに接続し、各種の入出力を行う処理をモジュールとしてまとめた、database.js を見てみましょう。

● file: src/ch6/sns/server/database.js

```javascript
// データベースに関する処理をまとめたもの
const path = require('path')
const NeDB = require('nedb')

// データベースに接続する --- (※1)
const userDB = new NeDB({
  filename: path.join(__dirname, 'user.db'),
  autoload: true
})
const timelineDB = new NeDB({
  filename: path.join(__dirname, 'timeline.db'),
  autoload: true
})

// ハッシュ値(sha512)を取得 --- (※2)
function getHash (pw) {
  const salt = '::EVuCMOQwfI48Krpr'
  const crypto = require('crypto')
  const hashsum = crypto.createHash('sha512')
  hashsum.update(pw + salt)
  return hashsum.digest('hex')
}
// 認証用のトークンを生成 --- (※3)
function getAuthToken (userid) {
```

```
    const time = (new Date()).getTime()
    return getHash(`${userid}:${time}`)
  }

  // 以下APIで利用するDBの操作メソッド --- (※4)
  // ユーザーの検索
  function getUser (userid, callback) {
    userDB.findOne({userid}, (err, user) => {
      if (err || user === null) return callback(null)
      callback(user)
    })
  }
  // ユーザーの新規追加 --- (※5)
  function addUser (userid, passwd, callback) {
    const hash = getHash(passwd)
    const token = getAuthToken(userid)
    const regDoc = {userid, hash, token, friends: {}}
    userDB.insert(regDoc, (err, newdoc) => {
      if (err) return callback(null)
      callback(token)
    })
  }
  // ログインの試行 --- (※6)
  function login (userid, passwd, callback) {
    const hash = getHash(passwd)
    const token = getAuthToken(userid)
    // ユーザー情報を取得
    getUser(userid, (user) => {
      if (!user || user.hash !== hash) {
        return callback(new Error('認証エラー'), null)
      }
      // 認証トークンを更新
      user.token = token
      updateUser(user, (err) => {
        if (err) return callback(err, null)
        callback(null, token)
      })
    })
  }
  // 認証トークンの確認 --- (※7)
  function checkToken (userid, token, callback) {
    // ユーザー情報を取得
    getUser(userid, (user) => {
      if (!user || user.token !== token) {
        return callback(new Error('認証に失敗'), null)
      }
      callback(null, user)
    })
```

```
}
// ユーザー情報を更新 --- (※8)
function updateUser (user, callback) {
  userDB.update({userid: user.userid}, user, {}, (err, n) => {
    if (err) return callback(err, null)
    callback(null)
  })
}
// 友達のタイムラインを取得する --- (※9)
function getFriendsTimeline (userid, token, callback) {
  checkToken(userid, token, (err, user) => {
    if (err) return callback(new Error('認証に失敗'), null)
    // 友達の一覧を取得
    const friends = []
    for (const f in user.friends) friends.push(f)
    friends.push(userid) // 友達＋自分のタイムラインを表示
    // 友達のタイムラインを最大20件取得
    timelineDB
      .find({userid: {$in: friends}})
      .sort({time: -1})
      .limit(20)
      .exec((err, docs) => {
        if (err) {
          callback(new Error('DBエラー'), null)
          return
        }
        callback(null, docs)
      })
  })
}
module.exports = {
  userDB, timelineDB, getUser, addUser, login, checkToken, updateUser,
getFriendsTimeline
}
```

　プログラムの (※1) では、データベースと接続します。ここで接続するのは、ユーザー情報用の
データベースと、タイムライン用のデータベースの2種類です。

　(※2) では、パスワードのハッシュ値を求める関数を定義しています。パスワードに対して、SHA-
512ハッシュを求めます。ただし、パスワードにSALTを加えて、データベースが流出しても、パス
ワードが類推できないように工夫します。

第6章 実践アプリ開発！

COLUMN

SHA ハッシュとは？

SHA とは Secure Hash Algorithm の略で、ハッシュ関数 (要約関数) のひとつです。米国立標準技術研究所 (NIST) によって標準ハッシュ関数に指定された方式です。ハッシュ関数とは、同じデータから、必ず同じハッシュ値を算出します。少しでもデータが異なると、まったく異なるハッシュ値が得られます。そのため、暗号化、改ざん検出や、データが壊れていないことを確かめるのにも利用されます。

(※3) では、userid を元にして認証用のトークンを生成します。ただし、毎回異なるトークンが必要なので、ここでは、現在時刻を元にして、トークンを生成します。

(※4) 以降の部分では、データベースとのやりとりのためのメソッドです。getUser() 関数は、DB からユーザー情報を全て返します。

(※5) では、新規ユーザーを追加します。重要な点ですが、パスワードをデータベースに保存する時には、生のパスワードを保存しないようにします。

生のパスワードをデータベースに保存してしまったら、サーバーを攻撃され、データベースが読み取られたとき、すぐにパスワードが流出してしまいます。しかし、パスワードを元に計算したハッシュ値だけを保存するなら、元のパスワードを類推することはできないため、被害は最小限になります。

(※6) では、ログイン処理を行う関数を定義しています。(※5) で保存したハッシュ値と、今回ユーザーが送信したパスワードから得たハッシュ値が同一であれば、ログインが成功したと見なし、認証トークンを返します。実際にトークンを確認するのが、(※7) の checkToken() 関数です。

ここでは、ログインがある度に、新しいトークンを生成しています。ここでは、実装しませんでしたが、本当は、有効期限を決めておいて、期限切れになっていたら、再度ログインを促すような仕組みを作るとより安全でしょう。

(※8) では、ユーザー情報を更新する処理を定義しています。

(※9) では、友達のタイムラインを取得します。ユーザーの友達一覧を取得し、その一覧を元に、タイムラインのデータベースから任意のユーザーの発言を一度に取り出します。

クライアント側 - SNS クライアント

続いて、React で作ったクライアント側のプログラムを見ていきましょう。次に挙げるのはクライアントのメインコンポーネントを定義したものです。React Router を利用して、URL に応じて表示するコンポーネントを分岐しています。

357

●file: src/ch6/sns/src/index.js

```
import React from 'react'
import ReactDOM from 'react-dom'
import {
  BrowserRouter as Router,
  Route, Switch
} from 'react-router-dom'
import SNSUsers from './sns_users'
import SNSTimeline from './sns_timeline'
import SNSLogin from './sns_login'

const SNSApp = () => (
  <Router>
    <div>
      <Switch>
        <Route path='/users' component={SNSUsers} />
        <Route path='/timeline' component={SNSTimeline} />
        <Route path='/login' component={SNSLogin} />
        <Route component={SNSLogin} />
      </Switch>
    </div>
  </Router>
)

// DOMにメインコンポーネントを書き込む
ReactDOM.render(
  <SNSApp />,
  document.getElementById('root'))
```

SNS クライアント - ログイン画面

次に、各コンポーネントの定義です。以下は、ログイン画面のコンポーネントです。紙面の都合で、ログイン画面とサインアップ（ユーザーの追加）を同じ画面に詰め込んでしまっていますが、本来は、分かりづらいので画面を分けると良いでしょう。

●file: src/ch6/sns/src/sns_login.js

```
import React, {Component} from 'react'
import request from 'superagent'
import {Redirect} from 'react-router-dom'
import styles from './styles'

// ログイン画面を定義したコンポーネント
export default class SNSLogin extends Component {
  constructor (props) {
```

```
      super(props)
      this.state = { userid: '', passwd: '', jump: '', msg: '' }
    }
    // APIを呼びだし、トークンを得てlocalStorageに保存する --- (※1)
    api (command) {
      request
        .get('/api/' + command)
        .query({
          userid: this.state.userid,
          passwd: this.state.passwd
        })
        .end((err, res) => {
          if (err) return
          const r = res.body
          console.log(r)
          if (r.status && r.token) {
            // 認証トークンをlocalStorageに保存
            window.localStorage['sns_id'] = this.state.userid
            window.localStorage['sns_auth_token'] = r.token
            this.setState({jump: '/timeline'})
            return
          }
          this.setState({msg: r.msg})
        })
    }
    render () {
      if (this.state.jump) {
        return <Redirect to={this.state.jump} />
      }
      const changed = (name, e) => this.setState({[name]: e.target.value})
      return (
        <div>
          <h1>ログイン</h1>
          <div style={styles.login}>
            ユーザーID:<br />
            <input value={this.state.userid}
              onChange={e => changed('userid', e)} /><br />
            パスワード:<br />
            <input type='password' value={this.state.passwd}
              onChange={e => changed('passwd', e)} /><br />
            <button onClick={e => this.api('login')}>ログイン</button><br />
            <p style={styles.error}>{this.state.msg}</p>
            <p><button onClick={e => this.api('adduser')}>
              ユーザー登録(初回)</button></p>
          </div>
        </div>
      )
    }
  }
```

詳しくプログラムを見てみましょう。(※1)の部分では、サーバー側にユーザーID(userid)とパスワード(passwd)を送信します。そして、ユーザー登録かログインが成功した時、localStorageにIDとトークンを保存するという処理を行います。ここでポイントとなるのが、生のパスワードを保存するわけではないという点です。サーバーから返されるトークンは、ログインの度に変更される一時的なトークンなので、パスワードの流出リスクは抑えられます。

localStorageは、Webブラウザーの管理するローカルPC内のストレージ領域に、データを保存できる機能を持っています。そして、localStorage内のデータは、Webドメインごとに異なる領域が割り振られ[1]、WebサイトAから、WebサイトBで保存したデータにアクセスすることはできません。そのため、安全にデータを保存できます。ただし、保存できる容量は、各サイトごとに5MBとされており、ちょっとしたデータを保存するのに向いています。

SNSクライアント - ユーザーの一覧画面

次に、ユーザーの一覧画面を定義したコンポーネントを見てみましょう。

● file: src/ch6/sns/src/sns_users.js

```
import React, {Component} from 'react'
import request from 'superagent'
import {Redirect} from 'react-router-dom'
import styles from './styles'

export default class SNSUsers extends Component {
  constructor (props) {
    super(props)
    this.state = { users: [], jump: '', friends: [] }
  }
  componentWillMount () {
    this.loadUsers()
  }
  // ユーザー一覧と自身の友達情報を得る --- (※1)
  loadUsers () {
    request
      .get('/api/get_allusers')
      .end((err, res) => {
        if (err) return
        this.setState({users: res.body.users})
      })
    request
      .get('/api/get_user')
      .query({userid: window.localStorage.sns_id})
```

※1　正確にはオリジンごとに異なる領域が割り振られます。オリジンとは「プロトコル:// ドメイン:ポート」のことです。サブドメインやポートが違うだけでもアクセスできないようになっています。

第6章 実践アプリ開発！

```
      .query({userid: window.localStorage.sns_id})
      .end((err, res) => {
        console.log(err, res)
        if (err) return
        this.setState({friends: res.body.friends})
      })
  }
  // 友達追加のボタンを押した時 --- (※2)
  addFriend (friendid) {
    if (!window.localStorage.sns_auth_token) {
      window.alert('先にログインしてください')
      this.setState({jump: '/login'})
      return
    }
    request
      .get('/api/add_friend')
      .query({
        userid: window.localStorage.sns_id,
        token: window.localStorage.sns_auth_token,
        friendid: friendid
      })
      .end((err, res) => {
        if (err) return
        if (!res.body.status) {
          window.alert(res.body.msg)
          return
        }
        this.loadUsers()
      })
  }
  render () {
    if (this.state.jump) {
      return <Redirect to={this.state.jump} />
    }
    const friends = this.state.friends ? this.state.friends : {}
    const ulist = this.state.users.map(id => {
      const btn = (friends[id])
        ? `${id}は友達です`
        : (<button onClick={eve => this.addFriend(id)}>
          {id}を友達に追加</button>)
      return (<div key={'fid_' + id} style={styles.friend}>
        <img src={'user.png'} width={80} /> {btn}
      </div>)
    })
    return (
      <div>
        <h1>ユーザーの一覧</h1>
        <div>{ulist}</div>
```

361

```
        <div><br /><a href={'/timeline'}>→タイムラインを見る</a></div>
      </div>
    )
  }
}
```

　プログラムの (※ 1) の部分を見てみましょう。ここでは、サーバー API を呼びだして、ユーザー一
覧と自身の情報 (特に友達情報) を取得しています。これによって、すでに友達になっているかどうか
を判断し、友達になっていなければ「xxx を友達に追加」というボタンを表示します。

　(※ 2) の部分を見てみましょう。ここは、友達追加のボタンを押した時の処理を記述しているとこ
ろです。当然のことですが、ログインしていなければ、友達に追加することはできません。そこで、
localStorage の値を確認して、ログインしていなければ、ログイン画面にリダイレクトします。ログイ
ンしていれば、友達追加の API を呼び出すようにします。追加完了後に、再度、(※ 1) のユーザー情報
を再度読み込みます。

SNS クライアント - タイムライン画面

　最後に、タイムラインの画面を見てみましょう。ここでは友達のタイムラインが表示されます。ま
た、自身のタイムラインにコメントを投稿することができます。

●file: src/ch6/sns/src/sns_timeline.js

```
import React, {Component} from 'react'
import request from 'superagent'
import styles from './styles'

//  タイムライン画面を定義するコンポーネント
export default class SNSTimeline extends Component {
  constructor (props) {
    super(props)
    this.state = { timelines: [], comment: '' }
  }
  componentWillMount () {
    this.loadTimelines()
  }
  loadTimelines () { //  タイムラインを取得 --- (※1)
    request
      .get('/api/get_friends_timeline')
      .query({
        userid: window.localStorage.sns_id,
        token: window.localStorage.sns_auth_token
      })
      .end((err, res) => {
        if (err) return
```

第 6 章 実践アプリ開発！

```
          this.setState({timelines: res.body.timelines})
        })
    }
    post () { // 自分のタイムラインに投稿 --- （※2）
      request
        .get('/api/add_timeline')
        .query({
          userid: window.localStorage.sns_id,
          token: window.localStorage.sns_auth_token,
          comment: this.state.comment
        })
        .end((err, res) => {
          if (err) return
          this.setState({comment: ''})
          this.loadTimelines()
        })
    }
    render () {
      // タイムラインの一行を生成 --- （※3）
      const timelines = this.state.timelines.map(e => {
        return (
          <div key={e._id} style={styles.timeline}>
            <img src={'user.png'} style={styles.tl_img} />
            <div style={styles.userid}>{e.userid}:</div>
            <div style={styles.comment}>{e.comment}</div>
            <p style={{clear: 'both'}} />
          </div>
        )
      })
      return (
        <div>
          <h1>タイムライン</h1>
          <div>
            <input value={this.state.comment} size={40}
              onChange={e => this.setState({comment: e.target.value})} />
            <button onClick={e => this.post()}>書き込む</button>
          </div>
          <div>{timelines}</div>
          <hr />
          <p><a href={'/users'}>→友達を追加する</a></p>
          <p><a href={'/login'}>→別のユーザーでログイン</a></p>
        </div>
      )
    }
}
```

363

詳しく見ていきましょう。プログラムの(※1)の部分では、サーバーからタイムラインを取得します。このメソッドは、このポーネントがマウントされる直前 componentWillMount() と、書き込みが完了したタイミング(※2)の部分で呼びだされます。

続いて、(※2)の部分では、自分のタイムラインにコメントを投稿します。認証トークンをクエリー追加するものの、この辺りの作りは、前章で作った掲示板と同じものとなっています。

> **まとめ**
>
> SNSの例として、ユーザーの一覧から友達を追加し、友達のタイムラインを表示する機能を作ってみました
>
> 紙面の関係で、限られた機能しか実装しませんでしたが、ユーザー認証が必要なReactアプリの作り方の参考になるものです。特に、生のパスワードをサーバー側にもクライアント側にも保存していない部分に注目してください
>
> React Routerを使うことにより、各画面を非常にすっきりと分割して管理できる部分も見ることができました

03 機械学習で手書き文字を判定しよう

ここで学ぶこと

- 機械学習を実践してみよう
- Node.jsでバッチ処理を記述しよう
- ReactでAIクライアントを作ろう

使用するライブラリー・ツール

- Node.js / Express
- React
- node-svm

近年、人工知能(AI)ブームが巻き起こっています。深層学習アルゴリズムを利用して、これまで実現が難しかった画像認識や音声認識、翻訳などの分野で、大きな成果をあげています。ここでは、簡単な機械学習の利用例として、手書き文字認識をリアルタイムに行うプログラムを作ってみましょう。

ここで作るアプリ - リアルタイム手書き文字認識ツール

ここでは、ブラウザー画面にマウスで数字を手書きすると、その形から数字を類推する手書き文字認識ツールを作ってみます。一画描画するごとに、文字認識が行われます。

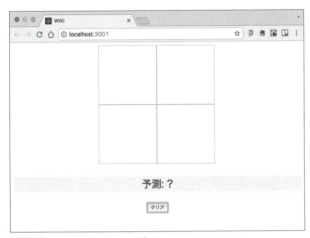

画面にキャンバスが表示されます

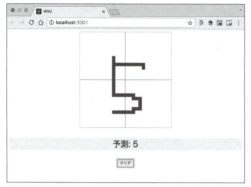 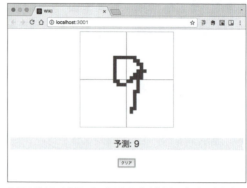

マウスで数字を書くと、文字認識します　　　　クリアボタンを押して、別の文字を試すことができます

本プロジェクトのプログラムのあるフォルダーでコマンドを実行すると、プログラムを試すことができます。

```
# 必要なモジュールをインストール
$ npm install
# Reactをビルド
$ npm run build
# サーバーを開始
$ npm start
```

すると、コマンドラインに URL が表示されるので、Web ブラウザーで URL を開きます。枠内にマウスで数字を描画すると、認識結果が枠の下に表示されます。

本プロジェクトで使うファイルの一覧

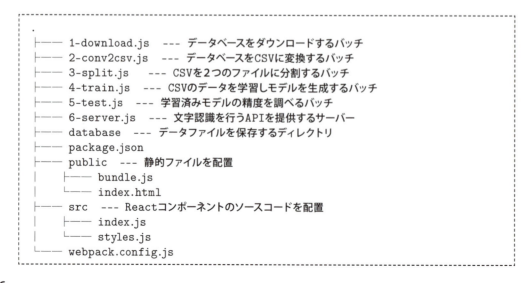

手書き数字のデータベースをダウンロードしよう

　機械学習の練習としてよく利用されるのは、手書き数字の認識です。そこで、手書き数字をリアルタイムに認識するツールを作ってみましょう。手書き数字が機械学習の練習として使われるのは、膨大な手書き数字のデータが無料でダウンロード可能となっているからです。

　MNISTとして有名な手書き数字のデータは、次のURLからダウンロードできます。

```
THE MNIST DATABASE of handwritten digits
 [URL] http://yann.lecun.com/exdb/mnist/
```

MNISTのデータベースのWebサイト

　このデータセットは、6万件のサンプルと、1万件のテスト用データで成り立っています。以下のような手書きの数字画像が収録されています。

MNISTの手書きデータの内容

ここでは、1万件のテストデータの方をダウンロードして使ってみましょう。

機械学習では、その前段階として、データを収集したり、収集したデータを任意の形式に変換するなど、バッチ処理のプログラムをいくつも記述する必要があります。

それでは、Node.js を使って、データベースをダウンロードするプログラムから作ってみましょう。ここでは、ES2017 で実装された、async/await を使って、ダウンロード→解凍→ダウンロード→解凍と逐次処理で実行します。

●file: src/ch6/tegaki/1-download.js

```javascript
// メイン処理 - 逐次ダウンロード --- (※1)
(async () => {
  const path = require('path')
  const base = 'http://yann.lecun.com/exdb/mnist'
  await download(
    base + '/t10k-images-idx3-ubyte.gz',
    path.join(__dirname, 'database', 'images-idx3'))
  await download(
    base + '/t10k-labels-idx1-ubyte.gz',
    path.join(__dirname, 'database', 'labels-idx1'))
})()

// ダウンロードと解凍を行う --- (※2)
async function download (url, savepath) {
  console.log('開始:', url)
  const tmp = savepath + '.gz'
  await downloadPromise(url, tmp)
  await gunzip(tmp, savepath)
  console.log('ok:', savepath)
}

// ファイルのダウンロードを行う関数を定義 --- (※3)
function downloadPromise (url, savepath) {
  return new Promise((resolve, reject) => {
    const http = require('http')
    const fs = require('fs')
    if (fs.existsSync(savepath)) return resolve()
    const outfile = fs.createWriteStream(savepath)
    http.get(url, (res) => {
      res.pipe(outfile)
      res.on('end', () => {
        outfile.close()
        resolve()
      })
    })
    .on('error', (err) => reject(err))
  })
}
```

第6章　実践アプリ開発！

```
// ファイルの解凍を行う --- （※4）
function gunzip (infile, outfile) {
  return new Promise((resolve, reject) => {
    const zlib = require('zlib')
    const fs = require('fs')
    const rd = fs.readFileSync(infile)
    zlib.gunzip(rd, (err, bin) => {
      if (err) reject(err)
      fs.writeFileSync(outfile, bin)
      resolve()
    })
  })
}
```

このプログラムを実行するには、次のようにコマンドを実行します。すると、MNIST のデータベース (画像データおよびラベルデータ) をダウンロードし、GZ(gzip) 形式のファイルを解凍します。

```
$ mkdir database
$ node 1-download.js
```

プログラムの (※1) では、メイン処理を記述しています。MNIST の Web サイトから、1 万件の画像のデータベース (t10k-images-idx3-ubyte.gz) と、画像が何の数字を表しているかという、画像のラベル情報 (t10k-labels-idx1-ubyte.gz) を順次ダウンロードします。await を指定することで、処理が完了した後に、次の処理を実行するようになります。

(※2) でも、await を指定してダウンロードと解凍処理を順に行うよう指定しています。

続くプログラムの (※3) では、URL からファイルをダウンロードする処理、(※4) では、ファイルの解凍を行う処理を記述しています。共に、Promise を利用して、処理が完了したら、続く処理を実行するように指定しています。

バイナリファイルを解析しよう

さて、ここまでの手順でデータベースをダウンロードしましたが、このデータベースは、バイナリ形式になっており、ファイルを解凍したからといって画像形式になっているわけではありません。画像データ (images-idx3) とその画像がどの数字を表すかのラベルデータ (labels-idx1) の 2 つファイルで 1 つのデータベースを表しています。MNIST の Web サイトにデータベースの形式が記述されていますが、以下のような形式になっています。

369

●ラベルデータベースの形式：

オフセット	タイプ	値	説明
0000	32ビット整数	2049	マジックナンバー
0004	32ビット整数	10000	アイテムの数
0008	1バイト	0-9	画像が表す数字
0009	1バイト	0-9	画像が表す数字
…	…	0-9	画像が表す数字

●画像データベースの形式：

オフセット	タイプ	値	説明
0000	32ビット整数	2051	マジックナンバー
0004	32ビット整数	10000	アイテムの数
0008	32ビット整数	28	横ピクセル数
0012	32ビット整数	28	縦ピクセル数
0016	符号なし1バイト	0-255	ピクセルデータ
0017	符号なし1バイト	0-255	ピクセルデータ
…	…	0-255	ピクセルデータ

それでは、このデータを解析して、CSV形式に変換してみましょう。ここでは、1行1画像データとして、一列目にラベルデータ、二列目以降が画像データという形式にしてみます。

```
[ここで生成するCSVファイルの形式]
ラベルデータ，画像ピクセルデータ,...
ラベルデータ，画像ピクセルデータ,...
ラベルデータ，画像ピクセルデータ,...
...
```

変換プログラムは、以下のようになります。

●file: src/ch6/tegaki/2-conv2csv.js

```javascript
const fs = require('fs')
const path = require('path')

// 変換実行
convertToCSV(path.join(__dirname, 'database'))

function convertToCSV (dbdir) {
  // ファイル名の指定
  const imgFile = path.join(dbdir, 'images-idx3')
  const lblFile = path.join(dbdir, 'labels-idx1')
  const csvFile = path.join(dbdir, 'images.csv')
```

```javascript
  // ファイルを開く --- (※1)
  const imgF = fs.openSync(imgFile, 'r')
  const lblF = fs.openSync(lblFile, 'r')
  const outF = fs.openSync(csvFile, 'w+')
  // 画像データベースのヘッダーを読む --- (※2)
  const ibuf = Buffer.alloc(16)
  fs.readSync(imgF, ibuf, 0, ibuf.length)
  const magic = ibuf.readUInt32BE(0)
  const numImages = ibuf.readUInt32BE(4)
  const numRows = ibuf.readUInt32BE(8)
  const numCols = ibuf.readUInt32BE(12)
  const numPixels = numRows * numCols
  // ヘッダーが正しいか検証
  if (magic !== 2051) throw new Error('ファイルが壊れてます')
  console.log('画像数=', numImages, numRows, 'x', numCols)
  // ラベルデータベースのヘッダーを読む --- (※3)
  const lbuf = Buffer.alloc(8)
  fs.readSync(lblF, lbuf, 0, lbuf.length)
  const magicl = lbuf.readUInt32BE(0)
  if (magicl !== 2049) throw new Error('ファイルが壊れています')
  // 画像を取り出す --- (※4)
  const pixels = Buffer.alloc(numPixels)
  const labelb = Buffer.alloc(1)
  for (let i = 0; i < numImages; i++) {
    // 経過を表示
    if (i % 1000 === 0) console.log(i, '/', numImages)
    // 画像を読む --- (※5)
    fs.readSync(imgF, pixels, 0, numPixels)
    fs.readSync(lblF, labelb, 0, 1)
    const line = new Uint8Array(pixels)
    const label = labelb.readInt8(0)
    // PGM形式で保存 --- (※6)
    if (i < 20) {
      let s = 'P2 28 28 255\n'
      for (let j = 0; j < numPixels; j++) {
        s += line[j].toString()
        s += (j % 28 === 27) ? '\n' : ' '
      }
      const savefile = path.join(dbdir, label + '_test_' + i + '.pgm')
      fs.writeFileSync(savefile, s, 'utf-8')
    }
    // CSVを一行作って書き込み --- (※7)
    const csvline = label + ',' + line.join(',') + '\n'
    fs.writeSync(outF, csvline, 'utf-8')
  }
  console.log('ok')
}
```

プログラムを実行するには、コマンドラインから以下のコマンドを実行します。すると、先ほどダウンロードしたデータベースから、CSV ファイルを生成します (また、どんな画像があるのか確かめるために、画像ファイルも生成します)。

```
$ node 2-conv2csv.js
```

プログラムを見てみましょう。バイナリデータを Node.js で処理する方法が分かるでしょう。

プログラムの (※ 1) の部分ではファイルを開いています。バッチ処理を非同期で行う意味はそれほどないので、同期関数 (xxxSync) が用意されていれば、そちらを使うようにします。同期間数を利用した方がプログラムが単純になります。

(※ 2) の部分では、画像データベースから 16 バイト読み込み、そのヘッダー情報を取り出します。このとき、ヘッダーの先頭の 32 ビット （=4 バイト) の値が 2051 であれば、正しいデータベース形式かどうかを判定できます。

その手順としては、Buffer.alloc() で任意のバイト数をメモリ上に確保しておいて、その後、fs.readSync() でファイルからデータを読み出します。Buffer 内に読み込んでおけば、readUInt32BE() メソッドで符号なし 32 ビット整数を読み出すことができます。

次に、プログラムの (※ 3) の部分では、同様にラベルデータベースのヘッダー情報を取り出して、先頭の 32 ビットの値を確認します。

続く (※ 4) の部分では、画像データとラベルデータ用にメモリを確保し、(※ 5) の部分でファイルから画像データを取り出します。

(※ 6) の部分では、取り出した画像データを、PGM 形式で保存します。PGM 形式というのは、テキストデータで画像ファイルを表す形式です。ただし、機械学習には、この画像は利用せず、正しく取り出せたかどうかを視認するためのものなので、最初の 20 件だけを PGM 形式で書き出します。

(※ 7) の部分では、CSV ファイルの一行分を作って、writeSync() メソッドでデータを書き込みます。

2000 件 /500 件のデータを抽出しよう

テスト用に用意された 1 万件のデータでも、処理するには件数がちょっと多いものです。そこで、この 1 万件のデータをさらに、2000 件の訓練データと、500 件のテストデータに分割してみます。以下が、そのプログラムです。

●file: src/ch6/tegaki/3-split.js

```
const fs = require('fs')
const path = require('path')
// CSVファイルを開く
const csv = fs.readFileSync(
  path.join(__dirname, 'database', 'images.csv'),
  'utf-8')
// 改行で区切ってシャッフル --- （※1）
```

第6章 実践アプリ開発！

```
const a = csv.split('\n')
const shuffle = () => Math.random() - 0.5
const b = a.sort(shuffle)
// 2000件と500件に分割
const c1 = b.slice(0, 2000)
const c2 = b.slice(2000, 2500)
// ファイルに保存
fs.writeFileSync('image-train.csv', c1.join('\n'))
fs.writeFileSync('image-test.csv', c2.join('\n'))
console.log('ok')
```

　このプログラムを実行するには、コマンドを次のように打ち込みます。images.csv というファイルを読み込んで、機械学習で訓練するための image-train.csv と、テスト用に使う image-test.csv を出力します。

```
$ node 3-split.js
```

　このプログラムについては、それほど言及するべき点はありません。敢えて言うなら (※1) の部分ですが、sort() メソッドを呼ぶことで、データをシャッフルしています。ソートメソッドに、Math.random() を与えることで、ランダムに並べ替えることができるという訳です。

機械学習を実践しよう

　今回は、node-svm という機械学習ライブラリを利用して、手書き文字を認識してみましょう。node-svm は、SVM(サポートベクターマシン) という機械学習のアルゴリズムを実装したライブラリです。
　機械学習を実践するために、このライブラリをインストールしましょう。ただし、ライブラリをビルドするために Python と C/C++ のコンパイル環境が必要となります。Ubuntu では、「sudo apt-get install python」を実行してください。Windows では、「npm install -g windows-build-tools」を実行してください。

```
# プロジェクトを初期化
$ npm init -y
# node-svmをインストール
$ npm install -g node-gyp
$ npm install node-svm@2.1.8
```

373

続けて、次のプログラムを実行して、node-svm でデータを学習し、手書き文字の分類モデルを作成しましょう。

●file: src/ch6/tegaki/4-train.js

```javascript
const fs = require('fs')
const path = require('path')
const svm = require('node-svm')

// CSVファイルを読み込む --- （※1）
const data = loadCSV('image-train.csv')

// node-svmを利用してデータを学習する --- （※2）
const clf = new svm.CSVC()
clf
  .train(data)
  .progress(progress => {
    console.log('訓練: %d%', Math.round(progress * 100))
  })
  .spread((model, report) => {
    // 学習データを保存 --- （※3）
    const json = JSON.stringify(model)
    fs.writeFileSync(
      path.join(__dirname, 'database', 'image-model.svm'),
      json)
    console.log('完了')
  })

// CSVファイルを読み込んでnode-svmの形式にする --- （※4）
function loadCSV (fname) {
  const csv = fs.readFileSync(fname, 'utf-8')
  const lines = csv.split('\n')
  const data = lines.map(line => {
    const cells = line.split(',')
    const x = cells.map(v => parseInt(v))
    const label = x.shift()
    return [x, label]
  })
  return data
}
```

プログラムの（※1）の部分では、CSV ファイルを読み込みます。（※2）では、node-svm を利用してデータを学習します。データを学習するのが、train() メソッドです。一定量データを学習すると progress() メソッドで指定したコールバック関数が呼びだされます。学習経過を表示するのに利用します。

374

第6章 実践アプリ開発！

```
[
    [学習したいデータ配列, ラベル],
    [学習したいデータ配列, ラベル],
    [学習したいデータ配列, ラベル],
    ...
]
```

　次に、先ほど作成した学習モデルを元にして、テストデータで精度を確認してみましょう。以下が、テストデータを用いてモデルを評価するプログラムです。

●file: src/ch6/tegaki/5-test.js

```javascript
const fs = require('fs')
const path = require('path')
const svm = require('node-svm')

// 学習済みデータを読み込む --- (※1)
const json = fs.readFileSync(
  path.join(__dirname, 'database', 'image-model.svm'),
  'utf-8')
const model = JSON.parse(json)
const clf = svm.restore(model)

// テストデータを読み込む --- (※2)
const testData = loadCSV('image-test.csv')
// 毎行データをテストしてエラー率を調べる --- (※3)
let count = 0
let ng = 0
testData.forEach(ex => {
  const x = ex[0]
  const label = ex[1]
  const pre = clf.predictSync(x)
  if (label !== pre) {
    ng++
    console.log('ng=', label, pre)
  }
  count++
})
console.log('エラー率=', (ng / count) * 100)

// CSVファイルを読み込む --- (※4)
function loadCSV (fname) {
  const csv = fs.readFileSync(fname, 'utf-8')
  const lines = csv.split('\n')
  const data = lines.map(line => {
    const cells = line.split(',')
    const x = cells.map(v => parseInt(v))
```

```
    const label = x.shift()
    return [x, label]
  })
  return data
}
```

以下のコマンドで、プログラムを実行できます。

```
$ node 5-test.js
ng= 3 9
ng= 8 4
ng= 3 5
ng= 4 6
ng= 3 7
ng= 4 7
ng= 9 2
...
エラー率= 6.6000000000000005
```

　プログラムの (※ 1) では 4-train.js で学習した学習済みデータをファイルから読み込みます。(※ 2) ではテストデータを読み込み (※ 3) で予測を行います。そして、正解データと照合して、正解率を求めます。

　ランダムに作成したデータを元に学習するので、実行結果は、異なると思いますが、筆者が何度か試したところ、上記と同程度、エラー率 6% 程度のスコアを出すことができました。つまり 94% 程度の正解率です。学習データを増やしたり、学習時のオプションを最適化することで、もっと良い数値を出すことができます。しかし、本書は機械学習の専門書ではありませんので、まずまずの成果を出しているこのデフォルトの学習モデルを利用して、手書きプログラムを作ってみましょう。

文字認識サーバーのプログラム

　いよいよ、機械学習を利用した Web サービスを作っていきましょう。文字認識は、Web サーバー側で実行することにし、これまでやってきたように、API を介してクライアント側と対話する仕組みを実現します。

　Express や React などの Node モジュールを利用するため、以下の要領でインストールしておきましょう。

```
$ npm i --save express react react-dom superagent
$ npm i --save-dev webpack babel-core babel-loader
$ npm i --save-dev babel-preset-es2015 babel-preset-react
```

第6章 実践アプリ開発！

まずはサーバー側のプログラムです。

●file: src/ch6/tegaki/6-server.js

```javascript
// 文字認識サーバー
const path = require('path')
const fs = require('fs')

// 定数の定義
const SVM_MODEL = path.join(__dirname, 'database', 'image-model.svm')
const portNo = 3001 // サーバーポート

// Webサーバーの起動
const express = require('express')
const app = express()
app.listen(portNo, () => {
  console.log('起動しました', `http://localhost:${portNo}`)
})

// 学習モデルの読込 --- （※1）
const svm = require('node-svm')
const modelJSON = fs.readFileSync(SVM_MODEL, 'utf-8')
const model = JSON.parse(modelJSON)
const clf = svm.restore(model)

// APIの定義 --- （※2）
app.get('/api/predict', (req, res) => {
  const px = req.query.px
  if (!px) {
    res.json({status: false})
    return
  }
  const pxa = px.split('').map(v => parseInt('0x' + v) * 16)
  console.log('受信:', pxa.join(':'))
  clf.predict(pxa).then((label) => {
    res.json({status: true, label})
    console.log('分類:', label)
  })
})

// 静的ファイルの送出
app.use('/', express.static('./public'))
```

プログラムの(※1)では、node-svm の学習モデルを読み込みます。

そして、(※2)の部分では、画像認識を行う API を定義します。ここでは、URL「/api/predict」に、URL パラメーター(クエリー文字列)で投げられた画像データ(28 ピクセル×28 ピクセル分×1 バイト)を受け取り、それがどの文字に近いかを予測し、予測した数字を JSON で返します。

377

文字認識クライアント (React) のプログラム

次に、クライアント側のプログラムを見てみましょう。これは、主に、マウスで、28 ピクセル× 28 ピクセルのドットを描画する機能と、サーバーへ画像データを送信する機能の二つがポイントです。

●file: src/ch6/tegaki/src/index.js

```javascript
import React from 'react'
import ReactDOM from 'react-dom'
import request from 'superagent'
import styles from './styles'

// 定数の定義
const numRows = 28
const numCols = 28
const numPixels = numRows * numCols
const sizeRow = 10
const sizeCol = 10

// 文字認識クライアントのメインコンポーネント
class TegakiApp extends React.Component {
  constructor (props) {
    super(props)
    this.canvas = this.ctx = null
    this.state = {
      isDown: false, // マウスが押されているか
      pixels: null, // 画像データ
      label: '?' // 予測結果
    }
  }
  componentDidMount () {
    this.clearPixels()
  }
  // 画像データをクリア --- (※1)
  clearPixels () {
    const p = []
    for (let i = 0; i < numPixels; i++) p.push(0)
    this.setState({
      pixels: p,
      label: '?'
    })
  }
  // コンポーネントが描画された後の処理 --- (※2)
  componentDidUpdate () {
    this.drawCanvas()
  }
  // canvasの描画処理 --- (※3)
```

第6章 実践アプリ開発！

```
drawCanvas () {
  if (!this.canvas) return
  if (!this.ctx) this.ctx = this.canvas.getContext('2d')
  this.ctx.clearRect(0, 0, 280, 280)
  // 補助線を描画
  this.ctx.strokeStyle = 'silver'
  this.ctx.moveTo(140, 0)
  this.ctx.lineTo(140, 280)
  this.ctx.moveTo(0, 140)
  this.ctx.lineTo(280, 140)
  this.ctx.stroke()
  // ドットを描画 --- (※4)
  this.ctx.fillStyle = 'blue'
  for (let y = 0; y < 28; y++) {
    for (let x = 0; x < 28; x++) {
      const p = this.state.pixels[y * numRows + x]
      if (p === 0) continue
      const xx = x * sizeCol
      const yy = y * sizeRow
      this.ctx.fillRect(xx, yy, sizeCol, sizeRow)
    }
  }
}
// マウス処理 --- (※5)
doMouseDown (e) {
  e.preventDefault()
  this.setState({isDown: true})
}
doMouseUp (e) {
  e.preventDefault()
  this.setState({isDown: false})
  this.predictLabel()
}
doMouseMove (e) {
  e.preventDefault()
  if (!this.state.isDown) return
  const eve = e.nativeEvent
  const b = e.target.getBoundingClientRect()
  const rx = eve.clientX - b.left
  const ry = eve.clientY - b.top
  const x = Math.floor(rx / sizeCol)
  const y = Math.floor(ry / sizeRow)
  const pixels = this.state.pixels
  pixels[y * numRows + x] = 0xF
  this.setState({pixels})
}
// 文字認識APIを呼ぶ --- (※6)
predictLabel () {
```

```
      const px = this.state.pixels.map(
        v => v.toString(16)).join('')
      request
        .get('/api/predict')
        .query({px})
        .end((err, res) => {
          if (err) return
          if (res.body.status) {
            this.setState({label: res.body.label})
          }
        })
  }
  // 描画処理 --- (※7)
  render () {
    return (
      <div style={styles.app}>
        <canvas ref={(e) => { this.canvas = e }}
          width={280} height={280} style={styles.canvas}
          onMouseDown={e => this.doMouseDown(e)}
          onMouseMove={e => this.doMouseMove(e)}
          onMouseUp={e => this.doMouseUp(e)}
          onMouseOut={e => this.doMouseUp(e)} />
        <p style={styles.predict}>予測: {this.state.label}</p>
        <button onClick={e => this.clearPixels()}>
        クリア</button>
      </div>
    )
  }
}

// DOMにメインコンポーネントを書き込む
ReactDOM.render(
  <TegakiApp />,
  document.getElementById('root'))
```

　プログラムを見ていきましょう。(※1)の部分では、画像データをクリア(初期化)します。画像データ(28 × 28個の配列)を0に初期化します。

　(※2)の componentDidUpdate() メソッドは、コンポーネントが描画された後で実行されます。ここでは、canvas 要素の内容を更新するようにしています。と言うのも、render() メソッドの中では、描画に使う canvas 要素のオブジェクトを特定できないので、render() で canvas 要素の実際のオブジェクトが得られた後で、canvas の内容を描画します。

380

実際に canvas の内容を描画しているのが、(※ 3) の部分です。ここでは、コンポーネントの持つ state.pixels の内容に基づいて、canvas に描画を行います。(※ 4) の部分では、pixels の配列をひとつひとつ調べて、0 以外の値が入っていれば、青色の矩形を描画するという処理になっています。

(※ 5) の部分以降では、マウス処理を行います。このマウス処理は、キャンバスに線を描画する処理となっています。具体的には、canvas 要素の上で、マウスボタンが押されると、doMouseDown() が実行され、マウスボタンを押したことを表す state.isDown を true に更新します。マウスポインタが移動したとき、isDown を見て、true であれば、描画処理を行います。マウスボタンを離すと、doMouseUp() が実行され、isDown を false に戻し、(※ 6) の文字認識 API を呼び出します。ここで言う、描画処理とは、state.pixels の配列データを更新することです。マウス位置に該当する配列データを更新します。

(※ 6) の部分では、文字認識 API を呼びだします。SuperAgent を利用してサーバーに画像データを送信します。この画像データですが、1 文字 1 ピクセルとして、28 × 28 文字のデータを送信します。描画されていない部分が 0 で描画されていれば F(16 進数で 15) です。API の結果が返されたら、state.label の値を更新します。

(※ 7) の部分では、描画処理を記述しています。ここでポイントとなるのが、canvas 要素を定義する際に、ref プロパティを指定している部分です。ref を使うと、React によって、実際に DOM が描画されるとき、生成された生の DOM 要素を取得できます。これにより、HTML5 の描画機能を JavaScript から使うことができます。

本書の終わりに～開発したアプリの公開

ここまで、Node.js と React を利用して、実際的なアプリの作り方を紹介してきました。本書を読み通した読者の皆さんであれば、開発したアプリを Web で公開したいと思っている方も多いことでしょう。最後に、Node.js + React で開発したアプリの公開方法を紹介します。

React で作ったクライアントアプリは、Web サーバーにアップするだけで、さまざまな Web ブラウザー上で実行することができます。

ここで問題となるのは、Node.js や Express で作ったサーバー側アプリでしょう。月 500 円以下の格安のレンタルサーバーでは、Node.js をインストールして実行することができないものが多いようです。比較的安価で手軽に Node.js が使えるサーバーというと、クラウド系なら、Heroku や Amazon EC など 2 があり、VPS 系なら、サクラの VPS や GMO クラウドの VPS などがあります。

これらのサーバーを契約したら、Node.js や npm をインストールします。そして、その上で、Node.js で開発したサーバーアプリを実行します。その際、通常の起動方法では、何かしらの問題で、Node.js が終了してしまうことがあります。こうした強制終了に対応するため、Node.js のアプリを自動的に再起動する仕組みを作っておかないと大変です。

そういうときに便利なのが、pm2 や forever と言ったツールです。これらのツールは、Node.js で作ったアプリを、デーモン化することができるもので、自動的にアプリを再起動してくれます。ここでは、pm2 の使い方を紹介します。

次のようなコマンドを実行して、npm でインストールします。

```
$ npm install pm2 -g
```

アプリを起動するには、次のコマンドを実行しますが、このとき --name オプションを付けると任意の名前を付けて実行できます。

```
$ pm2 start （スクリプトのパス）
$ pm2 start （スクリプトのパス） --name="任意の名前"
```

デーモン化したアプリの一覧や、実行中のアプリの詳細を見るには、次のようなコマンドを打ちます。

```
# 一覧を見る
$ pm2 list
# 実行中のアプリのメモリやCPU使用状況を見る
$ pm2 monit
# 実行中のアプリの詳細を見る
$ pm2 show （アプリの名前）
```

デーモン化したアプリを停止したり、再起動するには、次のようにします。

```
$ pm2 stop （アプリの名前）
$ pm2 restart （アプリの名前）
```

また、サーバーの起動時に自動的に pm2 を開始するように設定するには、次のようにします。このとき、(プラットフォーム) のところには、centos/ubuntu/amazon/macos などを指定します。

```
$ sudo pm2 startup （プラットフォーム）
```

こうしたサーバーでサービスを運営する際、通常の Apache などの Web サーバーを運用しつつ、Node.js のアプリも提供したいという場合も多いでしょう。その場合、Apache を通常の HTTP/HTTPS のポートで提供し、Node.js のアプリを 3000 番などの別のポートで提供する方法があります。また、その際、リバースプロキシを利用して、任意のパスを Node.js のアプリに指定することができます。

設定の方法は、Apache2.4 以降の場合、まず、mod_proxy_wstunnel.so を有効にします。そのため、Apache の設定ファイル /etc/httpd/conf.modules.d/00-proxy.conf などに以下を記述します。

382

```
LoadModule proxy_wstunnel_module modules/mod_proxy_wstunnel.so
```

その上で、設定ファイル /etc/httpd/conf/httpd.conf などに、mod_proxy の設定を記述します。ここでは、/node_app のパスを、ポート 3000 番の Node アプリに割り当ててみます。

```
<IfModule mod_proxy.c>
    ProxyPass /node_app http://127.0.0.1:3000/
    ProxyPassReverse /node_app http://127.0.0.1:3000/
</IfModule>
```

その後、Apache を再起動すれば、/node_app にアクセスすることで、Node.js アプリにアクセスできます。

さいごに

どんなに複雑なアプリであっても、問題を小さな単位に分けて、1つずつ開発すれば、プログラムを単純にすることができます。

HTML/JavaScript を使ったアプリの開発は、複雑になりがちです。しかし、React を使えば、各パーツをコンポーネントに分けて開発できます。

本書を通して、React の魅力を味わうことができたのではないでしょうか。最後に、本書が皆様の参考になり、たくさんの Node.js/React アプリが開発されることを願っています。

- 具体的な機械学習の手順を紹介しながら、文字認識アプリを作ってみました
- 機械学習を実践するために、いくつものバッチ処理のプログラムを作りました Node.js でバッチ処理を行う方法を示す良い例となりました
- ここで見たように、今は機械学習のためのライブラリが揃っているので、それらを利用することで、手軽に機械学習実践できます
- React で canvas 要素を利用する場合、生の canvas 要素の DOM を取得する必要があります。生の DOM 要素を取得するには、ref プロパティを利用します

Appendix

開発環境を作ろう

Reactでアプリケーションを開発するためには、なによりもまず快適に開発が行える環境が必要です。

本書では、Reactのほかにさまざまなツールやフレームワークを使用します。ここでは、Node.jsやそれを動かすための開発環境のインストール方法を説明します。

まずはPCのOS（WindowsとmacOS）にNode.jsをインストールする方法紹介し、さらにVirtualBoxを使った仮想環境の構築方法と、そこへのNode.jsやnpmのインストール方法を述べます。

Appendix 1　Node.jsのインストール

Appendix 2　「VirtualBox」で開発環境を整えよう

Appendix 3　仮想環境へNode.jsをインストール

Appendix 1 Node.jsのインストール

本書では、Node.js とそのパッケージマネージャーの npm を利用します。ここでは、Windows や macOS に Node.js をインストールする方法を紹介します。

Windows の場合

Node.js の Web サイトにアクセスし、最新版の Node.js のインストーラーを取得できます。本書では、最新の JavaScript 仕様を利用していますので、Current バージョン (バージョン v7.10 以上の最新版) を利用することを推奨します。

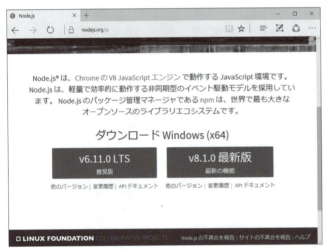

Node.js の Web サイト

● Node.js の Web サイト
[URL] https://nodejs.org/ja/

サイトにアクセスし、インストーラをダウンロードしたら、ダブルクリックして実行し、指示に従ってインストールをしましょう。

Appendix 開発環境を作ろう

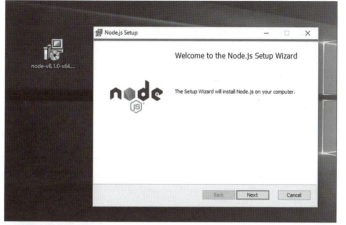

Node.js のインストーラ

macOS の場合

　macOS は、UNIX(BSD) をベースとした OS です。UNIX 由来のコマンドライン・ツールが充実しています。それで、この後紹介する、仮想環境の Ubuntu とほとんど同じ手順で Node.js をインストールできます。NVM は Node のバージョン管理をするためのツールです。最初に NVM をインストールし、その後、特定バージョンの Node.js をインストールします。

```
# NVMのインストール
$ curl -o- https://raw.githubusercontent.com/creationix/nvm/v0.34.0/install.sh | bash
# 設定を反映させる
$ source ~/.bashrc
# Node.jsをインストール
$ nvm install v7.10
# バージョンを確認
$ node -v
v7.10.0
```

Appendix 2 「VirtualBox」で開発環境を整えよう

VirtualBox に Ubuntu をセットアップするのには、Vagrant というツールを使うのが便利です。ここでは、Vagrant を使って、Ubuntu のセットアップを行う方法を紹介します。

> **※注意**
>
> 　Vagrant を使ったインストールの方法は、手順が変更になることがあります。そこで、インストールがうまくいかない場合、以下の情報を確認してください。

```
VagrantでUbuntuをインストール
[URL] http://kujirahand.com/blog/go.php?748
```

インストールの手順

　インストール手順は以下のように行います。

- (1) VirtualBox をインストール
- (2) Vagrant をインストール
- (3) vagrant コマンドを実行して、Ubuntu をインストール
- (4) Vagrantfile を編集する

必要なツールのダウンロード

　各 OS 共に必要となるツールは共通です。まず、以下の Web サイトにアクセスし、VirtualBox と Vagrant をダウンロードしてください。

Appendix 開発環境を作ろう

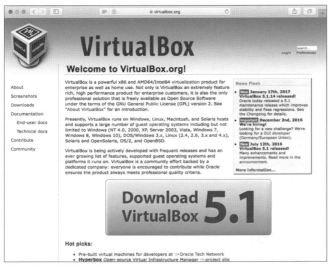

VirtualBox の Web サイト

```
VirtualBox
[URL] https://www.virtualbox.org/
```

この URL にアクセスし、Download のボタンをクリックすると、OS の選択ページが出るので、お使いの OS を選択して、クリックします。

Vagrant の Web サイト

```
Vagrant
[URL] https://www.vagrantup.com/downloads.html
```

389

このURLにアクセスすると、各OSのリストが出るので、お使いのOSを選択して、クリックします。

Windowsに開発環境をセットアップ

2つのソフトウェアのインストーラーをダウンロードしたところから紹介します。

Windows用のインストーラー

まずは、VirtualBoxからインストールを行います。インストーラーをダブルクリックして、インストールを始めてください。セキュリティの警告が出るので「実行」ボタンを押してインストーラーを起動します。インストーラーが起動したら、指示に従って、[Next]ボタンを押して行くとインストール作業が開始されます。

[Next]ボタンをクリック

途中で、ドライバのインストールのために、インストールの確認ダイアログが表示されますので、[インストール] ボタンを押して、ドライバをインストールしてください。

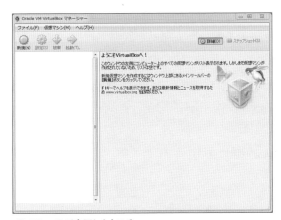

VirtualBox を実行するためにドライバのインストールが必要

インストールが完了すると、以下のような画面が表示されます。これが、VirtualBox の管理画面です。今回は、何もしないので右上の [x] ボタンを押して、管理画面を終了します。

インストールが完了したところ

続いて、Vagrant をインストールします。Vagrant のインストーラーをダブルクリックすると、以下のような画面が表示されます。そこで、[Next] ボタンを押していくとインストールが行われます。

Vagrant のインストーラー

Windows に Ubuntu のインストール

それでは、Vagrant を利用して、Ubuntu の環境を VirtualBox にインストールしましょう。コマンドプロンプトを起動します。[Win]+[R] キーを押すと、「ファイル名を指定して実行」のダイアログが出るので、そこに「cmd」と入力して [Enter] キーを押すと、コマンドプロンプトを起動できます。

そして、以下のコマンドを入力します。

```
> mkdir ubuntu
> cd ubuntu
```

Windows の 64bit 版を利用している場合、以下のコマンドを実行します。

```
> vagrant init ubuntu/xenial64
> vagrant up --provider virtualbox
```

Windows の 32bit 版を利用している場合、以下のコマンドを実行します。

```
> vagrant init ubuntu/xenial32
> vagrant up --provider virtualbox
```

その後、以下のコマンドを入力すると、Ubuntu への接続情報が表示されます。ここで表示される情報を覚えておきましょう。

```
> vagrant ssh
```

Ubuntu をインストールし、接続情報を得たところ

以上で、Ubuntu のインストールは完了です。

Windows に SSH クライアントのインストール

　Windows の場合には、標準で SSH クライアントがインストールされていないので、インストールする必要があります。Windows の有名な SSH クライアントとしては、Putty、TeraTerm や、Poderosa などがあります。Poderosa は、商用版ですが、無期限で試用できるので、ここでは、Poderosa を利用する方法を紹介します。

　以下より、Poderosa をダウンロードします。ZIP ファイルを解凍すると、「poderosa.exe」があり、これがメインの実行ファイルです。ダブルクリックで実行しましょう。

```
Poderosa
[URL] https://ja.poderosa-terminal.com/
```

　Poderosa が起動したら、メニューバーの一番左側にある Poderosa のアイコンをクリックします。そして、先ほど「vagrant ssh」で得た接続情報を指定します。接続先に「127.0.0.1」、標準以外の TCP ポートを指定にチェックし、ポート番号に 2222 を指定します。そして、アカウントに「vagrant」、認証法を「秘密鍵を使用」にして、鍵ファイル (Private key) を指定します。この鍵ファイルは「vagrant ssh」を実行したときに、表示されるパスにあるので、これを指定します。パスフレーズを入力するようにと言われるので「vagrant」と入力します。最後に、「接続」ボタンを押すと、仮想マシンに接続します。

Poderosa で接続する設定

　はじめからインストールされているデフォルトアカウントは「vagrant」で、パスワードは「vagrant」となっています。

macOS に開発環境をセットアップ

macOS 用のインストーラーは、.dmg の拡張子のファイルです。

macOS 用のインストーラー

まずは、VirtualBox をインストールします。.dmg ファイルをダブルクリックします。すると、以下のような画面が出ます。それで、「VirtualBox.pkg」を選んで、ダブルクリックします。

VirtualBox のインストーラー

すると以下のようなインストーラーの画面が出るので、「続ける」ボタンをクリックしていくとセットアップが完了します。

指示に従って「続ける」をクリックしていきます

同様に、Vagrantも同じように、.dmgファイルをダブルクリックします。そして、「Vagrant.pkg」をダブルクリックしてインストールを行います。

Vagrant のインストーラー

こちらも、同じように「続ける」ボタンを数回押すとインストールが完了します。

「続ける」ボタンをクリックしていきます

Ubuntu のインストール

Spotlightで「ターミナル.app」と入力し、ターミナルを起動します。そして、ターミナルに以下のコマンドを入力します。すると、Ubuntuがインストールされます。

```
$ mkdir ubuntu
$ cd ubuntu
$ vagrant init ubuntu/xenial64
$ vagrant up --provider virtualbox
```

SSH で Ubuntu にログインしよう

　macOS には、最初から SSH クライアントがインストールされており、vagrant のコマンドを叩くだけで、Ubuntu にログインできます。下記のコマンドを入力しましょう。

```
$ vagrant ssh
```

Ubuntu にログインしたところ

　このように、数回のコマンドを打つだけで、Ubuntu がインストールされ、利用できるようになります。

Vagrantfile の編集

　Vagrant の設定を行うのは、vagrant init コマンドを実行したフォルダーにある「Vagrantfile」です。このファイルに設定のひな型が記述されています。ファイル末尾に「end」と書かれていますので、それ以前の部分に以下の 4 行を追加しましょう。

```
config.vm.network "private_network", ip: "192.168.55.55"
config.vm.network "forwarded_port", guest: 8081, host: 8081
config.vm.network "forwarded_port", guest: 3000, host: 3000
config.vm.network "forwarded_port", guest: 3001, host: 3001
```

　この設定を行うことにより、仮想マシンに IP アドレス「192.168.55.55」が割り振られます。また、8081 番ポートへのアクセスが仮想マシンの 8081 番ポートに接続されるようになります。

　また、本書では、ポート 3000 番 /3001 番でサーバーを起動することが多いので、これも設定に加えて起きましょう。

Appendix　開発環境を作ろう

Vagrant の設定や操作方法について

　Vagrant を利用して、VirtualBox 上に Ubuntu をインストールしたら、簡単に、Vagrant の設定や操作方法を学びましょう。基本的に、Vagrant を使うと、コマンドラインから、VirtualBox を操作することができます。

　マシンが起動しているか確認するには、以下のようなコマンドを実行すると状態を調べることができます。正しく起動していれば「running(動作中)」と状態が表示されます。

```
$ vagrant status
```

　そして、起動した仮想マシンを終了するには「vagrant halt」と入力します。

　他にも、次のようなコマンドで仮想マシンを操作することができます。

コマンド	操作の説明
vagrant up	仮想マシンを起動する
vagrant halt	仮想マシンを停止
vagrant suspend	仮想マシンをスリープさせる
vagrant resume	仮想マシンをスリープから復帰させる
vagrant reload	仮想マシンの再起動
vagrant status	仮想マシンの状態を確認
vagrant destroy	仮想マシンを破棄
vagrant ssh	仮想マシンへログインする

仮想環境の衝突に注意

　仮想環境には VirtualBox のほかに、Docker を使う方法も人気です。しかし、Windows では、Docker for Windows をインストールすると、Docker が、マイクロソフトの「Hyper-V」という機能を使用するため、バッティングが生じて VirtualBox が使えない現象が起きます。Docker for Windows と VirtualBox の両方は利用できないので注意しましょう。

メモリ不足に注意

　6 章 03(p.365) のプログラムを実行する際など、メモリ不足で機械学習の学習プログラムが失敗することがあります。その場合、VirtualBox の設定を開き、システムのタブにあるメインメモリーの値を調整してサイズを大きくしてください。

397

Appendix
3
仮想環境のUbuntuに Node.jsをインストール

　ここでは、仮想環境に Node,js の開発環境を構築する方法を紹介します。

　Ubuntu に Node.js を入れる方法は、いろいろあります。ソースコードからビルドする方法、またバージョンが古くなりますが、Ubuntu のパッケージマネージャー APT を使う方法、また、複数バージョンの Node.js をインストールできる NVM を使う方法などです。どれも一長一短がありますが、ここでは、NVM を使う方法を紹介します。

　NVM(Node.js version manager) とは、複数のバージョンの Node.js を手軽に切り替えることのできるツールです。Node.js は開発が活発に行われており、更新頻度が高いので、常に最新の安定版を導入するためには、NVM を利用するのが便利なのです。

　なお、ここでは VirtualBox（もしくは、ネイティブで Ubuntu でも同様です）を利用しているという前提で sudo コマンドを記述しています。

　違う環境では sudo が必要ないこともあります。たとえば、Docker で Ubuntu のイメージを実行すると、管理者ユーザーである root で実行されるので、sudo コマンドを付けなくてもよいのです。

まずは APT から

　必要に合わせて、Ubuntu のパッケージマネージャー APT を利用して、必要なライブラリをインストールしましょう。

```
$ sudo apt-get update
$ sudo apt-get install -y build-essential libssl-dev
$ sudo apt-get install -y curl
```

NVM のインストール

　次に、NVM をインストールします。NVM はただの bash スクリプトであり、スクリプトをダウンロードして、bash に与えることで、インストールができます。インストールしたら、ターミナルを起動し直すか、下記のように source コマンドで設定を読み直します。

398

Appendix　開発環境を作ろう

```
# NVMをインストール
$ curl -o- https://raw.githubusercontent.com/creationix/nvm/v0.33.1/
install.sh | bash
# 設定を反映させる
$ source ~/.bashrc
```

　nvm コマンドが使えるようになっているので、nvm コマンドでバージョンを指定して、Node.js をインストールします。バージョンを省略すると、最新のバージョンが入ります。下記のように、v7.10 と指定すると、v7.10 系の最新版がインストールされます。

```
$ nvm install v7.10
```

　上記のように、Node.js をインストールしたら、node コマンドでバージョンを確認してみましょう。原稿執筆時点では、v.7.10 系では、v7.10.0 が最新でした。

```
$ node -v
v7.10.0
```

　なお、現在利用できる、すべてのバージョンを調べるには、nvm ls-remote コマンドを実行します。

```
$ nvm ls-remote
        ...
        v7.4.0
        v7.5.0
```

　デフォルトで利用するバージョンを指定するには、nvm install で特定のバージョンをインストールします。

```
# v6.9をインストール
$ nvm install v6.9
# バージョンを確認
$ node -v
v6.9.5
```

　本書では、原稿執筆時点の v.7.10 系を利用します。v7.10 をインストールしておきましょう。

```
$ nvm install v7.10
```

399

［著者略歴］

クジラ飛行机（くじらひこうづくえ）

中学時代から趣味でやっていたプログラミングが楽しくていろいろ作っているうちに本職の
プログラマーに。現在は、ソフト企画「くじらはんど」にて、Windows から Android アプ
リまで「楽しく役に立つツール」をテーマに作品を公開している。代表作は、ドレミで作曲
できる音楽ソフト『テキスト音楽「サクラ」』や『日本語プログラミング言語「なでしこ」』
など。2001 年にはオンラインソフトウェア大賞に入賞、2004 年度 IPA 未踏ユースでスーパー
クリエイターに認定、2010 年に OSS 貢献者賞を受賞。日本中にプログラミングの楽しさを
伝えるため日々奮闘中。

カバー・本文デザイン：坂本真一郎（クオルデザイン）
DTP：G2UNIT inc.
編集協力：片野美都、薄井久美子、佐藤玲子
カバー写真：片野美都

●書の一部または全部について、個人で使用するほかは、著作権上、著者およびソシム株式会社の承
諾を得ずに無断で複写／複製することは禁じられております。

●本書の内容の運用によっていかなる障害が生じても、ソシム株式会社、著者のいずれも責任を負い
かねますので、あらかじめご了承ください。

●本書の内容に関して、ご質問やご意見などがございましたら、下記まで FAX にてご連絡ください。

いまどきのJSプログラマーのための
Node.jsとReactアプリケーション開発テクニック

2017 年 8 月 15 日　初版第 1 刷発行
2019 年 8 月 9 日　初版第 4 刷発行

著　者　クジラ飛行机
発行人　片柳 秀夫
編集人　三浦 聡
発行所　ソシム株式会社
　　　　http://www.socym.co.jp/
　　　　〒 101-0064 東京都千代田区神田猿楽町 1-5-15
　　　　猿楽町 SS ビル 3F
　　　　TEL　03-5217-2400（代表）
　　　　FAX　03-5217-2420
印刷・製本 株式会社暁印刷

定価はカバーに表示してあります。
落丁・乱丁は弊社販売部までお送りください。送料弊社負担にてお取り替えいたします。
ISBN978-4-8026-1114-5
Printed in Japan
©2017 Kujira Hikodukue